U0342170

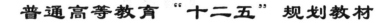

普通高等教育"十二五"规划教材

现代材料测试方法

李　刚　岳群峰　林惠明　孙　秋　编

北　京

冶金工业出版社

2023

内 容 提 要

本书主要介绍材料组成、结构和形貌研究中有代表性的常用分析测试方法，包括 X 射线衍射分析、电子衍射分析、电子显微分析、光谱分析、核磁共振分析、热分析和粒度分析等分析方法以及这些方法在材料测试中的应用，着重论述分析测试方法的基本原理、样品制备及应用，在内容的组织上力求少而精，兼顾不同材料类别，并将理论基础知识与应用实例结合起来，力求每章内容独立、完整而又互相衔接。

本书力求能够适应现代社会对复合型人才培养的需要，可作为普通高校化学专业、材料学、材料加工工程专业本科生教材，也可供相关专业的研究生及科研人员参考。

图书在版编目(CIP)数据

现代材料测试方法/李刚等编 . —北京：冶金工业出版社，2013.8
(2023.8 重印)
普通高等教育"十二五"规划教材
ISBN 978-7-5024-6124-9

Ⅰ. ①现… Ⅱ. ①李… Ⅲ. ①材料—测试方法—高等学校—教材
Ⅳ. ①TB302

中国版本图书馆 CIP 数据核字(2013)第 184566 号

现代材料测试方法

出版发行	冶金工业出版社	电 话	(010)64027926
地 址	北京市东城区嵩祝院北巷 39 号	邮 编	100009
网 址	www.mip1953.com	电子信箱	service@ mip1953.com

责任编辑 马文欢 郭冬艳 美术编辑 吕欣童 版式设计 孙跃红
责任校对 李 娜 责任印制 禹 蕊
北京建宏印刷有限公司印刷
2013 年 8 月第 1 版，2023 年 8 月第 5 次印刷
787mm×1092mm 1/16；13 印张；314 千字；195 页
定价 30.00 元

投稿电话 (010)64027932 投稿信箱 tougao@cnmip.com.cn
营销中心电话 (010)64044283
冶金工业出版社天猫旗舰店 yjgycbs.tmall.com
(本书如有印装质量问题，本社营销中心负责退换)

前　言

材料作为现代文明的重要支柱，对科学技术的进步和国民经济的发展起着关键的促进作用，世界各国对材料研究都给予了高度重视。材料的设计、制备和表征是材料研究中紧密联系的三个有机组成部分。材料的表征结果对材料设计和制备起到指导作用，因此材料测试方法在材料的发展中至关重要。随着科学技术的发展，人们对材料性能的要求越来越高，对材料性能与其组分和微观结构之间关系的研究越来越重视，现阶段许多新的研究方法不断涌现，测试手段越来越多样化。

在众多的材料测试手段中，本书主要介绍在材料组成、结构和形貌研究中具有代表性的、常用的分析测试方法，其中包括 X 射线衍射分析、电子衍射分析、电子显微分析、光谱分析、核磁共振分析、热分析和粒度分析等方法，着重论述上述分析测试方法的基本原理、样品制备及其在典型材料分析中的应用。在测试方法选取上力求少而精，在介绍各种测试方法时，力求删繁就简，尽量做到理论与实际应用的密切结合，每章内容独立而完整。在编写中力求做到通俗易懂，由浅入深，以使学生对材料的组成、结构和形貌表征中各种相关的、主要的分析方法有一个初步的认识和了解。在掌握各种分析方法的基本原理、仪器结构、应用研究对象的基础上，学生通过对本书的学习能够根据不同的研究对象选择相应的测试方法，对获得的测试结果进行初步分析，并初步具备从事材料设计及分析测试工作的能力。

本书是根据拓宽专业口径、加强专业基础的需要，为满足化学、材料学和材料加工工程专业的教学需求而编写的，希望能够适应化学、材料专业教育改革的要求，为化学、材料等专业本科生和研究生学习和科研工作提供指导。

本书由哈尔滨师范大学李刚、岳群峰、林惠明，哈尔滨工业大学孙秋等教师合作编写。在编写和出版过程中，得到哈尔滨师范大学省化学重点学科的大力支持，在书稿写作的录入、校对和制图等工作中，研究生刘琳琳、王立斌、杨华光和陈翔等付出艰辛努力。此外，哈尔滨师范大学化学化工学院曲凤玉教授、崔凌飞副教授对本书的编写工作给予了大力支持，在此一并致以谢意。

材料科学与技术不断发展，测试方法手段日新月异，书中内容难以包罗而有所取舍。限于编者的水平，疏漏和不妥之处，敬请读者批评指正。

编　者

2013 年 1 月

目　　录

1　绪　论

材料在人类社会进步中起着非常重要的作用，从早期的石器时代、青铜器时代、铁器时代使用单一简陋的材料，经过数千年的演变，逐步发展到现代的金属与合金、无机非金属材料、有机高分子材料、复合材料、生物材料和光电子材料等先进的多功能材料，材料的每一步更新，都对社会发展起到巨大的推动作用。材料、信息与能源被誉为当代文明的三大支柱。各国都将材料作为 21 世纪优先发展的领域之一，将新材料、信息技术和生物技术作为新技术革命的主要标志。材料科学本身就是一个多学科交叉的新兴学科，材料科学工作者必须具有广泛而坚实的多学科基础知识，才能够适应当今材料科学不断向前发展的需要。

1.1　材料研究的作用和意义

材料是指可以用来制造有用的构件、器件或其他物品的物质。不论哪种材料，都具有一定的性能，如大多数金属材料具有一定的导电性、强度、塑性、硬度和韧性；无机非金属材料耐压强度高、硬度大、耐高温、抗腐蚀，但韧性差，大多为电绝缘体；高分子材料韧性好，但相对于金属材料来说强度、弹性模量很低，但其独特的结构和易加工的特性，使其具有其他材料不可比拟、不可取代的优异性能，从而广泛用于国民经济各个领域，并已成为现代社会生活中衣食住行用各个方面不可或缺的材料。材料的性能是材料内部要素在一定外界因素作用下的综合反映，物质的微观组成和结构决定了材料的性能和效能。现代材料科学的发展在很大程度上依赖于对材料性能与其组分、结构及微观组织关系的理解。因此，对材料微观层次上的表征技术手段就成为了材料科学的重要组成部分。

材料科学与工程研究的是有关材料的制备、组成、组织结构与材料性能和用途之间的关系。材料科学与工程包括四个基本要素，即合成与生产过程、材料组成与结构、性质及使用效能。四个基本要素相互联系，构成一个有机的整体，如图 1-1 所示。

一种材料的综合性能取决于该材料的化学组成和其内在的组织结构。物质的电子结构、原子结构和化学键结构是决定材料性质的基础。如金刚石和石墨，二者的化学成分相同，但材料内部结构则不同，前者为四面体结构，后者是层状结构，两者表现出完全不同的性能。从中可以看出，微观结构对材料性能的影响是很大的。因此在材料研

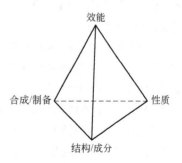

图 1-1　材料科学与工程
四个要素的关系

究中，材料的化学组成和材料结构分析是非常重要的。对多晶的体系而言，材料的组织结构还包括晶粒（相）的大小、形态、含量、界面、取向关系及内应力等。这些因素也极

大地影响着材料的性能。例如，同一种材料其纤维状结构与其粒状结构相比在韧性、抗折强度等性能上有很大的提高和改善。对材料组织从宏观到微观不同层次的表征技术构成了材料科学与工程的一个重要组成部分，它为材料设计与制造工艺提供依据，是获得具有优异使用性能材料的关键。

要对材料的化学成分、元素分布、晶体结构、组成相的形貌、各相之间的取向关系和界面状态，以及晶体缺陷等有一个正确和全面的了解，就需要借助各种材料测试技术。从狭义上说，测试技术就是某种研究方法，如 X 射线衍射分析、X 射线荧光光谱、红外光谱、拉曼光谱和电子显微术等，还包括实验数据（信息）的获取和分析。每一种实验方法都要借助相应的仪器，因此研究方法也可称为测试材料组成和结构的仪器方法。

材料测试方法及其应用是一门实验技术方法很强的课程，一般是在学习过结晶学、材料化学、材料物理等材料基础知识之后开设的一门非常重要的专业基础课。学生需要掌握各种材料测试方法的基本原理、仪器结构、图谱分析等，并在具体的研究中加以运用和体会。

1.2 材料测试方法的分类

随着现代科学技术的发展，材料测试方法层出不穷，在研究中应根据不同的需要合理选择。材料测试方法的选择与所研究材料的组成、结构及其层次密切相关。材料从尺度上来讲，可分为宏观结构、显微结构、亚微观结构和微观结构四个不同的层次。每个层次上研究所需的测试技术和手段各不相同。虽然材料测试方法非常多，依据不同的分类标准，可以有很多分类形式，但从材料结构研究的主要方面来说，主要有三个，即成分分析、结构测定和形貌观察。

1.2.1 化学成分分析

材料的化学成分分析除了传统的化学分析方法外，还包括紫外、可见光、红外光谱、质谱，核磁共振，气相色谱、液相色谱，电子探针，电子自旋共振，X 射线荧光光谱，俄歇与 X 射线光电子谱，原子光谱等。这些成分分析方法都非常成熟，较为普及，已成为常规的分析手段。

近年来，随着材料表面处理技术的飞速发展，材料表层结构及成分的测试分析越来越受到重视。以 X 射线光电子能谱、俄歇电子能谱、低能离子散射谱为代表的表面分析测试技术发挥了巨大作用。X 射线光电子能谱（XPS）又称为化学分析光电子能谱（ESCA），是用单色的软 X 射线轰击样品，产生光电子，通过对逸出光电子能量的测定，就可以在无标样的情况下先直接确定元素及元素含量。由于光电子自由程非常短，对于固体样品，XPS 可以探测 2~20 个原子层深度的范围。因此，XPS 已成为金属材料、无机非金属材料和高分子材料中进行表面分析时不可缺少的工具之一。俄歇电子能谱（AES）是用具有一定能量的电子束（或 X 射线）激发样品俄歇效应，产生俄歇电子。能够保持特征能量（没有能量损失）而逸出材料表面的俄歇电子，仅能发生在几个原子层内，通过检测俄歇电子的能量和强度，就可以确定样品表层元素成分，同时也能确定样品表面的化学性质。

1.2.2 结构测定

衍射分析方法是材料结构测定的主要方法。衍射分析方法主要有 X 射线衍射、电子衍射、中子衍射、穆斯堡谱、γ 射线衍射等。其中应用最普遍的是 X 射线衍射，这一技术包括衍射仪法、（粉末）照相法、劳埃法和四圆衍射仪法等。

在 X 射线衍射仪中，一束波长为 0.05 ~ 0.2nm 的平行 X 射线照射到样品上，与样品相互作用产生相干散射（弹性散射），相干散射相互干涉产生衍射，衍射遵循 Bragg 方程，即：

$$2d\sin\theta = \lambda$$

式中，d 是晶面间距；θ 为入射线或衍射线与晶面的夹角；λ 为 X 射线的波长。X 射线的衍射强度是入射线强度、样品晶胞参数、衍射角和样品量等多个参数的函数。通过衍射图可以进行物相的定性、定量分析，点阵常数测定，应力测定，晶粒度和织构的测定。X 射线也能确定非晶材料和多层膜的成分深度分布、膜的厚度。通过 X 射线衍射技术还可以对单晶定向和单晶结构进行研究，确定其化学键（键长、键角等）。在研究中为了得到更强的 X 射线源，可以通过同步辐射来获得。电子束也可以作为照射源，电子与物质的相互作用强度要比 X 射线高四个数量级，而且电子束可以在磁场、电场中汇聚，因此电子衍射可以用于观察和测定细微晶体或材料的亚微米尺度结构。

热分析技术也是研究金属和高分子材料结构的一种重要手段。热分析技术的基础是，当物质在加热或冷却的过程中，随着物质的物理状态或化学状态的变化，通常伴有相应的热力学性质（如热焓、比热、导热系数等）或其他性质（如质量、电阻、力学性质等）的变化，因此可通过测定这些性质的变化来研究物质物理变化或化学变化过程。目前热分析已经发展成为系统的分析方法，包括差热分析法、差示扫描量热法、热重法、动态热机械法和热机械分析法等。

1.2.3 形貌观察

材料形貌观察主要是依靠显微镜。光学显微镜利用可见光作为照明束，由于受可见光波长范围的限制，能分辨的最小尺度约为 200nm，主要是在微米量级上对材料进行观察。为突破光学显微镜分辨本领的极限。人们采用电子作为照明束，扫描电子显微镜与透射电子显微镜则把观察的尺度延伸到亚微米和纳米层次上。尽管透射电子显微镜的试样制备比较复杂，但是对研究晶体材料的微观组织结构特征，如位错、层错等晶体缺陷十分有用。扫描电子显微镜由于其景深较大，在对材料的断口形貌分析上发挥了很大的作用。随着扫描电子显微镜分辨率的不断提高，现在可以直接观察部分结晶高聚物的球晶大小完善程度、共混物中分散相的大小、分布与连续相（母体）的混溶关系等。20 世纪 80 年代初期发展的扫描隧道显微镜（STM），可以原位观察固体表面单个原子的排列。不但使对金属、半导体和超导体等的表面几何结构与电子结构及表面形貌观察成为可能，而且可直接观察样品具有周期性和不具有周期性特征的表面结构、表面重构和结构缺陷。针对扫描隧道显微镜不能直接观测绝缘体表面形貌的问题，20 世纪 80 年代中期发展了原子力显微镜（AFM）。原子力显微镜不仅可以获得绝缘体表面的原子级分辨率图像，还可以测量、分析样品表面纳米级力学性质，如表面原子间力，表面的弹性、塑性、硬度、黏着力和摩擦力等。

在选择适当的材料测试方法时，首先是考虑采用什么测试方法才能得到所需要的信息，考虑这些信息是整体统计性还是局域性的，是宏观尺度、纳米尺度还是原子尺度；同时，也要考虑所采用测试方法的分辨率（横向、纵向），以及选用仪器的具体情况。

1.3 本书的主要内容

为了更好和深入地理解和掌握相关测试分析方法的原理和应用，本书首先介绍材料的晶体结构基础知识。在此基础上，本书主要介绍材料测试方法中常见的一些方法和手段，其中包括：X 射线衍射分析、X 射线荧光光谱分析、透射电子显微分析、扫描电子显微镜、原子吸收及发射光谱分析、红外光谱、激光拉曼光谱、核磁共振波谱、X 射线光电子能谱法、俄歇电子能谱法、紫外光电子能谱法、热分析（热重分析、差热分析、差示扫描量热分析法）和颗粒度分析等。本书在选取测试方法时，力求包含材料组成、结构和形貌分析等方面中常用的方法。

思 考 题

1-1 阐述材料的制备、组成、组织结构与材料性能和用途之间的关系。

1-2 材料研究的主要任务和对象是什么？

1-3 如何理解现代研究方法的重要性？

1-4 常见的结构分析方法、组成分析方法和形貌分析方法有哪些？

参 考 文 献

[1] 吴刚. 材料结构表征及应用 [M]. 北京：化学工业出版社，2002.

[2] 王培铭，许乾慰. 材料研究方法 [M]. 北京：科学出版社，2005.

[3] 朱永法，宗瑞隆，姚文清，等. 材料分析化学 [M]. 北京：化学工业出版社，2009.

[4] 左演声，陈文哲，梁伟. 材料现代分析方法 [M]. 北京：北京工业大学出版社，2000.

[5] 周志朝，杨辉，朱永花，等. 无机材料显微结构分析 [M]. 2 版. 杭州：浙江大学出版社，2000.

[6] 马礼敦. 高等结构分析 [M]. 上海：复旦大学出版社，2002.

2 X 射线衍射分析

1895 年，德国物理学家伦琴在研究真空管高压放电现象时发现了 X 射线，开辟了物质分析测试方法的新篇章。1912 年，劳厄等揭示了 X 射线的电磁波本质，证明了晶体中原子排列的规则性。英国物理学家布拉格父子从反射的观点出发，提出了 X 射线"选择反射"的观点，导出了著名的布拉格方程，并首次利用 X 射线衍射方法测定了 NaCl 的晶体结构。

电子计算机控制的全自动 X 射线衍射仪及各类附件的出现，提高了 X 射线衍射分析的速度与精度，扩大了其研究领域，也使 X 射线衍射分析成为确定物质的晶体结构、进行物相的定性和定量分析、精确测定点阵常数、晶体解析等最有效、最准确的方法。此外，还可通过线形分析研究多晶体中的缺陷，应用动力学理论研究近完整晶体中的缺陷，由漫散射强度研究非晶态物质的结构，利用小角度散射强度分布测定大分子结构及微粒尺寸等。X 射线衍射分析反映出的信息是大量原子散射行为的统计结果，此结果与材料的宏观性能有良好的对应关系。

2.1 晶体结构简介

2.1.1 晶体的基本特点

任何物质均是由原子、离子或分子组成的。晶体有别于非晶体物质，晶体是指内部原子、离子或分子具有严格的周期性有序排列。虽然不同物质晶体中的原子、离子或分子的排列方式各不相同、千差万别，呈现出各种不同的性质，但晶体具有一些基本属性，这些基本性质是一切晶体所共有的。主要有以下几个基本特点：

（1）自限性。自限性指晶体在适当的条件下可以自发地形成几何多面体的性质。晶体上的平面为晶面，晶面的交棱为晶棱，晶棱汇聚形成晶体多面体的顶角。晶体的多面体形态，是其格子构造在外形上的反映。

（2）均一性。其指同一晶体内部不同的部分具有相同的性质。例如，晶体中任意不同部位的密度都是完全相同的。同样，它们在相应方向上的光学、电学、热学等性能也完全相同。

（3）异向性。晶体的性质在不同方向上有差异的特性。例如，蓝晶石的硬度随方向不同有显著差别。沿着晶体延长方向小刀能刻动，但在垂直晶体延长方向小刀刻不动。因为，同一晶体在不同方向上质点的排列一般是不一样的，因此晶体的性质也随晶体方向不同而有差异。

（4）对称性。其指晶体中相等的晶面、晶棱和顶角，以及晶体物理化学性质在不同方向上或位置上有规律地重复出现。晶体的这种宏观对称性是由晶体内部格子构造的对称性所决定的。

（5）最小内能性。在相同的热力学条件下，晶体与同组成的气体、液体及非晶态固体相比内能为最小。因此，晶体相对于气体、液体及非晶态固体是稳定的。

2.1.2　点阵与点阵结构

为准确描述晶体的空间结构,将晶体中无限个相同的点构成的集合称为点阵;空间点阵只是一个几何图形,它不等于晶体内部具体质点的格子构造,它是从实际晶体内部结构中抽象出来的无限个几何图形,如图 2 - 1 所示,虽然对于实际晶体来说,不论晶体多小,它们所占的空间总是有限的,但在微观上,可以将晶体想象成等同点在三维空间是无限排列的。

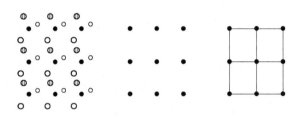

图 2 - 1　晶体的某一平面结构图示及空间格子示意图

空间点阵有下列几种要素:

（1）结点。结点指空间点阵中的点，它们代表晶体结构中的等同点（或相当点）。在实际晶体中，在结点的位置上为同种质点所占据。但是，就结点本身而言，它们并不代表任何质点，它们是只有几何意义的几何点。

（2）行列。行列指结点在直线上的排列（见图 2 - 2）。空间点阵中任意两结点连接起来就是一条行列方向。行列中相邻结点间的距离称为该行列的结点间距（如图 2 - 2 中的 a)。在同一行列中结点间距是相等的,在平行的行列上结点间距也是相等的。不同方向的行列,其结点间距一般是不等的,行列结点在某些方向上分布较密,而在另一些方向上则较稀。

（3）面网。结点在平面上分布即构成面网，见图 2 - 3。空间点阵中不在同一行列上的任意三个结点就可连成一个面网，或者说，任意两个相交的行列就可决定一个面网。面网上单位面积内结点的数目称为面网密度。任意两个相邻面网的垂直距离称为面网间距（也称晶面间距）。相互平行的面网，它们的面网密度和面网间距相等；互不平行的面网，它们的面网密度和面网间距一般不等。而且，面网密度大的面网其面网间距也大，反之，面网间距就小，如图 2 - 4 所示。

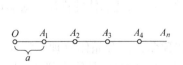

图 2 - 2　空间格子的行列

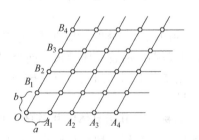

图 2 - 3　空间格子的面网

（4）平行六面体。它由六个两两平行且相等的面组成，见图2－5。空间点阵可以看成是由无数个平行六面体在三维空间毫无间隙地重复堆叠而成。

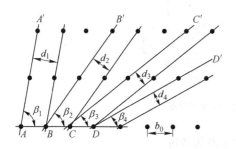

图2－4 面网密度与面网间距的关系示意图

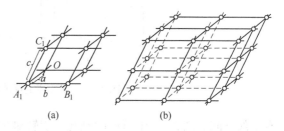

图2－5 空间点阵
（a）平行六面体；（b）空间格子

因为空间点阵是从实际晶体结构中的等同点抽象出来的，单位平行六面体能够代表晶体结构在空间排列的几何特征。与单位平行六面体相对应的这一部分晶体结构，称为晶胞。因此，单位平行六面体的大小及形状与晶胞完全一样，点阵常数值也就是晶胞常数值。

2.1.3 晶体的宏观对称性

晶体在外形及内部构造上都表现出很多对称的特点。晶体的分类最早主要是根据晶体外形的宏观对称性来进行的。晶体的对称性与晶体的物理性质有很大关系，例如压电效应只能发生在不具有对称中心的晶体中，双折射则是中、低级晶族晶体所固有的特点等等。晶体的宏观对称性来源于点阵结构的对称性，因此对晶体宏观对称性的研究有助于了解晶体的内部结构。

2.1.3.1 晶体宏观对称的特点

（1）由于空间点阵是晶体内部质点排列规则的反映，所以晶体的宏观对称性还必须满足相应空间点阵的对称性。

（2）晶体的外形是一个封闭有限的几何体。晶体的宏观对称性必须反映这个晶体的几何外形的对称性，主要是指外表面晶面（法线）方向的对称性。

2.1.3.2 宏观对称操作和对称要素

（1）反映和反映（或对称）面。几何体所有的点沿垂直于某平面的方向按等距离移动到平面的另一端之后，该几何体与原来的自身重合，这种对称操作称为反映。这个平面就是对称要素，称为反映面、镜面或对称面，国际符号用 m 表示。图2－6（a）中反映面垂直平分4条平行棱，这样的反映面共有3个，图2－6（b）中反映面穿过两相对棱。因相对棱有6对，故反映面共有6个。因此立方体共有9个反映面。

（2）旋转和旋转（对称）轴。几何体绕某固定的轴线旋转 $360°/n$ 后能与原来的自身重合，这种对称操作称为旋转，该固定轴就是对称要素，称为 n 次对称轴。对称轴只有一次、二次、三次、四次、六次五种，分别用1、2、3、4、6数字符号及相应的图形符号（见表2－1）表示。五次及六次以上的对称轴不存在，因为具有这种对称轴的晶胞不可能

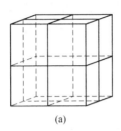 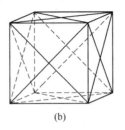

(a)　　　　　　　　　　(b)

图 2-6　立方体上反映面的分布情况

占有全部空间。图 2-7 中所绘的是几种旋转对称变换的情况。

表 2-1　晶体外形上各种对称轴符号及作图符号

名　　称	符　号	国际符号	基转角/(°)	作图符号
一次对称轴	L^1	1	360	
二次对称轴	L^2	2	180	⬬
三次对称轴	L^3	3	120	▲
四次对称轴	L^4	4	90	◆
六次对称轴	L^6	6	60	⬢

（3）反演和对称中心。几何体所有的点沿着与某个点的连线等距离反向延伸到该点的另一端之后，该几何体与原来的自身重合，这种对称操作称为反演，这个点为对称要素，称为对称中心，用符号 i 表示。图 2-8 中所绘的是反演对称变换情况。

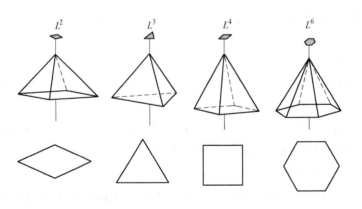 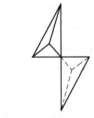

图 2-7　晶体中的对称轴 L^2、　　　　图 2-8　反演操作的图形
L^3、L^4 和 L^6 示意图

（4）旋转反伸和旋转反伸轴。几何体绕一定的旋转轴转 $360°/n$，再经反演操作，几何体与原来的自身重合，这种对称操作称为旋转反伸，它是一种复合的对称操作，其对称要素称为旋转反伸轴。旋转反伸轴也有一次、二次、三次、四次、六次五种，分别用数字符号 $\bar{1}$、$\bar{2}$、$\bar{3}$、$\bar{4}$、$\bar{6}$ 表示。图 2-9 为各种旋转反伸轴的图解。

如果我们将旋转反伸轴与其他对称要素联系起来进行分析便能发现：一次旋转反伸轴

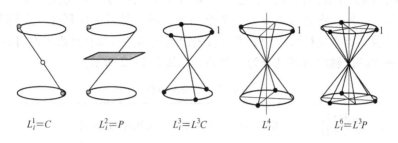

$$L_i^1 = C \qquad L_i^2 = P \qquad L_i^3 = L^3 C \qquad L_i^4 \qquad L_i^6 = L^3 P$$

图 2-9　各种旋转反伸轴的示意图

相当于对称中心；二次旋转反伸轴相当于对称面；三次旋转反伸轴相当于三次旋转轴加上对称中心；六次旋转反伸轴相当于三次旋转轴加上对称面；即只有四次旋转反伸轴 $\overline{4}$ 是新的、独立的对称元素。

综合上述四种宏观对称变换，独立的宏观基本对称要素只有 8 种，即 1、2、3、4、6、i、m、$\overline{4}$。

2.1.3.3　点群

在晶体形态中，全部对称要素的组合称为该晶体形态的对称型或点群。一般来说，当强调对称要素时称对称型，强调对称操作时称点群。在数学意义上，空间某种变换的集合就构成"群"。于是，对称变换的集合称为对称变换群，相应的对称要素的集合称为对称要素群。两者通常统称为对称群。因为在晶体形态中，全部对称要素相交于一点（晶体中心），在进行对称操作时至少一点不动，称为该结晶多面体的点群。因为构成它的对称要素一定是共点的，此点称为点群中心。

根据晶体形态中可能存在的对称要素及其组合规律，推导出晶体中可能出现的点群是非常有限的，仅有 32 种，32 种点群见附录 1。

用来表示点群的国际符号由三个主要晶向上的对称要素组成。例如六方晶系的三个主要晶向依次为 c、a、$2a+b$。沿 c 方向的对称要素有 1 个六次轴、1 个对称面（对称面法线方向与 c 重合）；沿 a 方向有 1 个二次轴、1 个对称面；沿 $2a+b$ 方向也有 1 个二次轴、1 个对称面，故记作 $\dfrac{6}{m}\dfrac{2}{m}\dfrac{2}{m}$。各晶系的三个主要晶向列于附录 2 中。

2.1.3.4　布拉菲点阵与晶系

在点阵中选择一个由阵点连接而成的基本几何图形作为点阵的基本单元来表达晶体结构的周期性，称为晶胞或单胞；为了表达空间点阵的周期性，一般选取体积最小的平行六面体作为单位单胞，这种单胞只在顶点上有结点，称为简单单胞。然而简单单胞仅反映出晶体的周期性，不能反映出晶体结构的对称性，为此选取的单胞应具备如下条件：

（1）能同时反映出空间点阵的周期性和对称性。

（2）在满足（1）的条件下，有尽可能多的直角。

（3）在满足（1）和（2）的条件下，体积最小。

法国晶体学家布拉菲经长期的研究发现，符合上述三个原则选取的单胞只能有 14 种，称为 14 种布拉菲点阵。根据结点在单胞中位置的不同，又将 14 种布拉菲点阵分为 4 种点阵类型（P、C、I、F）。单胞的形状和大小用相交于某一顶点的三条棱边上的点阵周期

a、b、c 及其间的夹角 α、β、γ 来描述。a、b、c 及 α、β、γ 被称为点阵常数或晶格常数。根据点阵常数的不同，将晶体点阵分为 7 个晶系，每个晶系中包括几种点阵类型。对 32 种点群按其对称特点来进行合理的分类。首先根据晶体是否具有高次轴而将其分为三大晶族，然后根据主轴的轴次再将其分为七大晶系，如表 2 - 2 所示。

表 2 - 2　布拉菲点阵

晶　系	单胞形状特征（点阵参数）	布拉菲点阵	点阵符号	单胞内阵点数	阵 点 坐 标
立方（等轴）	$a=b=c$ $\alpha=\beta=\gamma=90°$	简单立方	P	1	000
		体心立方	I	2	$000,\ \frac{1}{2}\frac{1}{2}\frac{1}{2}$
		面心立方	F	4	$000,\ \frac{1}{2}\frac{1}{2}0,\ \frac{1}{2}0\frac{1}{2},$ $0\frac{1}{2}\frac{1}{2}$
正方（四方）	$a=b\neq c$ $\alpha=\beta=\gamma=90°$	简单正方	P	1	000
		体心正方	I	2	$000,\ \frac{1}{2}\frac{1}{2}\frac{1}{2}$
斜方（正交）	$a\neq b\neq c$ $\alpha=\beta=\gamma=90°$	简单斜方	P	1	000
		体心斜方	I	2	$000,\ \frac{1}{2}\frac{1}{2}\frac{1}{2}$
		底心斜方	C	2	$000,\ \frac{1}{2}\frac{1}{2}0$
		面心斜方	F	4	$000,\ \frac{1}{2}\frac{1}{2}0,\ \frac{1}{2}0\frac{1}{2},$ $0\frac{1}{2}\frac{1}{2}$
菱方（三方）	$a=b=c$ $\alpha=\beta=\gamma\neq90°$	简单菱方	R	1	000
六　方	$a=b\neq c$ $\alpha=\beta=90°$ $\gamma=120°$	简单六方	P	1	000
单　斜	$a\neq b\neq c$ $\alpha=\gamma=90°\neq\beta$	简单单斜	P	1	000
		底心单斜	C	2	$000,\ \frac{1}{2}\frac{1}{2}0$
三　斜	$a\neq b\neq c$ $\alpha\neq\beta\neq\gamma\neq90°$	简单三斜	P	1	000

2.1.3.5　晶面和晶向的表示法

（1）晶面的表示法。把点阵中的结点全部分列在一系列平行等距离的平面上，这样的平面称为晶面。显然，点阵中的平面可以有无数多组。对于一组平行的等距离晶面，可用密勒（Miller）指数表示。方法如下：令这组平行晶面中的一个面通过原点，其相邻面与 x、y、z 轴截距分别为 r、s、t，然后取其倒数 $h=1/r$，$k=1/s$，$l=1/t$。hkl 就是该晶面的密勒指数，再加上圆括号就是晶面符号。如图 2 - 10 所示，$r=2$，$s=3$，$t=6$，其倒数比

为 $1/2:1/3:1/6=3:2:1$，故 $h=3$，$k=2$，$l=1$，晶面符号为（321）。晶面符号也必须用整数表示，如截距出现负号，则在该指数上也加上负号。假若晶面与某坐标轴平行，那么它与该轴相交于∞，其倒数就是0。

（2）晶向的表示法。空间点阵中由结点连成的结点线和平行于结点线的方向在晶体中称为晶向。晶向可以用晶向符号来表示。通过原点作一条直线与晶向平行，将这条直线上任一点的坐标化为没有公约数的整数 u，v，w，称为晶向指数，再加上方括号就是晶向符号 $[u，v，w]$。如图 2-11 中 M 点的坐标为 111，所以 OP 的晶向符号为 $[111]$❶，是晶胞中体对角线的方向。x、y、z 轴的方向分别为 $[100]$、$[010]$、$[001]$。

假如在坐标位置中有负值，那么可以在该值数上面加一负号，例如 $[1\bar{1}0]$。

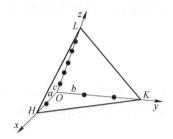 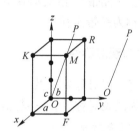

图 2-10　晶面符号的图解　　　　图 2-11　晶棱符号图解

2.1.3.6　晶面间距与晶面夹角

（1）晶面间距的计算。以立方晶系为例：

$$\frac{1}{d_{hkl}^2}=\frac{h^2+k^2+l^2}{a^2} \tag{2-1}$$

或

$$d_{hkl}=\frac{a}{\sqrt{h^2+k^2+l^2}} \tag{2-2}$$

式（2-1）即为立方系晶面间距公式。由此式可知，d_{hkl}^2 不仅与点阵常数 a^2 有关，而且反比于晶面指数平方和。其他晶系的晶面间距公式见附录3。

（2）晶面夹角的计算。由于两晶面（h_1，k_1，l_1）与（h_2，k_2，l_2）的夹角（φ）可用两晶面法线夹角表示，立方晶系晶面夹角公式为：

$$\cos\varphi=\frac{h_1h_2+k_1k_2+l_1l_2}{\sqrt{h_1^2+k_1^2+l_1^2}\cdot\sqrt{h_2^2+k_2^2+l_2^2}} \tag{2-3}$$

其他晶系的晶面夹角计算公式见附录4。

2.1.3.7　晶带定律

交棱相互平行的一组晶面的组合，构成一个晶带。通过晶体的中心，与该晶带中各晶面交棱相平行的直线，称为该晶带的晶带轴。晶带轴的符号就是晶棱符号。如晶带 $[010]$，表示以 $[010]$ 直线为晶带轴的那一组交棱相互平行的晶带，如图 2-12 所示。在实际晶体上，晶面都是按晶带分布的。

---

❶ 字母用数字代替时，习惯上略去数字间的逗号。

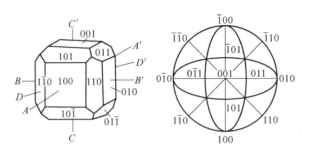

图 2 - 12　一个晶体上各晶面分布组成的晶带

任意两晶棱（晶带）相交必决定一晶面，而任意两个晶面相交必可决定一个晶棱（晶带），这就称为晶带定律。

2.1.4　晶体的微观对称性

晶体除了有宏观对称要素及相应的对称操作外，空间点阵还具有几种微观对称操作。这些对称性称为微观对称性，它是点阵这种空间无限的对称图形所特有的。

2.1.4.1　微观对称要素

微观对称要素主要有三种：

（1）平移轴。平移的对称要素是平移轴，进行平移操作时，图形平行于平移轴移动，按一定周期移动后整个图形能复原。空间点阵是具有平移矢量的对称图形。a、b、c 是点阵中的基本平移矢量。平移对称的存在也是产生下述其他两种微观对称性的原因。

（2）螺旋轴。旋转平移的对称要素是螺旋轴。进行旋转平移操作时，将图形先旋转后再平移一定距离使图形复原。图 2 - 13 表示二次旋转平移操作，如果 T 是该平移方向上的等同周期，质点原在 1 处，经过 $360°/2 = 180°$ 的旋转再平移 $a/2$ 至位置 2 处。这种对称操作称为二次旋转平移，对称要素是二次螺旋轴。其他螺旋轴见附录 5。

（3）滑移面。反映平移的对称要素是滑移面。进行反映平移操作时，先将 I 平行于滑移面进行平移操作，将 I 移到 I'，再以滑移面为镜面进行辅助操作，将 I' 反映到 I''。然后，如此继续下去，构成整个反映平移图形。图 2 - 14 只是反映平移对称图形的一小部分。

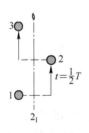
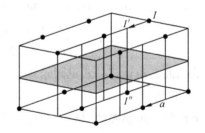

图 2 - 13　二次螺旋轴　　　　　图 2 - 14　滑移面 a 的示意图

滑移面的符号不像反映面那样可以笼统地用 m 来表示，因为反映平移操作中的平移可能沿不同方向，滑动不同距离。反映平移操作中，根据平移的方向和滑动距离的不同，规定了不同的滑移面符号，详见附录 6。

2.1.4.2 空间群及符号

晶体的内部构造是空间无限对称图形。它所包含的对称要素也是无限地分布于空间的。这种空间无限图形所具有的各种对称要素的集合，称为微观对称型，也称为"空间群"。理论上可以证明，在晶体的内部构造上，只能发现 230 种空间群，这 230 种空间群分属于 32 个点群。空间群的符号也有两种：

（1）圣富利斯符号。在其点群符号右上方加上一个指数，表示属于这个点群中的不同空间群，例如单斜晶系的 C_{2h} 点群中共包含六种空间群，分别以 C_{2h}^1、C_{2h}^2、C_{2h}^3、C_{2h}^4、C_{2h}^5 及 C_{2h}^6 来表示。这种符号不能反映出某一种空间群的特征对称要素。

（2）国际符号。它的第一个字母代表点阵的类型，后面紧跟 1～3 个序位，每一序位中的一个对称要素符号可代表一定的、可以互相派生（或复制）的多个对称要素。其中以 P 代表简单点阵，A 代表（100）底心点阵，R 代表（010）底心点阵，C 代表（001）底心点阵，I 代表体心点阵，F 代表面心点阵。各个晶系对称型的国际符号中各序位所代表的方向见附录 2。

例如金刚石结构的空间群符号为 $Fd\overline{3}m$，F 即表示属于面心立方点阵；序位一上的 d 表示在与（100）晶面相平行的方向上有滑移面；其平移距离为 $(a_0 + b_0)/4$ 或 $(b_0 + c_0)/4$ 或 $(a_0 + c_0)/4$；序位二上的 3 表示在 [111] 方向有三次旋转反伸轴；序位三上的 m 表示（110）晶面为反映对称面。230 个空间群的符号列于附录 1 中。

晶体的空间群总是包含平移这个对称要素的，它可以单独存在，也可以与旋转或反映组合在一起。实际上，假若把空间群中平移的成分消除掉，则所得的对称要素及相应操作的总和就是点群了。换言之，若已知一个晶体的空间群，那么只要把螺旋轴代以同次旋转反伸轴，把滑移反映面代以普通的反映对称面，并把它们平移相交于一点，就可以得到该晶体的点群。

2.1.5 倒易点阵

2.1.5.1 倒易点阵的基本含义

倒易点阵是由晶体点阵按一定对应关系建立的空间（几何）点（的）阵（列），该对应关系称为倒易变换。

正点阵与倒易点阵互为倒易，可推出：

$$\boldsymbol{a}_1 = (\boldsymbol{a}_2^* \times \boldsymbol{a}_3^*)/V^* ; \ \boldsymbol{a}_2 = (\boldsymbol{a}_1^* \times \boldsymbol{a}_3^*)/V^* ; \ \boldsymbol{a}_3 = (\boldsymbol{a}_2^* \times \boldsymbol{a}_1^*)/V^* \qquad (2-4)$$

式中，V^* 为倒易点阵晶胞体积，$V^* = \boldsymbol{a}_1^* \cdot (\boldsymbol{a}_2^* \times \boldsymbol{a}_3^*)$。

前面表达式为各种晶系的通用表达式，针对不同晶系特点，表达式可简化。如立方晶系，$a_1 = a_2 = a_3 = a$，$\alpha = \beta = \gamma = 90°$，$V = a_1^3 = a_2^3 = a_3^3$；代入式（2-4）有：

$$\boldsymbol{a}_1^* = \boldsymbol{a}_2^* = \boldsymbol{a}_3^* = (a_1 \times a_2 \times \sin\alpha)/V = a^2 \times \sin90°/a^3 = 1/a$$

2.1.5.2 倒易矢量及其基本性质

以任一倒易阵点为坐标原点（称为倒易原点，一般取其与正点阵坐标原点重合），以 $\boldsymbol{a}_1^*$，$\boldsymbol{a}_2^*$，$\boldsymbol{a}_3^*$ 为三坐标轴单位矢量，由倒易原点向任意倒易阵点（倒易点）的连接矢量称为倒易矢量，用 $\boldsymbol{r}^*$ 表示。若 $\boldsymbol{r}^*$ 终点（倒易点）坐标为 (H, K, L)（$\boldsymbol{r}^*$ 记为 $\boldsymbol{r}_{HKL}^*$），则 $\boldsymbol{r}^*$ 在倒易点阵中的坐标表达式为：

$$r_{HKL}^* = Ha_1^* + Ka_2^* + La_3^* \tag{2-5}$$

r_{HKL}^* 的基本性质如下：

（1）r_{HKL}^* 垂直于正点阵中相应的（h，k，l）晶面；

（2）r_{HKL}^* 长度等于（h，k，l）的晶面间距 d_{hkl} 的倒数，即 $r_{HKL}^* = 1/d_{hkl}$。

2.1.5.3　倒易矢量与正点阵（h，k，l）晶面的对应关系

根据以上分析，我们可以归纳出倒易矢量与正点阵(h,k,l)晶面具有如下对应关系：

（1）一个倒易矢量与一组（h，k，l）晶面对应，倒易矢量的大小与方向表达了（H，K，L）在正点阵中的方位与晶面间距；

（2）（H，K，L）决定了倒易矢量 r_{HKL}^* 的方向与大小；

（3）正点阵中每一个（h，k，l）对应着一个倒易点，该倒易点在倒易点阵中的坐标即为 H，K，L；

（4）若 r_1^* 与 r_2^* 均为某晶体的倒易矢量，则 $r_1^* + r_2^*$ 必定也是该晶体的倒易矢量。

2.2　X射线的本质和X射线谱

2.2.1　X射线的本质

X射线通常是由X射线管（利用一种类似热阴极二极管的装置）来获得，其结构如图2-15所示。用一些材料制作的板状阳极（称为靶，多为纯金属 Cu、Cr、V、Fe、Co，在软X射线装置中常用 Al 靶）和阴极（W 丝）密封在一个玻璃－金属管壳内，给阴极通电加热至炽热，使它放射出热辐射电子。在阳极和阴极间加直流高压（约几万伏），则阴极产生的大量热电子 e 将在高压电场作用下高速奔向阳极，在与阳极碰撞的瞬间产生X射线。通常仅有1%的能量转变为X射线，其余主要转化为热能。因此，X射线的产生条件为：产生自由电子；使电子做定向高速运动；运动路径设置使其突然减速的障碍物。

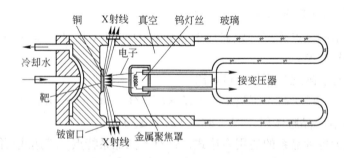

图2-15　X射线管剖面示意图

（X射线管相当于一个真空度为 $1.33 \times 10^{-5} \sim 1.33 \times 10^{-3}$ Pa 的真空二极管，主要由阴极、阳极、窗口、真空罩及冷却系统组成。阴极通常指产生热电子并将电子束聚焦的电子枪，常由钨灯丝和高压变压器组成；阳极也称靶，主要作用是使热电子突然减速，并发射X射线；为使阴极发射的电子束集中，在阴极灯丝外加上聚焦罩，并使灯丝与聚焦罩之间始终保持 100~400V 的电位差。窗口是X射线从阳极向外辐射的区域，有两个或四个，其材料既要有足够的强度以维持管内的高真空，又要对X射线的吸收较小，常用不吸收X射线的金属铍制成，有时也用成分为硼酸锂的林德曼玻璃。通常X射线管可分为细聚焦X射线管和旋转阳极X射线管，按灯丝可分为密封式灯丝管和可拆式灯丝X射线管。）

X 射线是一种可在空间传播的交变电磁场，即电磁波，其在空间的传播遵从波动方程，具有反射、折射、干涉、衍射、偏振等特性，属于横波。X 射线的波长很短，仅 0.01 ~ 10nm，远小于一般可见光的波长（400 ~ 700nm），肉眼看不到，但能使某些荧光物质发光，可使照相底片感光，使部分气体电离。波长在 0.1nm 以下的 X 射线能量高，具有很强的穿透性，称为"硬 X 射线"，常用于无损探伤及金属的物相分析，如对金属器件的内部缺陷（气孔、夹杂、裂纹等）进行无损检查；用于医学的 X 射线能量低，波长较大，穿透力较弱，称为"软 X 射线"。波长在 0.25 ~ 0.05nm 的硬 X 射线波长与晶体中原子间距较接近，当其照射到晶体上时会产生散射、干涉及衍射现象，与光线的衍射现象类似，常用来进行 X 射线衍射分析，为研究晶体内部结构提供信息。

同可见光一样，X 射线具有波粒二象性，可将其视为"量子微粒"流，具有光电效应；每个 X 射线量子微粒带有一定的能量 (E) 和动量 (P)。

$$E = h\nu = hc/\lambda \tag{2-6}$$
$$P = h/\lambda \tag{2-7}$$

式中，ν 为 X 射线的频率；c 为光速；λ 为 X 射线的波长。

X 射线穿过不同介质时，几乎毫不偏折地直线传播，折射系数接近于 1；在电磁场中也不发生偏斜，故不能用一般方法使 X 射线会聚或发散。由于 X 射线能破坏生物组织细胞，对有机物质（含人体）有害，因此人们在与 X 射线接触时一定要采取保护措施，使用能屏蔽 X 射线的铅玻璃等进行保护。

2.2.2 X 射线谱

对 X 射线管施加不同的电压，再用适当的方法测量由 X 射线管发出的 X 射线的波长和强度，便可得到 X 射线强度与波长的关系曲线，称为 X 射线谱。

2.2.2.1 连续 X 射线谱

图 2 - 16 为 Mo 阳极 X 射线管在不同管压下的 X 射线谱。由图可以看出，管压低于 20kV 时，曲线呈连续变化，将这种 X 射线谱称为连续 X 射线谱。随着管压的增高，X 射线强度增大，连续谱峰值所对应的波长向短波端移动。在各种管压下的连续谱都存在一个最短的波长值 λ_0，称为短波限。通常峰值位置大约在 $1.5\lambda_0$ 处。

若 U 和 $\lambda_0(\text{nm})$ 有如下关系：

$$\lambda_0 = 1.24/U \tag{2-8}$$

则说明，连续谱短波限只与管压有关，当固定管压、增加管电流时 λ_0 不变。当增加管压时，电子动能增加，电子与靶的碰撞次数和辐射出来的 X 射线光量子的能量都增高，这就解释了图 2 - 16 所示的连续谱图形变化规律：随着管压的增高，连续谱的强度相应增高，曲线对应的最大值和短波限 λ_0 都向短波方向移动。

X 射线的强度是指垂直于 X 射线传播方向的单位面积上在单位时间内光量子数目的能量总和，其意义是 X 射线的强度 I 是由光子的能量 $h\nu$ 和光子的数目 n 两个因素决定的，即 $I = nh\nu$。正因为如此，连续 X 射线谱中的最大值并不在光子能量最大的 λ_0 处，而是在大约 $1.5\lambda_0$ 的地方。

连续谱强度分布曲线下所包含的面积与在一定条件下单位时间发射的连续 X 射线总强度成正比。实验证明，它与管电流 i、管电压 V、阳极靶的原子序数 Z 之间有下述经验公式：

$$I_{连} = \alpha i Z V^{m} \qquad (2-9)$$

式中，i 为电流；V 为电压；Z 为原子序数；α 和 m 均为常数，$m \approx 2$，$\alpha \approx (1.1 \sim 1.4) \times 10^{-9}$。

由式（2-9）可以看出，阳极靶只能影响连续谱的强度，不能影响其波长分布。

2.2.2.2 特征 X 射线谱

在 Mo 阳极 X 射线连续谱中，当电压高于某临界值时，发现在连续谱的某波长处（0.063nm 和 0.071nm）突然出现窄而尖锐的强度峰，如图 2-17 所示。改变管电流、管电压的大小，强度按 n 次方的规律增大，而峰位所对应的波长不变，即波长只与靶的原子序数有关，与电压无关。因这种强度峰的波长反映了物质的原子序数特征，故称之为特征 X 射线；由特征 X 射线构成的 X 射线谱叫特征 X 射线谱，而产生特征 X 射线的最低电压叫激发电压，也称为临界电压，记为 V_{k}。

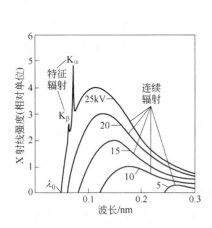

图 2-16 　连续 X 射线谱及管
电压对连续谱的影响

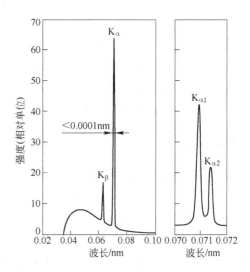

图 2-17 　35kV 的 Mo 阳极特征 X 射线谱
（右图为将横轴放大后观察的 K_{α} 双重线）

原子中的电子遵从泡利不相容原理不连续分布在 K，L，M，N，…不同能级的壳层上，按能量最低原理首先填充最靠近原子核的 K 壳层，再依次充填 L，M，N，…壳层。各壳层的能量由里到外逐渐增加 $E_{K} < E_{L} < E_{M} \cdots$。当外来高速度粒子（电子或光子）的动能大至可将壳层中某电子击出填充到未满的高能级上或击出原子系统之外时，被击出电子位置出现空位，原子的系统能量因而升高，处于激发态。这种激发态不稳定，较高能级上的电子会向低能级上的空位跃迁，并以光子形式辐射出特征 X 射线，使原子系统能量降低而趋于稳定。如 L 层电子跃迁到 K 层，此时能量降低为：

$$\Delta E_{KL} = E_{L} - E_{K} \qquad (2-10)$$

$$\Delta E_{KL} = h\nu = hc/\lambda \qquad (2-11)$$

对于原子序数为 Z 的确定的物质，各原子能级的能量恒定，因此 ΔE_{KL} 为恒值，λ 也是恒值。因此特征 X 射线波长为一定值。

阴极射出的电子欲击出靶材原子内层（如K层）电子，必须使其动能大于K层电子与原子核的结合能 E_K 或K层电子的逸出功 W_K，即 $eV_K \geqslant -E_K = W_K$。临界条件即为 $eV_K = -E_K = W_K$，这里 V_K 便是阴极电子击出靶材原子K电子所需的临界激发电压。由于越靠近原子核电子与核的结合能越大，所以击出同一靶材原子的K，L，M等不同壳层上的电子就需要不同的 V_K，V_L，V_M 等临界激发电压。阳极靶物质的原子序数越大，所需临界激发电压值就越高。

为准确表征原子内层电子的激发及其辐射，把K层电子被击出的过程定义为K系激发，随之的电子跃迁所引起的辐射称为K系辐射；同理，把L层电子被击出的过程定义为L系激发，随之的电子跃迁所引起的辐射称为L系辐射，依次类推。我们再按电子跃迁时所跨越能级数目的不同把同一辐射线系分成几类，对跨越1，2，3…个能级所引起的辐射分别标以 α，β，γ…符号，如图2-18所示，电子由L→K、M→K跃迁（分别跨越1、2个能级）所引起的K系辐射定义为 K_α、K_β 谱线；同理，由M→L、N→L电子跃迁将辐射出L系的 L_α、L_β 谱线等。

由图2-18可见，K_α 线比 K_β 线波长长，这是由于原子系统中不同能级的能量及能量差不同且不均布，愈靠近原子核，相邻能级间的能量差愈大，故电子由M→K层跃迁时所产生的 K_β 线的波长较L→K层跃迁产生的 K_α 射线波长要短，且因K层与L层为相邻能级，L层电子填充几率大，故 K_α 线的强度要比 K_β 线大5倍左右。

由于同一壳层还有精细结构，存在亚能级，故尽管能量差固定，但同一壳层上的电子并不处于同一能量状态，而分属不同的亚能级。不同亚能级上电子跃迁会引起特征波长的微小差别。实验证明，K_α 是由L层第三亚层上的4个电子和L层第二亚层上的2个电子向K层跃迁时辐射出来的两根谱线（称为 $K_{\alpha 1}$ 和 $K_{\alpha 2}$ 双线）组成的，如图2-18所示。又由于L层第三亚层向K层的跃迁几率较L层第二亚层向K层的跃迁几率大一倍，所以组成 K_α 的两条线的强度比为 $I_{K_{\alpha 1}}/I_{K_{\alpha 2}} \approx 2 : 1$。如钨靶，$\lambda_{K_{\alpha 1}} = 0.0209 \text{nm}$，$\lambda_{K_{\alpha 2}} = 0.0214 \text{nm}$，一般情况下两种跃迁同时存在，这时 K_α 线的波长取双线波长的加权平均值：

$$\lambda_{K_\alpha} = 2/3\lambda_{K_{\alpha 1}} + 1/3\lambda_{K_{\alpha 2}} \qquad (2-12)$$

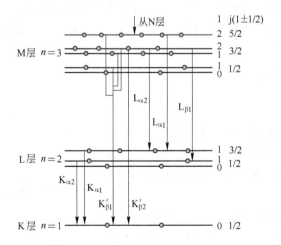

图2-18 多电子原子能级示意图
（箭头表示电子跃迁及特征谱线辐射过程）

莫塞莱总结了特征 X 射线谱的波长与靶材的关系，于 1914 年提出了著名的莫塞莱定律，认为特征 X 射线谱的波长或频率只取决于阳极靶物质的原子能级结构，特征 X 射线谱的波长与原子序数间存在下述规律：

$$\sqrt{\frac{1}{\lambda}} = \sqrt{R\left(\frac{1}{n_2^2} - \frac{1}{n_1^2}\right)}(Z - \sigma) \qquad (2-13)$$

式中，n_1、n_2 为电子跃迁前后壳层的主量子数；Z 为原子序数；R 和 σ 都是常数，其中 R 被称为里德伯常数，在国际单位制中，$R = 1.0974 \times 10^7 \text{m}^{-1}$，$\sigma$ 是与靶材物质主量子数有关的常数。

莫塞莱定律成为 X 射线荧光光谱分析和电子探针微区成分分析的理论基础。分析方法是使某物质发出的特征 X 射线经过已知晶体进行衍射，然后算出波长 λ，利用标准样品定出 σ，从而根据式（2-13）确定原子序数 Z。

在 X 射线多晶体衍射中，主要是利用 K_α 线作辐射源，L 系或 M 系射线由于波长大，容易被物质吸收所以不用。另外，X 射线的连续谱会增加衍射花样的背底，不利于衍射花样分析，因此希望特征谱线强度与连续谱线强度之比越大越好。实践和计算表明，当工作电压为 K 系激发电压的 3~5 倍时，$I_特/I_连$ 最大。

2.3　X 射线衍射方向

当一束 X 射线照射到晶体上时，首先被电子散射，每个电子都是一个新的辐射波源，向空间辐射出与入射波相同频率的电磁波。在一个原子系统中所有电子的散射波都可以近似地看做是由原子中心发出的。因此，可以把晶体中每个原子都看成是一个新的散射波源，它们各自向空间辐射与入射波相同频率的电磁波。由于这些散射波之间的干涉作用使得空间某些方向上的波始终保持互相叠加，于是在这个方向上可以观测到衍射线；而在另一些方向上的波则始终是互相抵消的，就没有衍射线产生。所以，X 射线在晶体中的衍射现象，实质上是大量的原子散射波互相干涉的结果。每种晶体所产生的衍射花样都反映出晶体内部的原子分布规律。概括地讲，一个衍射花样的特征可以认为由两个方面组成，一方面是衍射线在空间的分布规律（称之为衍射几何），另一方面是衍射线束的强度。衍射线的分布规律是由晶胞的大小、形状和位向决定的；而衍射线的强度则取决于原子在晶胞中的位置、数量和种类。

2.3.1　劳埃方程

由于晶体中原子呈周期性排列，劳埃设想晶体为光栅（点阵常数为光栅常数），晶体中原子受 X 射线照射产生球面散射波并在一定方向上相互干涉，形成衍射光束。

考虑单一原子列（一维点阵）的衍射方向，如图 2-19 所示，设 s、s_0 为任意方向上原子散射线和入射线的单位矢量，a 为点阵基矢，夹角为 α、α_0，则原子列中任意相邻两原子 A、B 间散射

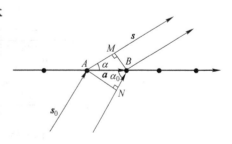

图 2-19　一维点阵衍射

光程差 δ 为：

$$\delta = AM - BN = \boldsymbol{a}\cos\alpha - \boldsymbol{a}\cos\alpha_0 = \boldsymbol{a}\boldsymbol{s} - \boldsymbol{a}\boldsymbol{s}_0 = \boldsymbol{a}(\boldsymbol{s} - \boldsymbol{s}_0)$$

散射线干涉加强条件为：$\delta = H\lambda$（H 为任意整数）即：

$$\boldsymbol{a}(\boldsymbol{s} - \boldsymbol{s}_0) = H\lambda \tag{2-14}$$

式（2-14）表达了单一原子列衍射方向 α 与入射线波长 λ、方向 α_0 及点阵常数 a 的关系，被称为一维劳埃方程。

考虑单一原子平面（二维点阵）的衍射方向，设 $\boldsymbol{a}$ 与 $\boldsymbol{b}$ 为二维点阵基矢，分别列出沿 $\boldsymbol{a}$ 方向与沿 $\boldsymbol{b}$ 方向的一维劳埃方程，即

$$\begin{cases} \boldsymbol{a}(\cos\alpha - \cos\alpha_0) = H\lambda \\ \boldsymbol{b}(\cos\beta - \cos\beta_0) = K\lambda \end{cases} \tag{2-15}$$

式（2-15）也可写为：

$$\begin{cases} \boldsymbol{a}(\boldsymbol{s} - \boldsymbol{s}_0) = H\lambda \\ \boldsymbol{b}(\boldsymbol{s} - \boldsymbol{s}_0) = K\lambda \end{cases} \tag{2-16}$$

当考虑三维晶体的衍射方向分别列出沿点阵基矢 $\boldsymbol{a}$、$\boldsymbol{b}$、$\boldsymbol{c}$ 方向的一维劳埃方程，即

$$\begin{cases} \boldsymbol{a}(\cos\alpha - \cos\alpha_0) = H\lambda \\ \boldsymbol{b}(\cos\beta - \cos\beta_0) = K\lambda \\ \boldsymbol{c}(\cos\gamma - \cos\gamma_0) = L\lambda \end{cases} \tag{2-17}$$

式（2-17）也可写为：

$$\begin{cases} \boldsymbol{a}(\boldsymbol{s} - \boldsymbol{s}_0) = H\lambda \\ \boldsymbol{b}(\boldsymbol{s} - \boldsymbol{s}_0) = K\lambda \\ \boldsymbol{c}(\boldsymbol{s} - \boldsymbol{s}_0) = L\lambda \end{cases} \tag{2-18}$$

由解析几何可知，α_0、β_0 与 γ_0 及 α、β 与 γ 必须满足几何条件：

$$\cos^2\alpha_0 + \cos^2\beta_0 + \cos^2\gamma_0 = 1 \text{ 与 } \cos^2\alpha + \cos^2\beta + \cos^2\gamma = 1 \tag{2-19}$$

式（2-19）被称为劳埃方程的约束性或协调方程。

2.3.2　布拉格方程

X射线照射晶体时，与晶体中束缚较紧的电子相遇时，电子会受迫振动并发射与 X 射线波长相同的相干散射波。由于晶体内各原子呈周期性排列，故各原子散射波间存在固定的位相差而产生干涉作用，进而在某些方向加强，另一些方向则被削弱，形成了衍射波。

X射线学以 X 射线在晶体中的衍射现象为基础。衍射波的两个基本特征——衍射线（束）在空间分布的方位（衍射方向）和强度，与材料的晶体结构密切相关。本节首先介绍表达衍射线空间方位与晶体结构关系的布拉格方程，进而结合倒易矢量的概念导出衍射矢量方程及其几何图解形式（Ewald 图解），然后简单讨论有关衍射方向各种表达形式之间的等效关系。

2.3.2.1　布拉格方程的导出

在进行 X 射线衍射实验研究时，首先考虑同一晶面上原子的散射线衍射条件。在图 2-20 中，一束平行的单色 X 射线以与平面成 θ 角的方向照射到原子面 A 上，如果入射线

在 XX' 处同相位，则在原子面 A 上的 P、K 两点代表的原子散射线中，反射线 $1a'$ 和 $1'$ 在到达 YY' 时同光程。说明同一晶面上原子的散射线，在原子面的反射线方向上可以互相加强。

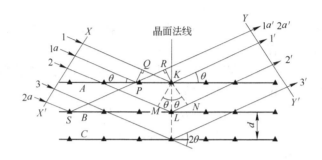

图 2 - 20　晶体对 X 射线的衍射

考虑到晶体结构的周期性，可将晶体视为由许多相互平行且晶面间距 d 相等的原子面组成；由于 X 射线的穿透性，X 射线不仅可以照射到晶体表面，而且可以照射到晶体内一系列平行的原子面。由于入射光源及记录装置至样品的距离比晶面间距 d 数量级大得多，故入射线与反射线均可视为平行光。入射的平行光照射到晶体中各平行原子面上，各原子面产生的相互平行反射线间的干涉作用，导致"选择反射"。

在图 2 - 20 中，设一束平行 X 射线（波长 λ）以 θ 角照射到晶体中晶面指数为（h，k，l）的各原子面上，各原子面产生反射。任意两相邻面（A 与 B），反射线光程差：

$$\delta = ML + LN = 2d\sin\theta \qquad (2-20)$$

干涉相互加强的条件为 $\delta = n\lambda$，即

$$2d\sin\theta = n\lambda \qquad (2-21)$$

式中，n 为任意整数，称为反射级数；d 为（h，k，l）晶面间距。

式（2 - 21）为布拉格通过实验导出的，称为布拉格方程。从公式中可以看出，对于一定波长为 λ 的 X 射线，发生反射时的角度取决于晶体的晶面间距 d。如果知道了晶体的晶面间距 d，连续改变 X 射线的入射角 θ，就可以直接测出 X 射线的波长。

2.3.2.2　布拉格方程的讨论

布拉格方程的本质是衍射，将衍射看成反射只是为了便于使用而提出的一种描述方式。总结 X 射线与晶面间的作用规律可知：

（1）布拉格方程描述了"选择反射"的规律。X 射线的晶面反射与可见光的镜面反射不同。镜面可以任意角度反射可见光，但 X 射线只有在满足布拉格方程的 θ 角方向才能发生反射。因此，该反射也称为"选择反射"。产生"选择反射"的方向是各晶面反射线干涉一致加强的方向，即满足布拉格方程的方向。入射光束、反射面的法线和衍射光束在同一平面，衍射束与透射束夹角——衍射角为 2θ。

（2）布拉格方程表达了反射线空间方位（θ）与反射晶面间距（d）及入射线方位（θ）和波长（λ）以及反射级数 n 间的相互关系。

（3）入射线照射各晶面产生的反射线实质是各晶面产生的反射方向上的相干散射线；而被接收记录的样品反射线实质是各晶面反射方向上散射线干涉一致加强的结果，即衍射

线。因此，在材料的衍射分析工作中，"反射"与"衍射"作为同义词使用。

（4）布拉格方程由各晶面散射线干涉条件导出，即视晶面为散射基元，晶面散射是该晶面上各原子散射相互干涉（叠加）的结果。

（5）干涉指数表达的布拉格方程。由式（2–21）可知，一组（h，k，l）晶面随 n 值不同，可能产生 n 个不同方向的反射线（分别称为该晶面的一级、二级、…、n 级反射）。为了使用方便，将式（2–21）写为：

$$2\frac{d_{hkl}}{n}\sin\theta = \lambda \qquad (2-22)$$

由干涉指数的概念可知，晶面间距为 d_{hkl}/n 的晶面对用干涉指数（H，K，L）表达，即

$$2d_{HKL}\sin\theta = \lambda \qquad (2-23)$$

式（2–23）即为干涉指数表达的布拉格方程（相应地可称式（2–21）为密勒指数表达的布拉格方程）。该式可认为反射级数为 1，因为反射级数 n 已包含在 d 中，此式的意义在于，晶面（h，k，l）的 n 级反射可看成来自某虚拟晶面的一级反射。

2.3.3 倒易点阵与厄瓦尔德图解

2.3.3.1 衍射矢量方程

设 s_0 与 s 分别为入射线与反射线方向单位矢量，s、s_0 称为衍射矢量。则反射定律可表达为：s_0 及 s 分居反射面（h，k，l）法线（N）两侧，且 s_0、s 与 N 共面，s_0 及 s 与（h，k，l）面夹角相等（均为 θ）。据此可推知 $s - s_0 \parallel N$（此可称为反射定律的数学表达式），如图 2–21 所示。

由图也可知 $|s - s_0| = 2\sin\theta$，故布拉格方程（2–21）可写为 $|s - s_0| = \lambda/d$。综上所述，"反射定律 + 布拉格方程"可用衍射矢量（$s - s_0$）表示为：

$$\begin{cases} s - s_0 \parallel N \\ |s - s_0| = \lambda/d_{hkl} \end{cases} \qquad (2-24)$$

由倒易矢量性质可知，（h，k，l）晶面对应的倒易矢量 $r_{HKL}^* \parallel N$ 且 $r_{HKL}^* = 1/d_{hkl}$。引入 r_{hkl}^*，则式（2–24）可写为：

$$(s - s_0)/\lambda = r_{hkl}^* \qquad (2-25)$$

式（2–25）即称为衍射矢量方程。由导出过程可知，衍射矢量方程等效于"反射定律 + 布拉格方程"，是衍射必要条件的矢量表达式。

若设 $R_{hkl}^* = \lambda r_{hkl}^*$（$\lambda$ 为入射线波长，可视为比例系数），则式（2–25）可写为：

$$s - s_0 = R_{hkl}^* \qquad (2-26)$$

式（2–26）也为衍射矢量方程。

2.3.3.2 厄瓦尔德图解

图 2–22 为衍射矢量方程的几何图解。R_{HKL}^* 为反射晶面（h，k，l）的倒易矢量，R_{HKL}^* 的起点（倒易原点 O^*）为入射线单位矢量 s_0 的终点，s_0 与（h，k，l）晶面反射线 s 的夹角 2θ 为衍射角，构成衍射矢量三角形。该三角形为等腰三角形（$|s_0| = |s|$）。s_0 终点是倒易（点阵）原点（O^*），而 s 终点是 R_{HKL}^* 的终点，即（h，k，l）晶面对应的倒易点。衍射角 2θ 表达了入射线与反射线的方向。

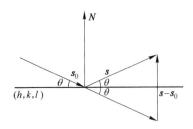

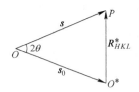

图 2 – 21　反射定律的数学表达图　　　　图 2 – 22　衍射矢量三角形

晶体中有各种不同方位、不同晶面间距的 $(h，k，l)$ 晶面。当一束波长为 λ 的 X 射线以一定方向照射晶体时，为了方便确定哪些晶面可能产生衍射以及衍射方向，下面介绍一下解决这一问题的几何图解，称为厄瓦尔德（Ewald）图解。

按衍射矢量方程，晶体中每一个可能产生反射的 $(h，k，l)$ 晶面均有各自的衍射矢量三角形，各衍射矢量三角形的关系如图 2 – 23 所示。s_0 为各三角形的公共边；若以 s_0 矢量起点（O）为圆心，$|s_0|$ 为半径作球面（此球称为反射球或厄瓦尔德球），则各三角形的另一边即 s 的终点在此球面上；因 s 的终点为 R_{hkl}^* 之终点，即反射晶面 $(h，k，l)$ 之倒易点也落在以 O 为中心、OO^*（$|s_0|$）为半径的球面上。该球称为反射球。

由上述分析可知，可能产生反射的晶面，其倒易点必落在反射球上。据此，厄瓦尔德作出了表达晶体各晶面衍射产生必要条件的几何图解，如图 2 – 24 所示。厄瓦尔德图解步骤为：

（1）设 $OO^* = s_0$。

（2）作反射球（以 O 为圆心、$|OO^*|$ 半径作球）。

（3）以 O^* 为倒易原点，作晶体的倒易点阵。

（4）若倒易点阵与反射球（面）相交，即倒易点落在反射球（面）上（如图 2 – 24 中的 P 点）。则该倒易点相应的 $(h，k，l)$ 面满足衍射矢量方程；反射球心 O 与倒易点的连接矢量（如 OP）即为该 $(h，k，l)$ 面的反射线单位矢量 s，而 s 与 s_0 之夹角（2θ）表达了该 $(h，k，l)$ 面可能产生的反射线方位。

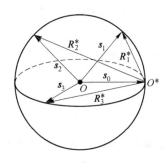

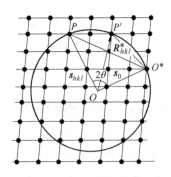

图 2 – 23　同一晶体各晶面衍射矢量　　　　图 2 – 24　厄瓦尔德图解
　　　　　　三角形的关系
（角标 1、2、3 分别代表晶面指数：$(h_1，k_1，l_1)$；
　　　　　　$(h_2，k_2，l_2)$；$(h_3，k_3，l_3)$）

由以上可知，凡是与反射球面相交的倒易结点都满足衍射条件而产生衍射。

要保证反射球面能有充分机会与倒易结点相交产生衍射，就要满足如下实验条件之一：

（1）单色的 X 射线照射转动的晶体——相当于倒易点运动，反射球永远有机会与之相交。

（2）多色的 X 射线照射固定的单晶——相当于有一系列对应波长的反射球连续分布在一定区域，凡落在此区域的倒易结点都满足衍射条件。

（3）单色的 X 射线照射多晶——多晶就其不同位向而言，相当于单晶转动。

2.4 X 射线衍射强度

实际的衍射谱上并非只在符合 Bragg 方程的 2θ 处出现强度，因为在一个小的单晶体中可能存在相差很小的亚结构，而且实际 X 射线也并非严格单色，也不严格平行，使得晶体中略有位相差的各个亚晶块都有机会满足衍射条件，使得在 2θ 附近也有一定的衍射强度分布，呈峰状，故衍射线也常称为衍射峰。不同物质的衍射峰的数量不同，衍射峰所在的 2θ 位置不同，各峰的强度和形状（宽度）也有不同。

2.4.1 多晶体衍射强度

布拉格方程反映了晶胞的形状和大小，但不能反映晶体中原子的种类、分布和它们在晶胞中的位置，这涉及衍射的强度理论。在进行物相定量分析、固溶体有序度测定、内应力及织构测定等 X 射线衍射分析时，也都必须进行衍射强度的准确测定。为此必须给出晶体结构中原子的种类和位置与衍射强度之间的定量关系。

X 射线衍射强度涉及因素较多。由于电子是散射 X 射线最基本的单元，因此，首先要研究一个电子的散射，然后再讨论一个原子的散射、一个单胞的散射，最后再讨论整个晶体所能给出的衍射线束的强度。

2.4.1.1 一个电子对 X 射线的衍射

汤姆逊给出了强度为 I_0 的非偏振 X 射线照射晶体中一个电荷为 e、质量为 m 的电子时，在距离电子 R 处，与偏振方向成 φ 角处的强度 I_e 为：

$$I_e = I_0 \frac{e^4}{16\pi^2\varepsilon^2 R^2 m^2 c^4}\left(\frac{1+\cos^2 2\theta}{2}\right) \qquad (2-27)$$

式中，$\dfrac{1+\cos^2 2\theta}{2}$ 称为偏振因子或极化因子。

X 射线照射晶体时，也可使原子核中的质子受迫振动从而产生质子散射；但质子质量远大于电子质量，由式（2-27）可知，质子散射与电子散射相比，可忽略不计。

2.4.1.2 一个原子对 X 射线的散射

一个原子对入射 X 射线的散射是原子中各电子散射波互相干涉的结果。一个原子包含 Z 个电子（Z 为原子序数），一个原子对 X 射线的散射可看成 Z 个电子散射的叠加。

（1）若电子散射波间无相位差（即原子中 Z 个电子集中在一点），则原子散射波振幅 E_a 即为单电子散射波振幅 E_e 的 Z 倍，即：$E_a = ZE_e$。

因 $I_a = E_a^2$

所以
$$I_a = Z^2 I_e \tag{2-28}$$

（2）实际原子中的电子分布在核外各电子层上，电子散射波间存在位相差，若掠射角为 θ，任意两电子同方向散射线间位相差 $\phi = \dfrac{2\pi}{\lambda}\delta$，且 ϕ 随 2θ 增加而增加。考虑一般情况并比照式（2-27），引入原子散射因子 $f = E_a/E_e$，则散射强度表达式为：

$$I_a = f^2 I_e \tag{2-29}$$

式中，f 为原子散射因子。由式（2-29）可知，原子散射因子的物理意义为：原子的散射波振幅与一个电子散射波振幅的比值。

2.4.1.3　单胞对 X 射线的散射

晶胞内任意原子 j 沿晶面 (h, k, l) 反射方向的散射波用复数表示为：

$$A e^{i\phi} = f_j e^{2\pi i(hx_j + kx_j + lx_j)} \tag{2-30}$$

用原子散射因子 f_j 作为 j 原子的散射波振幅。

晶胞沿 (h, k, l) 面反射方向的散射波为衍射波，F_{hkl} 为晶胞所含各原子相应方向上散射波的合成波。若晶胞有 n 个原子：

$$F_{hkl} = \sum_{j=1}^{n} f_j e^{2\pi i(hx_j + kx_j + lx_j)} \tag{2-31}$$

式（2-31）为 F_{hkl} 的复指数函数表达式，其复三角函数表达式为：

$$F_{hkl} = \sum_{j=1}^{n} f_j \left[\cos 2\pi(hx_j + kx_j + lx_j) + i\sin 2\pi(hx_j + kx_j + lx_j) \right] \tag{2-32}$$

F 的模 $|F|$ 即为其振幅。由于合成 F 时，f_j 为各原子散射波振幅，而 f_j 以两种振幅的比值定义 $(f_j = E_{aj}/E_e)$，故 $|F|$ 也是以两种振幅的比值定义的，即：

$$|F| = E_b/E_e \tag{2-33}$$

式中，E_b 为晶胞散射波振幅。按照 $E_b^2 = I_b$、$E_e^2 = I_e$，则：

$$I_b = |F|^2 I_e \tag{2-34}$$

式（2-34）为晶胞衍射波（沿 (h, k, l) 面反射方向的散射波）强度表达式，晶胞衍射波 F 称为结构因子，其振幅 $|F|$ 称为结构振幅。

结构因子的含义：

（1）F 值仅与晶胞所含原子数及原子位置有关，而与晶胞形状无关。

（2）晶胞内原子种类不同，则 F 的计算结果不同。

（3）计算 F 时：$e^{n\pi i} = (-1)^n$。

2.4.1.4　系统消光与衍射的充分必要条件

由式（2-34）可知：

若 $|F|^2 = 0$，则 $(I_b)_{hkl} = 0$，即该晶面衍射线消失；把因 $|F|^2 = 0$ 而使衍射线消失的现象称为系统消光。

故产生衍射的充要条件为：必要条件（衍射矢量方程）+ $|F|^2 \neq 0$。

消光分为点阵消光和结构消光。点阵消光是指取决于晶胞中原子（阵点）位置而导致 $|F|^2 = 0$ 的现象；结构消光则是在点阵消光基础上，因结构基元内原子位置不同而进一步产生的附加消光现象。如：实际晶体中，位于阵点上的结构基元由不同原子组成，其结构基元内各原子的散射波间相互干涉也可能产生 $|F|^2 = 0$ 的现象。表2-3给出反射线消光规律。

表 2 – 3 反射线消光规律

布拉菲点阵类型	存在的谱线指数 h, k, l	不存在的谱线指数 h, k, l
简单点阵	全部	无
底心点阵	k 及 h 全奇或全偶，$h+k$ 为偶数	$h+k$ 为奇数
体心点阵	$h+k+l$ 为偶数	$h+k+l$ 为奇数
面心点阵	$h+k+l$ 为同性数	$h+k+l$ 为异性数

2.4.1.5 小晶体散射与衍射积分强度

小晶体即多晶体中的晶粒或亚晶粒。

若小晶体（晶粒）由 N 个晶胞构成，已知晶胞的衍射强度（h, k, l）晶面

$$I_{hkl} = |F_{hkl}|^2 \cdot I_e \qquad (2-35)$$

设小晶粒体积为 V_c，晶胞体积为 $V_{胞}$，则 $N = V_c/V_{胞}$。

N 个晶胞的（h, k, l）晶面衍射的叠加强度为：$I_e \cdot (V_c/V_{胞})^2 \cdot |F_{hkl}|^2$。

考虑到实际晶体结构与理想状况的差别，乘以一个因子 $[(\lambda^3/V_c) \cdot (1/\sin2\theta)]$，则小晶体的衍射积分强度为：

$$I_m = I_e \left(\frac{\lambda^3}{V_c} \cdot \frac{1}{\sin2\theta}\right)\left(\frac{V_c}{V_{胞}}\right)^2 |F_{hkl}|^2 = I_e |F_{hkl}|^2 \cdot \frac{\lambda^3}{V_{胞}^2} \cdot V_c \cdot \frac{1}{\sin2\theta} \qquad (2-36)$$

2.4.1.6 多晶体衍射积分强度

一个晶粒的衍射积分强度如式（2-36）所示，若乘以多晶体中实际参与（h, k, l）衍射的晶粒数 Δq，即可得到多晶体的（h, k, l）衍射积分强度。而 I_m 则是对衍射线强度范围的积分，即由 $I_m\Delta q$ 求得多晶体衍射积分强度（$I_多$）。

$$I_多 = I_m \Delta q \frac{\cos\theta}{2} = I_e \frac{\lambda^3}{V_{胞}^2} |F_{hkl}|^2 V_c \cdot \Delta q \frac{\cos\theta}{2} \cdot \frac{1}{\sin2\theta}$$

$$I_多 = I_e \frac{\lambda^3}{V_{胞}^2} V |F_{hkl}|^2 \cdot \frac{1}{4\sin\theta} \qquad (2-37)$$

式中，V 为样品被照射体积，$V = V_c \cdot \Delta q$。

2.4.2 多晶体衍射强度的相关因子

计算衍射强度，首先要求出结构因子 F_{hkl}。除此以外，在 X 射线衍射的测量工作中，温度、样品对 X 射线的吸收情况，晶面间距相等的晶面数量，入射光的平行度及晶粒大小等，都在不同程度上影响着衍射强度的测定。为消除其影响，需引入对应的修正因子，分别称之为温度因子、吸收因子、多重性因子及角因子（包括罗仑兹因子和极化因子）。

在晶体结构中，把晶面间距相等、晶面上原子排列也相同的晶面称为等同晶面。如立方晶系（１００）面有 6 个，这些面的 2θ 相同，在同一锥面上。等同晶面的个数对衍射强度的影响被称为多重性因子，用 P 来表示。

显然，不同（h, k, l）的 P_{hkl} 值不同，因而不同的等同晶面对衍射强度的贡献也不同。而衍射环的强度与参与衍射的晶粒数成正比，不同晶系的多重性因子不同，可见附录7。

其他相关的角因子 $\dfrac{1 + \cos^2 2\theta}{\sin^2\theta\cos\theta}$、吸收因子 $A(\theta)$、温度因子（e^{-2M}）等在此就不加以讨

论了。综上所述，多晶（h，k，l）衍射积分强度：

$$I = I_0 \frac{\lambda^3}{32\pi R} \left(\frac{e^2}{mc^2}\right)^2 \frac{V}{V_{胞}^2} P \mid F_{hkl} \mid^2 \frac{1+\cos^2 2\theta}{\sin^2\theta\cos\theta} A(\theta) e^{-2M} \qquad (2-38)$$

2.5　X 射线衍射仪

2.5.1　X 射线测角仪

2.5.1.1　X 射线测角仪结构

X 射线（多晶体）衍射仪是以特征 X 射线照射多晶体样品，并以辐射探测器记录衍射信息的衍射实验装置。衍射仪主要由 X 射线发生系统、X 射线测角仪、辐射探测器和辐射探测电路四个基本部分组成，此外，现代 X 射线衍射仪还包括控制操作和运行的计算机系统。X 射线衍射仪是以布拉格实验装置为原型，成像原理（厄瓦尔德图解）与照相法相同，但获得的是衍射图。衍射仪法以其方便、快速、准确和可以自动进行数据处理，尤其是与计算机相结合等特点，使得衍射仪在许多领域中取代了照相法，成为晶体结构分析等工作中的主要方法。

粉末衍射仪的核心部件是测角仪，图 2-25 为测角仪示意图。测角仪由两个同轴转盘 G、H 构成，小转盘 H 中心装有样品支架，大转盘 G 支架（摇臂）上装有辐射探测器 S_2 及前端接收狭缝 F，目前常用的辐射探测器有正比计数器和闪烁探测器两种。X 射线源 S 固定在仪器支架上，它与接收狭缝 F 均位于以 O 为圆心的圆周上，此圆称为衍射仪圆。当试样围绕轴 O 转动时，接收狭缝和探测器则以试样转动的速度的两倍绕 O 轴转动，转动角可在转动角度读数器或控制仪上读出，这种衍射光学的几何布置被称为 Bragg-Brentano 光路布置，简称 B-B 光路布置。

衍射线束被探测器接收，并由探测器转换成电信号，经波高分析器、定标器和计数器，由计算机采集所获得的数据，最后由 X-Y 绘图仪、打印机或记录仪输出实验结果。图 2-26 为 α-Al₂O₃ 的 XRD 图谱。

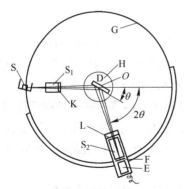

图 2-25　粉末衍射仪测角仪示意图

S—管靶焦斑；S_1，S_2—梭拉狭缝；K—发散狭缝；
D—样品；G—测角仪圆；H—样品台；
L—防散射狭缝；F—接收狭缝；E—计数器

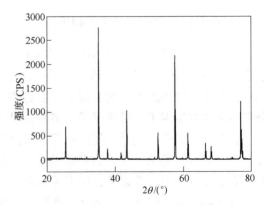

图 2-26　α-Al₂O₃ 的 XRD 图谱

2.5.1.2 粉末衍射仪的几种附件

（1）纤维样品台。其主要使用于纤维样品的衍射分析上，特别是有机纤维样品，用它还可以对试样在拉伸、升温时进行衍射分析研究。纤维样品台与普通样品台不同，用它可以进行纤维样品多方位衍射测量，其所使用的入射光束采用圆孔准直。使用纤维样品台时，由于一般采用X射线点焦光源，因此，若使用线焦光源，则应加大功率，以补偿线焦光源因圆孔准直造成的入射光强度损失。

（2）极图仪。其又称极图衍射装置，主要用于测定样品内物质晶体的择优取向情况，以描述材料中各个晶粒取向，相对材料外形坐标之间的关系，也即材料极图的测定，给出材料的织构状态。目前，粉末衍射仪上配有可测定极图的装置，有透射和反射装置，或将两种装置组合在一起的自动织构测试仪，可同时完成透射法及反射法的测试操作。利用透射法与反射法测得的衍射数据，可以组成一个完整的正极图。

2.5.1.3 滤波片的选择

在衍射分析中，受原子结构的影响，不同能级上电子跃迁会引起特征波长的微小差别，如 K_α、K_β 谱线，它们会在晶体中同时发生衍射产生出两套衍射花样，使分析工作受到干扰。因此，总希望从 K_α、K_β 两条谱线中滤掉一条，得到"单色"的入射X射线。利用质量吸收系数为 μ_m、吸收限为 λ_K 的物质，可以强烈吸收 $\lambda \leqslant \lambda_K$ 这些波长的入射X射线，而对于 $\lambda > \lambda_K$ 的X射线吸收很少的特点，我们可以选择 λ_K 刚好位于辐射源的 K_α 和 K_β 之间并尽量靠近 K_α 的金属薄片作为滤波片，放在X射线源与试样之间。这时滤波片对 K_β 射线产生强烈的吸收，而对 K_α 却吸收很少，最后得到几乎纯正的 K_α 辐射线。

滤波片的厚度对滤波质量也有影响。滤波片太厚，对 K_α 的吸收也增加，不利于实验。实践表明，当 K_α 线的强度被吸收到原来的一半时，K_β 与 K_α 强度之比值将由滤波前的 1/5 提高为 1/500 左右，完全可以满足一般的衍射工作。常用滤波片材料性能数据列于表 2－4。

表 2－4 常用滤波片材料性能数据

阳极靶元素	原子序数	K_α 波长/nm	K_β 波长/nm	滤波片				
				材料	原子序数	λ_K/nm	厚度[①]/mm	$I/I_0(K_\alpha)$
Cr	24	2.2909	2.08480	V	23	0.22690	0.016	0.50
Fe	26	1.9373	1.75653	Mn	25	0.18694	0.016	0.46
Co	27	1.7902	1.62075	Fe	26	0.17429	0.018	0.44
Ni	28	1.6591	1.50010	Co	27	0.16072	0.013	0.53
Cu	29	1.5418	1.39217	Ni	28	0.14869	0.021	0.40
Mo	42	0.7107	0.63225	Zr	40	0.06888	0.108	0.31
Ag	47	0.5609	0.49701	Rh	45	0.05338	0.079	0.29

① 滤波后 K_β 与 K_α 的强度比为 1/600；K_α 是 L 壳层中的电子跃入 K 层空位时所释放出的 X 射线。

滤波片材料是根据靶元素确定的。由表 2－4 可知，若靶物质原子序数为 $Z_{靶}$，所选滤波片物质原子序数为 $Z_{片}$，则当靶固定以后应满足：

$$Z_{靶} < 40 \text{ 时，} Z_{片} = Z_{靶} - 1 \qquad (2-39)$$

$$Z_{靶} \geqslant 40 \text{ 时，} Z_{片} = Z_{靶} - 2 \qquad (2-40)$$

2.5.1.4 阳极靶的选择

X射线衍射实验中，若入射X射线在试样上产生荧光X射线，则会增加衍射花样的背底强度，不利于衍射分析。为避免该现象，可针对试样的原子序数调整靶材的种类，避免产生荧光辐射。若试样的K系吸收限为 λ_K，应选择靶的 K_α 波长稍大于并尽量接近 λ_K，避免K系荧光的产生，且吸收又最小。一般应满足以下经验公式：

$$Z_{靶} \leq Z_{试样} + 1 \tag{2-41}$$

例如分析Fe试样时，应该用Co靶或Fe靶；如果用Ni靶，则因为Fe的 $\lambda_K = 0.17429nm$，而Ni靶的 K_α 射线波长 $\lambda_{K_\alpha} = 0.16591nm$，刚好产生大量的光电吸收，造成严重非相干散射，产生较高的背底。

2.5.2 常用探测器

探测器被用来记录衍射谱，因而是衍射仪设备中不可缺少的重要部件之一。计数器的探测器是通过电子电路直接记录衍射的光子数，最初的计数器是盖革计数器，但由于它的时间分辨率不高，计数的线性范围不大，故不是一个良好的探测器。以后，正比计数器及闪烁计数器取代了盖革计数器，成为最广泛使用的探测器。随着科学和技术的发展，对实验的要求越来越高，越多样化，简单的正比或闪烁计数器也不能满足不同的实验，于是又陆续发展出许多不同的探测器，如固体探测器、阵列探测器、位敏探测器、电荷耦合探测器等等。

2.5.2.1 正比计数器

正比计数器与盖革计数器均属于气体探测器（或充气式探测器），即在一个充一定气体的管子中装有两个电极，在电极间加以一定的电压。

正比计数器以X射线光子可使气体电离的性质为基础，其结构如图2-27所示。它由一个充有惰性气体的圆筒形套管（阴极）和一根与圆筒同轴的细金属丝（阳极）构成，两极间维持一定电压。X射线光子由窗口（铍片或云母）进入管内使气体电离。电离产生的电子和离子分别向两极运动；电子向阳极运动过程中被加速而获得更高的能量，且电场越强，电子加速速率越大。当两极间电压提高到一定值（约600～900V）时，电子因加速获得足够的能量，与气体分子碰撞时使气体进一步电离，而新产生的电子又可再

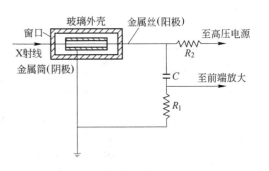

图2-27 正比计数器结构示意图

使气体电离，如此反复。在极短的时间内，所产生的大量电子涌到阳极（即发生了所谓电子"雪崩效应"），此种现象称为气体的放大作用。每当一个X射线光子进入计数器时，就产生一次电子"雪崩"，从而在计数器两极间外电路中产生一个易于探测的电脉冲。

2.5.2.2 闪烁计数器

闪烁计数器是利用X射线激发某些固体物质（磷光体）发射可见荧光并通过光电倍增管放大的计数器。磷光体一般为加入少量铊作为活化剂的碘化物单晶体。一个X射线

光子照射磷光体使其产生一次闪光,闪光射入光电倍增管并从光敏阴极上撞出许多电子,一个电子通过光电倍增管的倍增作用,在极短时间(小于$1\mu s$)内,可增至$10^6 \sim 10^7$个电子,从而在计数器输出端产生一个易检测的电脉冲。

闪烁计数据在计数率高达$10^5/s$以下时使用,不会有计数损失。闪烁计数器跟正比计数器一样,也可与脉冲高度分析器联用。由于闪烁晶体能吸收所有的入射光子,因而在整个X射线波长范围内吸收效率都接近100%,故闪烁计数器的主要缺点是本底脉冲过高。此外,由于光敏阴极可能产生热电子发射而使本底过高,因而闪烁计数器应尽量在低温下工作或采用循环水冷却。

闪烁计数器与正比计数器是目前使用最为普遍的计数器。要求定量关系较为准确的情况下习惯使用正比计数器,盖革计数器的使用已逐渐减少。除此以外,还有锂漂移硅计数器、位能正比计数器等。

锂漂移硅计数器(可表示为Si(Li)计数器),是一种固体(半导体)探测器,因具备分辨能力高、分析速度快及无计数损失等优点,其应用已逐渐普遍。但其需用液氮冷却,且需保持$1.33 \times 10^{-4} Pa$以上的真空度,给使用和维修带来一定困难。

位能正比计数器是一种高速检测衍射信息的计数器,适用于相变等瞬间变化过程的分析研究,也可测量微量样品和强度弱的衍射信息(如漫散射)。

2.5.3 X射线测量方法

2.5.3.1 基本实验方法

由布拉格方程$2d_{hkl}\sin\theta = \lambda$可知,要使一个晶体产生衍射,入射X射线的波长$\lambda$、布拉格角$\theta$和衍射晶面面间距$d_{hkl}$三者必须满足布拉格方程的要求。对于特定的晶体,在$d_{hkl}$、$\theta$、$\lambda$三个变量中,$d_{hkl}$是定量;而$\theta$、$\lambda$是变量,由此衍生出不同衍射方法。表2-5给出了这三种最基本的衍射方法及其特点。

表2-5 三种基本试验方法

试验方法	所用辐射	样品	衍射仪法	λ	θ
多晶体法	单色辐射	多晶或晶体粉末	粉末衍射仪	不变	变
劳埃法	连续辐射	单晶体	单晶或粉末衍射仪	变	不变
转晶法	单色辐射	单晶体	单晶衍射仪	不变	变

劳埃法:以连续X射线作为入射光源,单晶体固定不动,入射线与各衍射面的夹角也固定不动,靠衍射面选择不同波长的X射线来满足布拉格方程。产生的衍射线表示了各衍射面的方位,故此法能够反映晶体的取向和对称性。

转晶法:也称旋转单晶法或周转法,用单色X射线作为入射光源,单晶体绕一晶轴(通常是垂直于入射线方向)旋转,靠连续改变各衍射面与入射线的夹角来满足布拉格方程。利用此法可作单晶的结构分析和物相分析。

多晶体法:也称粉末法,是所有衍射法中最方便、应用最广泛的方法。它用单色X射线作为入射光源,入射线以固定方向射到多晶粉末或多晶块状样品上,靠粉末中各晶粒取向不同的衍射面来满足布拉格方程。由于粉末中含有无数的小晶粒,各晶粒中总有一些面与入射线的交角满足衍射条件，这相当于 θ 是变量，所以，粉末法是利用多晶体样品中各晶粒在空间的无规则取向来满足布拉格方程而产生衍射的。只要是同一种晶体，它们所产生的衍射花样在本质上都应该相同。在 X 射线物相分析法中，一般都用粉末法得出的衍射谱图或衍射数据作为对比和鉴定的依据。

2.5.3.2　粉末衍射仪的工作方式

粉末衍射仪常用的工作方式有两种，即连续扫描和步进扫描。

连续扫描：试样和探测器以 1∶2 的角度作匀速圆周运动，在转动过程中同时将探测器依次接收到的各晶面衍射信号输入到记录系统或数据处理系统，从而获得衍射图谱。从连续扫描图谱中可方便地看出衍射线峰位、线形和相对强度等。这种方式的工作效率高，具有一定的分辨率、灵敏度和精度，非常适合于大量的日常物相分析工作。然而由于仪器本身的机械设备及电子线路等的滞后、平滑效应，往往会造成衍射峰位移、分辨率降低、线性畸变等缺陷，而且衍射谱的形状往往受实验条件如 X 光管功率、时间常数、扫描速度及狭缝选择等条件的影响。

步进扫描：又称阶梯扫描，步进扫描工作是不连续的，试样每转动一定的角度 $\Delta\theta$ 即停止，在这期间，探测器等后续设备开始工作，并以定标器记录在此测定期间内衍射线的总计数，然后试样转动一定角度，重复测量，输出结果。步进扫描无滞后及平滑效应，所以其衍射峰位正确，分辨率高，特别是在衍射线强度弱且背底高的情况下更突显其作用。由于步进法可以在每个 θ 角处延长停留时间，从而获得每步较大的总计数，减小因统计涨落对实验强度的影响。

2.5.3.3　测量参数

测量参数包括狭缝宽度、扫描速度。

各种狭缝的作用如前所述。增加狭缝宽度可使衍射强度增加，但导致分辨率下降。增大发散狭缝宽度时应以避免在 θ 角较小时因光束过宽而照射到样品之外为原则（否则反而降低了有效衍射强度，并带来样品框等产生的干扰线条和背底强度）。防散射狭缝影响峰背比，一般取其宽度与发散狭缝同值。接收狭缝大小按强度及分辨率要求选择，一般情况下，只要衍射强度足够大，尽可能选用较小的狭缝宽度。

增大扫描速度可节省测试时间，但扫描速度过高，将导致强度和分辨率下降，并可导致衍射峰位偏移、峰形不对称宽化等现象。

2.5.3.4　衍射峰位及衍射线强度测量

（1）衍射线峰位确定。衍射线峰位确定，是晶体点阵参数、宏观应力测定、相分析等工作的关键。峰位确定方法主要有图形法、曲线近似法和重心法三种。根据对图形处理采用的方法不同，分为几种常用定峰方法：峰顶法、切线法、半高宽中点法、7/8 高度法、中点连线法等。

（2）衍射线强度测定。

1）峰高强度。在一般情况下，可以用峰高法比较同一试样中各衍射线的强度，也可以用其比较不同试样中衍射线的强度。

2）积分强度。在对某一衍射峰进行积分强度测定时，可以获得准确并精确的峰形和峰位。衍射线积分强度的计算，就是对背底线以上区域的面积进行测量或计算。

2.5.3.5 样品制备

对于粉末样品，通常要求其颗粒平均粒径控制在 5μm 左右，即通过 320 目的筛子，而且在加工过程中，应防止由于外加物理或化学因素而影响试样原有性质。

目前，实验室衍射仪常用的粉末样品形状为平板形。其支撑粉末样品的支架有两种，即通孔试样板和盲孔试样板，如图 2-28 所示。两种试样板在压制试样时，都必须注意不能造成样品表面区域产生择优取向，以防止衍射线相对强度的变化而造成误差。

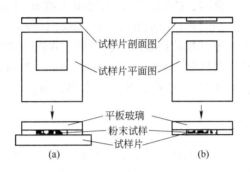

图 2-28 粉末样品制样示意图
(a) 通孔试样板制样；(b) 盲孔试样板制样

2.6 物 相 分 析

X 射线衍射分析方法在材料分析与研究工作中具有广泛的用途。本节仅介绍其在物相分析方面的应用。相是材料中由各元素作用形成的具有同一聚集状态、同一结构和性质的均匀组成部分，分为化合物和固溶体两类。物相分析，是指确定材料由哪些相组成（即物相定性分析或称物相鉴定）和确定各组成相的含量（常以体积分数或质量分数表示，即物相定量分析）。物相是决定或影响材料性能的重要因素（相同成分的材料，相组成不同则性能不同），因而物相分析在材料、冶金、机械、化工、地质、纺织、食品等行业中得到广泛应用。

2.6.1 定性分析

2.6.1.1 定性分析基本原理

物相定性分析的目的是判定物质中的物相组成，也即确定物质中所包含的结晶物质以何种结晶状态存在。X 射线衍射线的位置取决于晶胞形状、大小，也取决于各晶面间距；而衍射线的相对强度则取决于晶胞内原子的种类、数目及排列方式等。每种晶体物质都有其特有的结构，因而具有各自特有的衍射花样；而且当物质中包含有两种或两种以上的晶体物质时，它们的衍射花样间不会相互干涉。根据这些表征各自晶体的衍射花样，就能确定物质中的晶体结构。

2.6.1.2 物相定性分析国际标准卡片

进行物相定性分析时，一般采用粉末照相法或粉末衍射仪法测定所含晶体的衍射角，根据布拉格方程，进而获得晶面间距 d，再估计出各衍射线的相对强度，最后与标准衍射花样进行比较。

为了获取这些公认的标准衍射花样，早在1938年，哈那瓦尔特（J. D. Hanawalt）等研究者就开始收集并提取各种已知物质的衍射花样，并对这些衍射数据进行科学分析，并进行分类整理。1942年，美国材料试验协会（The American Society for Testing Materials，ASTM）整理出版了最早的一套晶体物质衍射数据标准卡，共计1300张，称为ASTM卡片。随着工作的开展、时间的推移，这种ASTM卡片逐年增加，应用越来越广泛。1969年，由美国材料试验协会与英国、法国、加拿大等国家的有关组织联合组建了名为"粉末衍射标准联合委员会"（The Joint Committee on Powder Diffraction Standards，JCPDS）的国际组织，专门负责收集、校订各种物质的衍射数据，并将这些数据统一分类和编号，编制成卡片出版。这些卡片，即被称为PDF卡片（The Powder Diffraction File），有时也称其为JCPDS卡片。目前，这些PDF卡已有好几万张之多，而且，为便于查找，还出版了相应的检索手册。

2.6.1.3　物相定性分析过程

（1）首先用粉末照相法或粉末衍射仪法获取被测试样物相的衍射图谱。

（2）通过对所获衍射图谱的分析和计算，获得各衍射线条的2θ、d及相对强度大小I/I_1。在这几个数据中，要求对2θ和d值进行高精度的测量计算，而对I/I_1相对精度要求不高。目前，一般的衍射仪均由计算机直接给出所测物相衍射线条的d值。

（3）使用检索手册，查寻物相PDF卡片号。根据需要使用字母检索、Hanawalt检索或Fink检索手册，查寻物相PDF卡片号。一般常采用Hanawalt检索，用最强线d值判定卡片所处的大组，用次强线d值判定卡片所在位置，最后用3条强线d值检验判断结果。若3条强线d值均已基本符合，则可根据手册提供的物相卡片号在卡片库中取出此PDF卡片。

（4）若是多物相分析，则在（3）步完成后，对剩余的衍射线重新根据相对强度排序，重复（3）步骤，直至全部衍射线都能基本得到解释。

2.6.1.4　物相定性分析应注意的问题

（1）一般在对试样分析前，应尽可能详细地了解样品的来源、化学成分、工艺状况，仔细观察其外形、颜色等性质，为其物相分析的检索工作提供线索。

（2）尽可能地根据试样的各种性能，在许可的条件下将其分离成单一物相后进行衍射分析。

（3）由于试样为多物相化合物，为尽可能地避免衍射线的重叠，应提高粉末照相或衍射仪的分辨率。

（4）对于数据d值，由于检索主要利用该数据，因此处理时精度要求高，而且在检索时，只允许小数点后第二位出现偏差。

（5）特别要重视低角度区域的衍射实验数据，因为在低角度区域，衍射线对应的d值较大的晶面，不同晶体差别较大，在该区域衍射线相互重叠机会较小。

（6）在进行多物相混合试样检验时，应耐心细致地进行检索，力求全部数据能合理解释，但有时也会出现少数衍射线不能解释的情况，这可能由于混合物相中，某物相含量太少，只出现一两条较强线，以致无法鉴定。

（7）在物相定性分析过程中，尽可能地与其他的相分析实验手段结合起来，互相配合，互相印证。

从目前所应用的粉末衍射仪看，绝大部分仪器均是计算机自动进行物相检索；但其结果必须结合专业人员的丰富专业知识，判断物相，给出正确的结论。

采用液相还原法，取分散剂十二烷基苯磺酸钠 0.5g，质量浓度为 72g/L 的 $Cu(NO_3)_2$ 溶液 100mL，水合肼 1mL，温度为60℃的实验条件下制备的氧化亚铜。图 2-29 是液相还原法60℃下制备的氧化亚铜的 XRD 图谱，根据图谱可以看出谱中显示衍射峰峰位在 2θ 值为 29.53°，36.36°，42.24°，61.29°及73.44°处，其对应的晶面指数分别为(110)，(111)，(200)，(220)，(311)，与 Cu_2O 国际标准卡片（JCPDF65-3288）比较，峰的强度和标准卡片符合得非常好，未见杂质峰出现，也没有出现 CuO 和 Cu 杂质峰，表明制得的 Cu_2O 纯度较高。

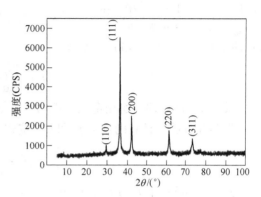

图 2-29　液相还原法温度为60℃下制备氧化亚铜的 XRD 图谱

2.6.2　定量分析

X 射线物相定性分析是用于确定物质中有哪些物相，而对于某物相在物质中的含量则必须应用 X 射线定量分析技术来解决。

物相衍射线的强度或相对强度与物相在样品中的含量相关。随着测试理论及测试技术的不断完善和发展，利用衍射花样的强度来分析物相在试样中的含量的方法，也得到了长足进步。1948 年，Alexander 提出了著名的内标法理论；1974 年，Chung 等提出了著名的基体冲洗法（K 值法），其后又提出了绝标法；而 Hubbard、刘沃恒等还提出了其他分析方法。目前，在实验室中较为常用的 X 射线定量分析方法有外标法、内标法、基体冲洗法等。

2.6.2.1　定量分析基本原理

假设样品中任一相为 j，其某（h, k, l）衍射线强度为 I_j，其体积分数为 φ_j，样品（混合物）线吸收系数为 μ；定量分析的基本依据是：I_j 随 φ_j 的增加而增高；但由于样品对 X 射线的吸收，I_j 也不正比于 φ_j，而是依赖于 I_j 与 φ_j 及 μ 之间的关系。

由于需要准确测定衍射线强度，因而定量分析一般都采用衍射仪法。

多相混合物样品，其 μ 可表示为：

$$\mu = \rho\mu_m = \rho \sum_{j=1}^{n} (\mu_m)_j \cdot w_j \tag{2-42}$$

式中，$(\mu_m)_j$ 为 j 相质量吸收系数；ρ 为物质密度；w_j 为 j 相质量分数。

衍射仪法吸收因子为 $1/2\mu$，混合物样品中任一相 j 的强度（I_j）为：

$$I_j = I_0 \frac{\lambda^3 e^4}{32\pi Rm^2 c^4} \cdot \frac{V_j}{2\mu} \cdot \frac{1}{V_{\text{胞}}^2} P |F_{hkl}|^2 \frac{1+\cos^2 2\theta}{\sin^2\theta\cos\theta} e^{-2M} \tag{2-43}$$

式中，V_j 为 j 相参与衍射（被照射）的体积。设样品参与衍射（被照射）的总体积 V 为单位体积，则 $V_j = V\varphi_j = \varphi_j$。

设式（2-43）中 $I_0 \dfrac{\lambda^3 e^4}{32\pi R m^2 c^4} = B$（显然，对于同一样品各相的 I_j 而言，B 值相同），

设 $\dfrac{1}{V_{\text{胞}}^2} P |F_{hkl}|^2 \dfrac{1+\cos^2 2\theta}{\sin^2\theta\cos\theta} e^{-2M} = C_j$（对于给定的 j 相，C_j 是只取决于衍射线条指数（h，k，l）的量），则式（2-43）可写为：

$$I_j = \frac{BC_j V_j}{2\mu} = \frac{BC_j\varphi_j}{2\mu} \tag{2-44}$$

式（2-44）即为物相定量分析的基本依据。

设多相样品中任意两项为 j_1 和 j_2，按式（2-44），有

$$\frac{I_{j_1}}{I_{j_2}} = \frac{C_{j_1}}{C_{j_2}} \cdot \frac{V_{j_1}}{V_{j_2}} = \frac{C_{j_1}}{C_{j_2}} \cdot \frac{\varphi_{j_1}}{\varphi_{j_2}} \tag{2-45}$$

式（2-45）中 I_{j_1} 与 I_{j_2} 由 j_1 相与 j_2 相的衍射线条强度测量获得，而 C_{j_1} 与 C_{j_2} 通过计算可求，故按式（2-45），可得 V_{j_1}/V_{j_2} 或 $\varphi_{j_1}/\varphi_{j_2}$，以此为基础，若已知样品为两相混合物，即有 $\varphi_{j_1}+\varphi_{j_2}=1$，则可分别求得 φ_{j_1} 和 φ_{j_2}，此即为物相分析的直接对比法。若样品内加入一已知含量的物相（s，称为内标物），根据待分析相（a）与 s 相的强度比 I_a/I_s 也可求得 a 相含量，此即为物相分析的内标法，内标法又分为内标曲线法、K 值法与绝热法等方法（相关的详细内容可见参考文献 [3]）。

2.6.2.2　X射线物相定量分析过程

对于一般的 X 射线物相定量分析工作，总是通过下列几个过程进行：

（1）对样品先进行待测物相的定性分析。

（2）选择标样物相。无论是内标法还是外标法，通常应选择标准物相。而对标准物相的要求必须是物理化学性能稳定，与待测物相衍射线无干扰，在混合及制样时，不易引起晶体的择优取向。

（3）进行定标曲线的测定或 K_s^a 测定。选择标准物相与纯的待测物相按要求制成混合试样，选定标准物相及待测物相的衍射线，分别测定其强度 I_s 和 I_a，用 I_s/I_a 和纯相配比 w_s 获取定标曲线或 K_s^a。

（4）测定试样中标样物相 s 的强度或测定按要求制备试样中的待检物相 a 及标样 s 物相指定衍射线强度。

（5）用所测定的数据，按相应的方法计算出待测物相的质量分数 w_a。

2.6.2.3　粉末 X 射线物相定量分析过程应注意的问题

X 射线物相定量分析的基本公式的理论基础中假设了被测物相中晶粒尺寸非常细小，各相混合均匀，晶粒无择优取向。显然，在实际工作中，若出现与上述假设较大偏差时，则会对实验结果的可信度产生影响。因此，在实际工作中，应该在试样制备及标样选择过程中，充分考虑上述假设，特别是样品细度及混合的均匀程度，在制样时应该加以充分注意。在制样时，应避免重压，减少择优取向，通常采用透过窗样品架，在测量时，采用样品在其面法线方向转动来消除择优取向的影响。

内标法、K 值法和绝热法都是通过消除基体效应的影响实现定量的目的。从原理上来讲，K 值法和绝热法都是源自内标法。从实际操作的简易程度来说，内标法操作过程比较

复杂，工作量较大。K 值法不需要制作定标曲线，工作量大幅度减小。绝热法计算方法简便，实验工作量少。由于在实际操作中，实验室很难获得所有待测物相的纯物质，有些物质的纯相可能根本无法得到，这就增加了用内标法和 K 值法进行定量的难度。因此绝热法就成为实际工作中 XRD 定量分析方法中最实用、最有效的方法。

对于两相混合物而言，绝热法计算各物相质量分数公式如下：

$$x_1 = \frac{1}{1 + \left(\dfrac{I_2}{I_1}\right) \cdot \left(\dfrac{K_c^1}{K_c^2}\right)} \tag{2-46}$$

$$x_2 = \frac{1}{1 + \left(\dfrac{I_1}{I_2}\right) \cdot \left(\dfrac{K_c^2}{K_c^1}\right)} \tag{2-47}$$

式中，I_1，I_2 为待测物相最强峰衍射强度；K_c^1，K_c^2 为待测物相参比强度值，即 K 值。绝热法不需要掺入内标物，只需要确定待测物相的参比强度值即可计算待测物相的质量分数。然而要确定待测物相的参比强度并不容易，需要首先对样品各物相进行准确的物相定性分析。

CeO_2 和 TiO_2 纯物质按 49.99% 和 50.01% 比例准确称量并均匀混合。然后将纯物质 CeO_2、TiO_2 和混合试样分别压片。通过 X 射线衍射仪进行测量。分别得到三个样品的 XRD 图谱。对照 PDF 标准卡片，CeO_2（81-0792）的 $K = 15.07$；TiO_2（78-2486）的 $K = 4.96$。通过混合样品 XRD 图谱得到 CeO_2 和 TiO_2 的衍射数据，代入绝热法公式（2-46）和式（2-47）中即得绝热法定量分析结果，结果见表 2-6。

表 2-6 混合样品绝热法定量分析结果

相	I（面积）	K	x（参考值）	x'（计算值）	RE/%
CeO_2	100.0	15.07	0.500	0.495	1.0
TiO_2	33.6	4.96	0.500	0.505	-1.0

2.7 点阵参数的精确测定

2.7.1 误差来源

点阵常数是晶体物质的基本结构参数，它随化学成分（晶体内部成分、空位浓度等）和外界条件（温度和压力等）的变化而变化。点阵常数的测定在研究固态相变（如过饱和固溶体的分解）、确定固溶体类型、测定固溶溶解度曲线、测定热膨胀系数、测定宏观应力等方面都得到了应用。由于点阵常数随各种条件变化而变化的数量级很小（约为 10^{-5} nm），因而对点阵常数应进行精确测定。

点阵参数需由已知指标的晶面间距来计算，晶面间距 d 的测定准确度又取决于衍射角的测定准确度，因此，精确测定晶胞参数，首先要对晶面间距测定中的系统误差进行分析。

"精确测定"包括两方面的要求：精密度要高（即测定值的重现性好），偶然误差要小；测定值准确性要高，系统误差要小，并且要进行校正。多晶衍射仪和纪尼相机（90mm）的 θ 角测定值对于尖锐并且明显的衍射线有很好的精度，可以达到 $\pm 0.01°$ 的水平，而德拜相机测定误差是相同直径纪尼相机的 4 倍。只是前两者的几何条件较为复杂，不易进行校正。

衍射角测定中系统误差的来源：一是物理因素方面，如 X 射线折射的影响、波长色散的影响等；二是测量方法的几何因素产生的。前者仅在极高精确度的测定中才需要考虑，而后者引入的误差则是精确测定时必须进行校正的。

2.7.2　点阵参数的精确测定方法

2.7.2.1　精确测定点阵参数的方法

精确测定点阵参数，必须获得精确的衍射角数据，衍射角测量的系统误差通常很复杂，一般采用下述的两种方法进行处理：

（1）用标准物质进行校正。现在已经有许多可以作为"标准"的物质，其点阵参数都已经被十分精确地测定过。我们可以将这些物质掺入被测样品中，将已知的精确衍射角数据和测量得到的实验数据进行比较，便可求得扫描范围内不同衍射角区域中的 2θ 校正值。这种方法简便易行，通用性强，但其缺点是不能获得比标准物质更准确的数据。

（2）精细的实验技术辅以适当的数据处理方法。要取得尽可能高精确度的衍射角数据，首先需要特别精细的实验技术，把使用特别精密、经过精细测量校验过的仪器和特别精确的实验条件结合起来。例如，如果是使用衍射仪，应当对样品台的偏心、测角仪 2θ 的角度分度误差等进行测量，确定其校正值；对测角仪要进行精细的校直；对样品框的平面度（特别是金属框片）要严格检查；要精心制备极薄的平样品；采用 $\theta - \theta$ 扫描；实验在恒温条件下进行等。这样得到的实验数据可以避免较大误差的引入。虽然仍不可避免地包含一定的系统误差，但是在此基础上辅以适当的数据处理方法，可以进一步提高数据的准确性。

用 X 射线法测定物质的点阵参数，是通过测定某晶面的掠射角来计算的。以立方晶系为例：

$$a = \frac{\lambda \sqrt{h^2 + k^2 + l^2}}{2\sin\theta} \tag{2-48}$$

式中，波长是经过精确测定的，有效数字甚至可达七位，对于一般的测定工作，可以认为没有误差；h，k，l 是整数，无所谓误差。因此，点阵参数 a 的精度主要取决于 $\sin\theta$ 的精度。θ 角的测定精度取决于仪器和方法。在衍射仪上用一般衍射图测定，$\Delta 2\theta$ 约可达 $0.02°$。照相法的精度低得多，但过去一直采用照相法，对其测定误差的来源研究得较多。衍射仪法由于较新，研究的还很少。用照相法测定衍射线的 θ 时，误差有多种来源，概括起来主要是相机的半径误差、底片的伸缩误差、试样的偏心误差（由于相机制造不准确或试样调整引起的误差）以及试样的吸收误差等等。当采用衍射仪测量时，存在着一起调整等更为复杂的误差。

当 $\Delta\theta$ 一定时，$\sin\theta$ 的变化与 θ 所在范围有很大关系，如图 2 - 30 所示。可以看出，当接近 90° 时其变化最为缓慢。假如在各种 θ 角度下测量精度 $\Delta\theta$ 相同，则在高 θ 角时所得的 $\sin\theta$ 值将会比在低角时要精确得多。对布拉格方程进行微分，可以得出以下关系：

$$\Delta d / d = - \cot\theta \Delta\theta \qquad (2-49)$$

式（2-49）同样说明，当 $\Delta\theta$ 一定时，采用高 $\Delta\theta$ 角的衍射线，面间距误差 $\Delta d/d$（对立方系物质也即点阵参数误差 $\Delta a/a$）将要减小；当 θ 趋近于 $90°$ 时，误差将会趋近于零。

从以上分析可知，应选择角度尽可能高的线条进行测量。为此，又必须使衍射晶面与 X 射线波长有很好的配合。

2.7.2.2 校正误差的数据处理方法

A 图解外推法

设点阵常数真实值为 a_0，则实测值 $a = a_0 \pm \Delta a$，有 $a = a_0 \pm a_0 K \cos^2\theta$

设 $b = a_0 K$，即 b 为包含 a_0 的常数，上式可写为：

$$a = a_0 \pm b \cos^2\theta \qquad (2-50)$$

式（2-50）为表达 a 与 $\cos^2\theta$ 关系的直线方程。从此式可知，依据从各衍射线测得的 θ，并按布拉格方程计算各相应的 a 值，即可获得 $a - \cos^2\theta$ 直线。图解外推法是将 $a - \cos^2\theta$ 直线外推（延长）至 $\cos^2\theta = 0$；（即 $\theta = 90°$）处，从而得到 a_0 值（即直线与纵坐标轴的交点）的方法，如图 2-31 所示。

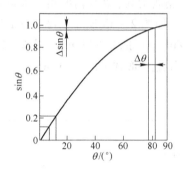

图 2-30 $\sin\theta$ 随 θ 的变化关系

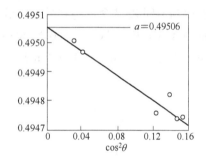

图 2-31 图解外推法示例——求铅的点阵常数（$25°Cu\ K_\alpha$）

一般地，可将 a 与 a_0 的关系表示为：

$$a = a_0 \pm b f(\theta) \qquad (2-51)$$

式（2-51）中 $f(\theta)$ 称为外推函数。当 θ 很大时，可认为 $f(\theta) = \cos^2\theta$。实际应用中以 $\cos^2\theta$ 为外推函数时，采用 $\theta \geqslant 60°$ 的衍射线，且 $\theta > 80°$ 的线条（至少有一条）越多，外推获得的 a_0 值越精确。

B 最小二乘法

如上所述，图解外推法根据式（2-51）表达的 $a - f(\theta)$ 直线外推得到 a_0 值。而由数理统计知识可知，以最小二乘法处理衍射测量数据，确定式（2-51）中的截距 a_0 与斜率 b，所得的 $a - f(\theta)$ 直线（回归方程）满足"各测量值误差平方和最小"的原则，a_0 即为外推点阵常数值，b 为外推函数斜率。

设共测量了 n 条衍射线的 θ 角，其中任一线条的 θ 记为 θ_i（$i = 1, 2, \cdots, n$），相应地有 $f(\theta_i)$，由 θ_i 计算得到的点阵常数为 a_i。则按最小二乘法有：

$$a_0 = \frac{\sum\limits_{i=1}^{n} a_i f(\theta_i) \sum\limits_{i=1}^{n} f(\theta_i) - \sum\limits_{i=1}^{n} a_i \sum\limits_{i=1}^{n} f^2(\theta_i)}{\left[\sum\limits_{i=1}^{n} f(\theta_i) \right]^2 - n \sum\limits_{i=1}^{n} f^2(\theta_i)} \qquad (2-52)$$

$$b = \frac{\sum\limits_{i=1}^{n} a_i \sum\limits_{i=1}^{n} f(\theta_i) - n \sum\limits_{i=1}^{n} a_i f(\theta_i)}{\left[\sum\limits_{i=1}^{n} f(\theta_i) \right]^2 - n \sum\limits_{i=1}^{n} f^2(\theta_i)} \qquad (2-53)$$

利用衍射仪法精确测定点阵常数时，其系统误差除可利用外推函数消除或部分消除的误差外，还有不能利用外推函数消除的误差。

例1：采用喷射－共沉淀法合成纳米晶 $Ni_{1-x}Zn_xFe_2O_4$（$0 \leqslant x \leqslant 1.0$）铁氧体粉体。图 2-32 为 600℃煅烧 1.5h Ni-Zn 铁氧体粉体 XRD 图谱。将所得图谱与标准图谱 JCPDS52-287 对比可知，样品为面心立方晶体结构，无其他物相存在。

立方晶系晶胞参数计算公式为：

$$a = \frac{\lambda \sqrt{h^2 + k^2 + l^2}}{2\sin\theta} \qquad (2-54)$$

式中，λ 为 X 射线的波长 0.15418nm；（h，k，l）为晶面指数；θ 为衍射角。根据式（2-54）可以得到不同 Zn^{2+} 含量与其晶格常数 a 的关系，如图 2-33 所示。随着 Zn^{2+} 含量增加，其晶格常数 a 由 $NiFe_2O_4$ 的 0.8338nm 增大到 $ZnFe_2O_4$ 的 0.8435nm。这是因为 Zn^{2+}（0.074nm）离子大于 Ni^{2+}（0.069nm）离子半径，当 Zn^{2+} 取代 Ni^{2+} 进入 A 位，引起晶格常数增大。

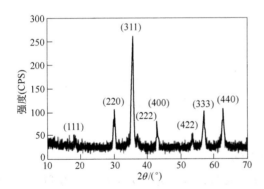

图 2-32　600℃煅烧 1.5h
Ni-Zn 铁氧体粉体的 XRD 图谱

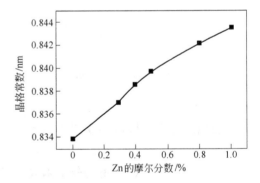

图 2-33　不同 Zn^{2+} 含量的
Ni-Zn 铁氧体晶格常数 a

2.8　晶粒尺寸与膜厚的测量

2.8.1　晶粒尺寸的测定

许多固体物质经常以小颗粒状态存在，小颗粒往往是由许多细小的单晶体聚集而成的。通常所说的平均晶粒度是指小晶体的平均大小。

确定晶粒大小可以通过电子显微镜和金相显微镜观察，但形貌的观察有可能失真，而 X 射线衍射宽化法测量的是同一点阵所贯穿的小单晶的大小，它是一种与晶粒度含义最贴切的测试方法，也是统计性最好的方法。

当晶粒尺度在 $10^{-5} \sim 10^{-7}$ cm 的相干散射区时，将引起可观测的衍射线宽化。利用小晶体衍射峰宽化效应的原理，导出了谱线宽度与晶粒尺寸成反比的谢乐公式：

$$\beta = \frac{K\lambda}{L\cos\theta} \tag{2-55}$$

式中，β 为衍射线的半高宽（弧度）；L 为晶粒在反射晶面法线方向上的尺度；K 为常数，一般可近似取为 1。

上述由晶粒引起的衍射线宽化，称为物理宽化。除此之外，还存在着由于 X 射线源有一定的几何尺寸、入射线发散及平板样品聚焦不良，以及采用接收狭缝大小和衍射仪调整精度等原因而产生的衍射线的宽化，即使是十分完整的晶体也会存在这种宽化，这种宽化称为仪器宽化（几何宽化）。在测量计算晶粒尺寸时，应该将仪器宽化从实测的半高宽中减去，才是实际晶粒的尺寸。一般可以用无物理宽化因素的参考物质，例如石英 SiO_2，来测得仪器宽化，但所选的衍射峰的位置应与待测试样衍射峰位置相近。

采用乙二胺四乙酸杂化溶胶法制备不同晶粒尺寸的纯相 $BiFeO_3$ 纳米颗粒。通过 SEM 分析显示 $BiFeO_3$ 纳米颗粒分散均匀，呈立方体形状，颗粒尺寸存在一定范围的分布。图 2-34 显示了不同热处理温度下制备的 $BiFeO_3$ 纳米颗粒体系的 XRD 图谱，从图中可以看出：所有衍射曲线中几乎都观察不到杂相衍射峰的存在，说明在不同热处理温度下得到了基本纯相的 $BiFeO_3$ 纳米颗粒。随着热处理温度的升高，衍射峰逐渐变得尖锐，衍射峰的半高峰宽逐渐变窄，这说明随着热处理温度的升高，$BiFeO_3$ 纳米晶粒逐渐长大。

采用谢乐公式计算不同热处理温度下制备的 $BiFeO_3$ 纳米颗粒的晶粒尺寸列于表 2-7，其结果与 SEM 观察结果一致。

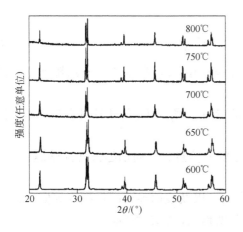

图 2-34 不同热处理温度下（600~800℃）制备的 $BiFeO_3$ 纳米颗粒体系的 XRD 图谱

表 2-7 不同热处理温度下制备的 $BiFeO_3$ 纳米颗粒的晶粒尺寸

热处理温度/℃	晶粒尺寸/nm
600	58 ± 5
650	86 ± 7
700	133 ± 15
750	200 ± 23
800	268 ± 39

2.8.2 膜厚的测量

薄膜分析主要解决膜的物相分析、膜的厚度、薄膜厚度的变化（膜的粗糙度）等问题。随 θ 角的减小，X 射线对试样的有效穿透深度变浅，膜越薄，衍射和散射强度就越小，衍射线也越宽化。厚度是膜层的基本参数。随厚度变化会产生三种效应：

（1）衍射强度随厚度而变化，膜越薄，衍射体积越小，强度越低。

（2）反射（衍射）将显示干涉条纹，条纹的周期与层厚度有关，膜越厚，条纹周期就越小。

（3）衍射线（峰）随膜厚度减小而宽化，膜越薄，衍射线越宽。

X 射线反射是一种测试薄膜厚度的方法。X 射线反射（X-Ray reflectometry）是一种无损伤深度分析，具有好的深度分辨率，能高精度测定薄膜厚度。反射图谱取决于入射角度、X 射线的波长，同时取决于薄膜的厚度和周期性。

入射光照射薄膜样品时会产生两种效应。第一种效应是在样品的每个界面或材料的相界上反射和透射，如图 2-35 所示（I_0 为入射光，I_{1R} 为反射光，I_{1T} 为透射光；1、2、3 分别表示不同的介质（膜）；D 为薄膜 2 的厚度）。I_0 透过薄膜 2 到达其下界面时，同样会产生反射和透射，在一定的条件下，I_{1T} 的反射线方向与 I_{1R} 的方向一致。第二种效应是光的干涉效应，在薄层内，光束在相界内多次反射而产生相长干涉和相消干涉，出现干涉纹，干涉纹的强度和宽度取决于介质的折射率和膜的厚度。

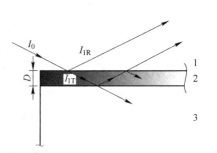

图 2-35　光从一多层介质上被反射的示意图

当 X 射线入射到材料表面的时候，在 Cu K_α 射线（$\lambda = 0.154056\text{nm}$）照射下，大部分材料的临界角介于 0.2°到 0.6°之间。当入射的角度小于其临界角的时候，就会发生全反射，X 射线将会沿着待测样品表面方向行进。当入射的角度大于临界角的时候，从各界面和表面反射出来的光线会发生干涉，干涉的周期与其薄膜的厚度有着紧密的关系。薄膜厚度 d 与干涉性条纹周期 $\Delta\theta$ 的关系为：

$$d \approx \frac{\lambda}{2} \frac{1}{\theta_{m+1} - \theta_m} = \frac{\lambda}{2\Delta\theta} \qquad (2-56)$$

式中，θ_{m+1} 和 θ_m 分别代表着相邻两个波谷或者波峰的距离。根据这个公式就可以计算出薄膜的厚度。

对于薄膜各表面界面粗糙度以及多层薄膜的参数，需要用专门软件对实验数据进行模拟才能得到。通过 XRR 曲线可以得出下列信息：

（1）XRR 曲线的振荡周期反映的是薄膜厚度的信息，其周期越大（振荡越密），薄膜越薄，反之，则其薄膜的厚度越大。

（2）XRR 曲线的振幅反映的是薄膜的密度信息以及表面界面的粗糙度等信息，振幅越大，说明它的密度也就越大，表面或界面粗糙度越大，反之越小。

（3）如果是多层薄膜，X 射线的反射会发生叠加，所以实际测到的反射强度其实是多个干涉的叠加，这个时候就需要借助相关的拟合软件进行拟合，才能确定各层的相关信息。因而在拟合的时候一定要充分考虑，从而更精确地进行拟合。对多层膜进行 X 射线反射曲线拟合，其关键就是建立结构模型，而建立结构模型的核心就是要确定初始模型的层数。

用脉冲激光淀积方法在温度为 650°C 的 Si(100) 基片衬底上沉积 Gd_2O_3 薄膜。沉积时间为6min。X 射线反射实验的测量是在合肥的国家同步辐射实验室（NSRL）的 X 射线衍射和散射实验站进行的，单色 X 射线波长为 0.154nm，在 0.1°~4°范围对样品进行低角反射 $\theta \sim 2\theta$ 联动扫描测量。样品前后狭缝都为 1mm，扫描步长为 0.0025°。Gd_2O_3/Si（100）的 XRR 测试曲线如图 2-36 所示。图中虚线为实验数据，实线为拟合数据。从中可以看出，薄膜在小角度 X 射线入射下，反射呈现明显的干涉性波动，这说明薄膜具有较高的质量。另外，测试的曲线与模拟的曲线吻合非常好，说明薄膜的质量比较好，具有原子尺寸级别的厚度一致性和原子尺寸级别的表面和界面粗糙度。通过拟合结果还可以得出，Gd_2O_3 薄膜和其界面层的厚度分别为 33.0nm 和 1.5nm。同时得到 Gd_2O_3 薄膜的密度为 $7.96g/cm^3$，低于晶体 Gd_2O_3 的密度（$8.30g/cm^3$）。界面层的密度为 $4.75g/cm^3$，与硅酸盐的密度相似，可以推断在薄膜的生长过程中有硅酸盐的生成。

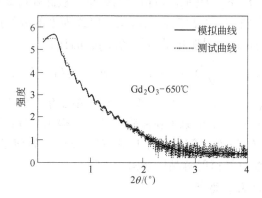

图 2-36 Gd_2O_3/Si(100) 的 XRR 测试曲线和模拟曲线

一般情况下，X 射线的波长很短，在常用的 X 射线分析中，其波长在 0.05~0.25nm，能量很高，能穿透纳米级的薄膜。XRR 测试的厚度范围为 2~200nm 之间，XRR 对其厚度的精确度可以高达 0.1~0.3nm，所以被广泛应用于各种薄膜结构的分析中。在利用软件对其实验结果进行相应的理论拟合，可以获得单层或者多层膜中各层薄膜的厚度、密度以及界面的粗糙度等信息。

2.9 单晶结构分析

物质的结构决定物质的物理化学性质，物理化学性质和性能是物质结构的反映。只有充分了解物质的结构，才能深入认识和理解物质的性能，才能更好地改进化合物和材料的性质与功能，设计出性能优良的新化合物和新材料。X 射线衍射单晶结构分析作为一种可以精确测定分子三维空间结构的物理法，是现代化学研究中重要的技术手段之一，被广泛用于化学、材料科学和生命科研等领域的研究。

2.9.1 单晶衍射实验

2.9.1.1 单晶衍射原理
一个小晶体衍射 X 射线，其衍射方向是与晶体的周期性有关的。一个衍射总可找到一个晶面（h，k，l），其间关系用布拉格方程 $2d_{hkl}\sin\theta_{hkl} = n\lambda$（式（2–21））来表示。

衍射线的强度与被重复排列的原子团的结构，即和原子在晶胞中的分布情况（坐标）有关，其关系由方程式（2–38）表示：

$$I = I_0 \frac{\lambda^3}{32\pi R}\left(\frac{e^2}{mc^2}\right)^2 \frac{V}{V_{胞}^2} P \mid F_{hkl}\mid^2 \frac{1+\cos^2 2\theta}{\sin^2\theta\cos\theta} A(\theta) e^{-2M}$$

其中结构因子：

$$F_{hkl} = \mid F_{hkl}\mid e^{(i\alpha_{hkl})} \qquad (2-57)$$

$$F_{hkl} = \sum_{j=1}^{n} f_j\left[\cos2\pi(hx_j + kx_j + lx_j) + i\sin2\pi(hx_j + kx_j + lx_j)\right] \qquad (2-58)$$

式中，f_j，$x_j(y_j,z_j)$ 分别为第 j 个原子的原子散射因子及它在晶胞中的分数坐标（以晶胞边长为1）；n 为晶胞中的原子数；α_{hkl} 为 (h,k,l) 衍射的相角。从此式可知衍射线强度是与各原子在晶胞中的位置（即结构）有关的，故反过来可从衍射线强度的分析解出晶胞中各原子的位置，即晶体结构。其方法是通过晶胞中的电子密度 ρ_{xyz} 的计算。

$$\rho_{xyz} = \frac{1}{V}\sum_{hkl} F_{hkl}\exp\left[-i2\pi(hx + ky + lz)\right] \qquad (2-59)$$

故若知各衍射的 F_{hkl}，就可按式（2–59）计算晶胞的三维电子密度图。原子所在处电子密度应该很高，故依此可定出原子在晶胞中位置，得出晶体结构。但是从衍射强度获得的是结构振幅 $\mid F\mid$，$\mid F\mid$ 与 F 之间的关系见式（2–57）。如何求得各（h，k，l）衍射的相角 α_{hkl} 就成为 X 射线单晶衍射解晶体结构的关键。

2.9.1.2　对实验的基本要求

要按式（2–58）来求解晶体结构，就要有尽可能多的衍射的 F_{hkl}，而且其值要准确，这样所得的 ρ_{xyz} 分辨率就高，求得的结构就准确。一粒小晶体衍射的 X 射线是射向整个空间的。具有大的 h，k，l，也即大 θ 或小 d 值的衍射的强度一般比较低，不易测得。如何在三维空间测得尽可能多的、尽可能准确的衍射线强度成为对 X 射线单晶体衍射仪的基本要求。

若将一束单色 X 射线射到一粒静止的单晶体上，入射线与晶粒内的各晶面都有一定的交角 θ，其中只有很少数的晶面能符合布拉格公式而发生衍射。如何才能使各晶面都发生衍射呢？最常用的方法就是转动晶体。转动中各晶面不断改变着与入射线的交角，会在某个时候符合布拉格方程而产生衍射。目前常用的收集单晶体衍射数据的方法，一为回摆法，二为四圆衍射仪法。在此仅介绍四圆衍射仪法。

仪器构造见图 2–37。常用闪烁计数器作探测器。入射光和探测器在一个平面内（称赤道平面），晶体位于入射光与探测器的轴线的交点，探测器可在此平面内绕交点旋转，因此只有那些法线在此平面内的晶面才可能通过样品和探测器的旋转在适当位置发生衍射并被记录。若要那些法线不在赤道平面内的晶面也能衍射并被记录下来，办法是让晶体作三维旋转，有可能将那些不在赤道平面内的晶面法线转到赤道平面内，让其发生衍射，四圆衍射仪正是按此要求设计的。衍射仪的

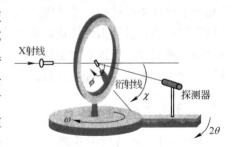

图 2–37　四圆衍射仪图示

特点是用闪烁计数器逐点记录各衍射，因此比较费时，常常需要几天甚至超过一个星期的时间，不能适应生物大分子要求快速记录衍射数据的要求。当 IP、CCD 出现后，快捷的回摆法就逐渐取代它成为测定生物大分子结构的主要工具。四圆衍射仪法在小分子结构的测定中还有一定应用。

2.9.2　晶体结构解析及结构精修

2.9.2.1　晶体结构解析的一般步骤

（1）选择大小适度、晶质良好的单晶体作试样，并安置于衍射仪上；

（2）测定晶胞数据与基本对称性（即得到 a，b，c，α，β，γ；晶系；Laue 群）；

（3）测定衍射强度数据（获得系列 h，k，l；I；$\sigma(I)$ 等）；

（4）对得到的衍射数据进行还原与校正（得到 h，k，l；F_0^2；$\sigma(F_0)$ 等）；

（5）进行结构解析（可以采用直接法或 Patterson 法以及 Fourier 合成），得到部分或全部原子坐标；

（6）对得到的结构模型进行精修，得到全部原子坐标和位移参数等；

（7）结果的解释与表达，可以得到分子的几何数据、结构图等信息。

2.9.2.2　晶体结构解析的一般步骤

晶体解析的关键问题就是得到衍射点的相角。常用推测相角的方法有帕特森函数法及直接法。

A　帕特森函数法

帕特森函数法是基于帕特森函数的定义，帕特森函数 P_{uvw} 是结构因子振幅平方 $|F_{hkl}|^2$ 的反傅里叶变换。在帕特森函数中，加和系数使用实验直接得到的 F_0^2 值。尽管采用与晶体相同的晶轴和晶胞，但其坐标并不与原子坐标直接对应。

$$P_{uvw} = \int_{v^*} |F_{hkl}|^2 e^{-2\pi i(hu+kv+lw)} \, dv^* \qquad (2-60)$$

由于结构因子 F_{hkl} 是电子云密度函数 xyz 的傅里叶变换，即电子云密度函数是结构因子 F_{hkl} 的反傅里叶变换，而帕特森函数是结构因子振幅平方的反傅里叶变换，因此，电子密度函数与帕特森函数是相关的。

可以通过傅里叶变换的定义和有关的数学原理推导出两者具有以下关系：

$$P_{uvw} = \int_v \rho_{xyz} \rho_{xu,yv,zw} \, dv \qquad (2-61)$$

可以看出，P_{uvw} 是一个实函数，其数值可以直接从衍射强度函数计算得到。晶胞中，帕特森函数具有一系列的极大值，这些值对应于原子间向量的终点。

帕特森法难以得到轻原子的坐标信息，通常只用于解析含有重原子的结构。首先，利用重原子的特征峰，得到同一套等效点的原子组成的帕特森峰。

由于重原子对衍射数据中每个结构因子，包括结构振幅和相角的贡献占有很大的比重，利用重原子的坐标可以得到大致接近正确的相角。将这些大致正确的相角与实验得到的结构振幅结合，利用傅里叶合成或差值傅里叶合成方法，就可以计算出新的电子密度图，从中可以获得更多原子的坐标信息，并与实验得到的结构振幅结合。再进行傅里叶合成或差值傅里叶合成，就可以获得更好的电子密度图和更多的原子信息，反复几次，就可以得到全部原子坐标。当然在实际解析的过程中，可以先对已经获得的部分原子指标进行必要的最小二乘精修，以便获得更加准确的相角信息。然后，再进行差值傅里叶合成，以求一次获得更多的原子信息。

B 直接法

直接法是运用数学方法，利用不同衍射点强度的关系，从大量衍射强度数据中，直接找出各个衍射点的相角，从而达到分析晶体结构的目的。直接法的基本过程如下：

(1) 将 $|F_0|$ 转化为归一化的 $|E_0|$；

(2) 建立可以用于正切公式的三相角关系以及四相角关系；

(3) 赋予起始相角；

(4) 利用正切公式精修相角；

(5) 计算诊断指标，判断各套相角的质量；

(6) 采用诊断指标最佳的相角数据计算解析电子密度图，即 E 图。

有关帕特森法和直接法所涉及的基本和重要的概念和公式详见参考文献 [5]。

C 结构的精修

利用帕特森法和直接法可以得到一套关于晶体结构的结果，即对于独立单元中的任意原子 i 可用原子坐标 (x_i, y_i, z_i) 来描述其空间位置。然而，这些参数中仍存在不同程度的错误和偏差。这些错误和偏差部分来自解析方法的近似性，包括从傅里叶合成得到的极大值（即原子坐标）的不精确，以及衍射数据的测量误差等。这就导致了对于每一个衍射点的计算结构因子或计算强度与相应观察值不相同，存在一定的偏差。

这些偏差对应于模型和实验数据两方面的偏差。为了获得精确的结构数据，必须对有关的参数值进行最优化，使得结构模型与实验数据之间偏差尽可能小。这一过程称为结构精修。经过合理精修后得到的模型，才是正确的晶体结构。结构精修的最常见的方法是最小二乘法。最小二乘法是一种常用、标准的计算数学方法，不仅可靠性高，而且能提供精修参数及其精度估计值（即标准偏差）。

2.9.3 结构解析的实例

利用水热法合成了 $[NH_3(CH_2)_2NH_3]_5[Cd(H_2O)][CdMo_{12}O_{30}(HPO_4)_6(H_2PO_4)_2]\cdot 5H_2O$，该化合物具有两种配位环境 Cd 原子的新型杂多蓝结构。选取 $0.43mm \times 0.26mm \times 0.24mm$ 的单晶体，在 Rigaku RAXIS-RAPID 单晶衍射仪上收集衍射数据，收集温度 20℃。石墨单色器，Mo-K_α 射线，以 ω-2θ 扫描方式共收到 34658 个衍射点，其中独立衍射点 15995 个，全部强度数据均经 LP 因子校正及经验吸收校正。结构采用直接法以 SHELXL-97 程序解出，全矩阵最小二乘法修正。结果表明：晶体属三斜晶系，P_{-1} 空间群；晶胞参数 $a = 1.2002(2)$ nm，$b = 1.4651(3)$ nm，$c = 2.1192(4)$ nm，$\beta = 83.01(3)°$，$V = 3.5642(12)$ nm^3，$Z = 2$，$D_c = 2837kg/m^3$，$R_1 = 0.0300$，$wR_2 = 0.0716$。

合成的化合物由 $[CdMo_{12}O_{30}(HPO_4)_6(H_2PO_4)_2]^{12-}$、$[NH_3(CH_2)_2NH_3]^{2+}$、$[Cd(H_2O)]^{2+}$ 和 H_2O 组成，通过静电引力及氢键结合在一起。$[CdMo_{12}O_{30}(HPO_4)_6(H_2PO_4)_2]^{12-}$ 是由两个 $[Mo_6O_{15}(HPO_4)_3(H_2PO_4)]^{7-}$ 簇阴离子和 Cd 原子配位，形成的夹心二聚体。$[Mo_6P_4]$ 单元结构见图 2-38。$[Mo_6O_{15}(HPO_4)_3(H_2PO_4)]^{7-}$ 由 6 个 MoO$_6$ 八面体构成，所有的 Mo 原子

均处在和中心 P(4) 共用的三桥氧为顶点的扭曲八面体中。6 个桥氧连接的 Mo 原子位于同一平面,通过共边相连形成了 1 个六元钼簇。Mo—O 键长范围为 0.1672(3)～0.2337(3)nm。6 个 Mo 原子被 3 个 P 原子分割成 3 组,其中 Mo(1)—Mo(6) 通过两个三桥氧相连,1 个是与 Cd(2) 形成三桥氧,1 个与 Cd(3) 形成三桥氧。其余每组 2 个 Mo 原子通过 1 个二桥氧和 1 个三桥氧相连,同时在 2 个 Mo 原子间存在较弱的金属键,Mo—Mo 键长为 0.25915(11)～0.26178(7)nm。

P 原子均为四配位的扭曲四面体构型,中心 P(4) 通过二桥氧与 Cd(3) 相连,从六元钼簇内部将 [Mo_6P_4] 六聚体桥连起来,而 P(1)、P(2) 和 P(3) 则从六元钼簇外部桥连了 3 个非键连的 Mo_2 单元。P—O 基团被部分质子化。P—O 键长为 0.1488(3)～0.1572(4)nm。所有的 PO_4 四面体与相应的 MoO_6 八面体通过共角相连。在 [$Mo_6O_{15}(HPO_4)_3(H_2PO_4)$]$^{7-}$ 簇阴离子中,4 个 P 原子位于 6 个 Mo 原子构成的平面同侧。中心 Cd 原子 Cd(2) 为六配位,如图 2-39 所示,Cd(2) 通过 6 个三桥氧分别与两个簇阴离子的 12 个 Mo 原子相连,Cd—O 键长为 0.2247(3)～0.2267(3)nm,O—Cd—O 之间夹角为 81.60(11)°～180.00(1)°,可见中心 Cd 原子是稍扭曲的八面体。与 Cd 原子相连的两个簇阴离子除键长、键角略有差别外,两者的构型相同,且以 Cd 原子为中心对称。Cd(3) 也是六配位,见图 2-40,有 1 个 OH 端氧,1 个三桥氧。Cd(3)—OH 端氧键长 0.231(5)nm,Cd(3)—O(49)三桥氧键长 0.2747nm,4 个 Cd—O—P 键,其中有 2 个 Cd—O—P 键来自同一个簇阴离子中。

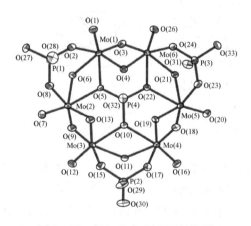

图 2-38　[Mo_6P_4] 阴离子结构图

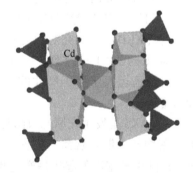

图 2-39　[$Cd(Mo_6P_4)_2$] 夹心二聚体的多面体图

该化合物是二维层状结构,见图 2-41,层与层之间通过 P 原子相连,该化合物中形成了两种隧道,两个 [$Cd(H_2O)$] 配合物和两个 [$CdMo_{12}O_{30}(HPO_4)_6(H_2PO_4)_2$]$^{12-}$ 簇阴离子形成一个较小的孔穴。4 个 [$Cd(H_2O)$] 配合物和 4 个 [$CdMo_{12}O_{30}(HPO_4)_6(H_2PO_4)_2$]$^{12-}$ 簇阴离子形成一个较大的孔穴。采用 N_2 吸附脱附测定了孔体积,由 BJH 模型计算了孔径大小,比表面积为 5.653m^2/g,孔体积为 0.009317cm^3/g,孔径为 6.593nm。比表面积、孔体积和孔径的测定表明该化合物是中孔材料。经价键计算和低温 (77K) EPR 谱的测定,化合物中所有的 Mo 为 +5 价。

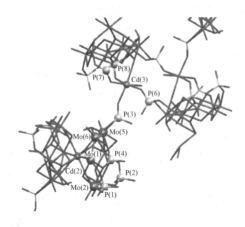

图2-40　化合物的分子结构图

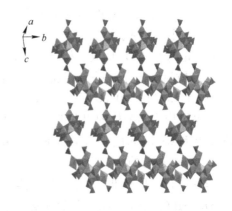

图2-41　化合物沿(100)面的空间堆积图

2.10　小角X射线散射

对于粉体颗粒，从结构和大小可分为晶粒、颗粒和团粒三种，如图2-42所示。晶粒内部原子、离子或分子具有严格的周期性有序排列，可用谢乐公式计算获得其相应的尺寸；颗粒（又称一次颗粒）是粉体中能够分开并独立存在的最小单位，可以用小角X射线（small angle X-ray scattering, SAXS）测定和统计其大小和概率分布；团粒是由于颗粒之间的相互作用形成的团聚体，可以用激光粒度仪进行测量。小角X射线散射与广角X射线衍射的研究对象的区别如图2-42所示。X射线衍射（XRD）的研究对象是固体，而且主要是晶体结构，即原子尺寸上的排列。小角X射线散射（SAXS）的研究对象远远大于原子尺寸的结构，是研究亚微观结构和形态特征。

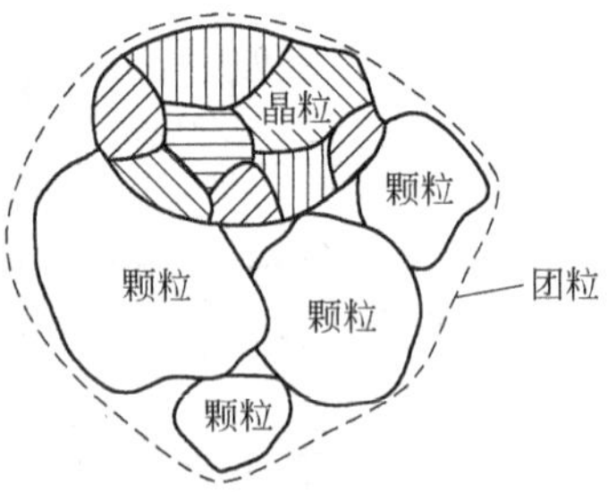

所谓SAXS是发生在原光束附近2°~5°小角区域范围内的X射线相干散射现象。物质内部尺寸在1至几百纳米范围内的电子密度的起伏是产生此种散射效应的原因所在。SAXS可以给出粒子的尺寸和形状明确的几何参数，以及微区尺寸和形状、非均匀长度、体积分数和比表面积等统计参数。利用SAXS技术可以进行金属、无机非金属及有机聚合物粉末，胶体溶液、磁性液体，生物大分子以及各种材料中所形成的纳米级微孔、GP区和沉淀析出相尺寸分布的测定以及非晶合金加热过程的晶化和相分离等研究。一次测量的颗粒数达10^{10}~10^{13}，在统计上具有充分的代表性。制样简便，对颗粒分散的要求不像其他方法那样严格。

图2-42　晶粒、颗粒和团粒的示意图

2.10.1　小角X射线散射原理

X射线散射主要来自于物质内部1~100nm量级范围内电子密度的起伏。当一束极细的X射线穿过样品时，对于完全均匀的物质，其散射强度为零，当遇到第二相或不均匀区时将会发生散射，其散射角度随着散射体尺寸的增大而减小。散射强度将受到散射体尺寸、形状、分散情况、取向及电子密度分布等的影响。对于分散稀疏、随机取向、大小和形状一致，且每个粒子内部具有均匀电子密度的粒子组成体系，其散射强度为：

$$I(\boldsymbol{h}) = 4I_e V^2 \rho_0^2 \varphi^2(\boldsymbol{h}R) \tag{2-62}$$

$$h = \frac{4\pi\sin\theta}{\lambda} \tag{2-63}$$

式中，$\boldsymbol{h}$ 为散射矢量；I_e 为一个电子的散射强度；ρ_0 为粒子的电子密度；V 为粒子的体积；R 为粒子的半径；φ 为散射函数；λ 为入射 X 射线的波长；2θ 为散射角。

对于不规则形状的粒子体系，以及具有一致取向的粒子构成的稀疏粒子体系和无取向的粒子体系等，其散射强度各不同，相应的散射函数 $\varphi^2(\boldsymbol{h}R)$ 也不同。

2.10.1.1　Guinier 近似定律

对于 M 个不相干涉的粒子体系，其散射强度为：

$$I(\boldsymbol{h}) = I_e M n^2 \exp\left(-\frac{h^2 R_g^2}{3}\right) \tag{2-64}$$

这是著名的 Guinier 公式，式中，n 为粒子所含的总电子数；R_g 为旋转半径，即粒子中各个电子与其质量重心的均方根距离：

$$R_g = \left(\frac{\sum\limits_k f_k r_k^2}{\sum\limits_k f_k}\right)^{1/2} \tag{2-65}$$

式中，r_k 为第 k 散射元与粒子质量重心的距离；f_k 为第 k 散射元的散射因子。

由旋转半径 R_g 可以得到粒子的半径 R。粒子形状不同，其变换公式也不同。其中圆球粒子半径 R 和旋转半径 R_g 的关系如下：

$$R_g = \sqrt{3/5}R \tag{2-66}$$

对式(2-64)两边取对数，并以 $\ln I(\boldsymbol{h})$ 对 h^2 作图（一般称为 Guinier 图），从斜率可求出粒子的旋转半径 R_g。

2.10.1.2　Porod 定律

Porod 定律是基于理想的两相系统的理论。根据 Porod 定律，对于理想的两相体系，在长狭缝准直条件下，曲线 $[h^3 I(\boldsymbol{h})] - h^2$ 在散射角趋于大值时趋于一直线，即：

$$\lim[h^3 I(\boldsymbol{h})] = K \tag{2-67}$$

式中，K 是 Porod 常数。但是，在很多情况下，所研究的体系并不是理想的两相体系。这时，曲线 $[h^3 I(\boldsymbol{h})] - h^2$ 在散射角趋于大值时并不趋于一直线，而是向上偏离（正偏离）或向下偏离（负偏离），如图 2-43 所示。正偏离是由于材料中的热密度起伏、广角衍射在小角区的影响、颗粒内电子密度的起伏等因素引起的。这时曲线 $[h^3 I(\boldsymbol{h})] - h^2$ 在散射角趋于大值时可以表示为：

$$\lim[h^3 I(\boldsymbol{h})] = K + \sigma^2 h^2 \tag{2-68}$$

负偏离来自模糊的相边界，即两相间没有明显的相边界，存在一定宽度的两相间过渡区。在

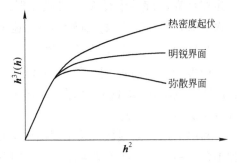

图 2-43　Porod 定律和两种偏离情况

这个区域内电子密度缓慢地从一相的电子密度 ρ_1 变到另一相的电子密度 ρ_2。在这种情况下，当散射角趋于大值时，曲线 $[h^3I(h)] - h^2$ 将发生负偏离，即

$$\lim[h^3I(h)] = K - \sigma^2 h^2 \qquad (2-69)$$

式（2-68）、式（2-69）中的 σ 是界面层厚度参数，它代表电子密度不均匀区的尺度。通过作出样品的 $[h^3I(h)] - h^2$ 曲线，就可以判断出所研究的体系是否为严格的两相体系。若不是严格的两相体系，通过曲线的正偏离或负偏离，进而可以判断出引起偏离的原因。当 $[h^3I(h)] - h^2$ 曲线发生负偏离，就可以判断所研究的两相体系两相之间存在过渡层，可以用 $[h^3I(h)] - h^2$ 曲线把过渡层的厚度求出来。

2.10.2　小角 X 射线散射的应用

2.10.2.1　纳米颗粒粒径分布

小角 X 射线散射技术被广泛用来测定纳米粉末的粒度分布，其粒度分析结果所反映的既非晶粒也非团粒，而是一次颗粒的尺寸。在测定中参与散射的颗粒数一般高达数亿个，因此，在统计上有充分的代表性。

采用 SAXS 测量纳米级氧化锆粒度分布，按照国标（GB/T 13221—2004），使用 SAXS 程序计算出纳米氧化锆的粒度分布在 1 ~ 30nm 之间，与纳米氧化锆的 TEM 图像对比，发现 SAXS 测定的纳米粒度结果是可靠的。

通过小角 X 射线散射试验对无机纳米杂化 Al_2O_3/PI（聚酰亚胺）薄膜的微观结构，包括纳米颗粒的尺寸以及纳米颗粒与基体的界面情况进行了分析。通过对 Guinier 曲线低角区域线性部分的拟合，得到试样中氧化铝颗粒的旋转半径约为 6nm，表明在无机纳米杂化薄膜体系中，纳米颗粒未发生团聚现象。通过观察 Porod 曲线发现随散射矢量 h 值的增大，曲线趋于水平直线。根据小角 X 射线散射理论中的 Porod 定律可知，该复合薄膜中纳米颗粒与基体间的界面明确，说明薄膜中的 PI 分子链与无机纳米颗粒间并未发生相互扩散、渗透以及缠结等现象。无机纳米颗粒与有机分子链主要是通过化学键锚定在一起，此界面结构与经典的有机与无机相结合的化学键理论相一致。

2.10.2.2　金属的缺陷

金属经辐照或从较高温度淬火产生空位聚集。将铝单晶在 (55 ± 5)℃ 用 5×10^{21} cm^{-2} 快中子辐照，辐照后在 150 ~ 275℃ 之间每隔 25℃ 等温退火 1h，接着在 275 ~ 319℃ 之间每隔 6℃ 等温退火 20min。经小角 X 射线散射试验测试得到其空洞膨胀率 $\Delta V/V$，并由 Guinier 定律计算出旋转半径 R_g。研究发现，在 306℃ 之前，空洞非常稳定，而在 306 ~ 319℃ 退火后部分空洞被消除，旋转半径迅速增大。

2.10.2.3　合金中的析出相

1938 年，Guinier 用小角 X 射线散射技术研究合金中的非均匀性，揭示了一些亚稳分解产物（现称作 GP 区）。如今 SAXS 技术被越来越多地用于合金时效过程的研究，从而进行相变动力学研究。

利用小角 X 射线散射技术对两种 7000 系铝合金（锂质量分数为 0.98% 的含锂铝合金和不含锂铝合金）在不同温度和不同时间时效时，研究其析出物的变化规律。根据 Guinier 近似，可以得到每个温度不同时效时间下的颗粒旋转半径和有效半径。研究发现，合

金中析出物的半径随时效时间的变化可分为三个阶段（形核阶段、长大阶段和粗化阶段）。在形核阶段，析出相半径变化很小；在长大阶段，析出相基本满足抛物线长大规律；在粗化阶段，析出相半径变化满足 LSW 定律（由 Lifshiz 和 Slyozov、Wanger 建立的足够液相存在时晶粒生长和颗粒粗化的经典理论）。同时，还发现在形核阶段含锂和不含锂两种铝合金析出半径随时效时间变化的差距较小，随时效时间的延长，两者之间的差距逐渐变大。由此说明锂抑制了析出相的长大和粗化进程。

利用原位小角 X 散射观察 Fe-25%Co-9%Mo（摩尔分数）合金在不同时效温度和时间下析出相的变化。结果发现，淬火态试样的小角 X 射线散射强度随散射矢量的增大而递减并逐渐趋于一个常数，这说明材料是非常均匀的；随着时效时间的延长，散射强度出现了明显的增强，在 $h = 2.4nm^{-1}$ 处出现了峰值，说明有小的析出物出现。随着时效时间的延长，其最大散射强度的位置逐渐由 $2.4nm^{-1}$ 移动到 $1.3nm^{-1}$，表明析出物不断长大，且数量也在不断增加。

2.10.2.4 非晶合金

非晶合金也称金属玻璃，它是急冷得到的亚稳定合金，在加热过程中会产生一系列的转变，逐渐由亚稳态转变到稳定态。在这个过程中会发生相分离以及晶化过程。目前，已有许多学者利用小角 X 射线散射技术来研究非晶合金中的这些转变。

用原位小角 X 射线散射研究块体非晶合金 $Zr_{55}Cu_{30}Al_{10}Ni_5$ 的退火行为。研究发现，该非晶合金在 360℃ 退火时的散射强度随着退火时间的延长而增大，退火不同时间的散射曲线变化趋势相同，且无峰值出现，说明在 360℃ 退火时无析出相出现，原子只限于短程有序排列。由非晶合金 $Zr_{55}Cu_{30}Al_{10}Ni_5$ 在不同退火温度以及不同退火时间下的小角 X 射线散射 Porod 图可知，600℃ 退火 60min 后合金的散射强度遵循 Porod 定律，这表明析出的是密度均一，并具有明显相界面的颗粒。380℃ 退火 70min 和 360℃ 退火 100min 后合金的散射曲线均为 Porod 定律的正偏离，这表明这两种情况处理下合金为非晶态。

2.10.2.5 高分子材料

小角 X 射线散射广泛用于天然的和人工合成的高聚物研究。小角 X 射线散射在高分子中的应用主要包括以下几个方面：

（1）通过绝对强度的测量，测定高分子的相对分子质量；

（2）通过 Guinier 散射研究高分子中胶粒的形状、粒度和粒度分布，以及结晶高分子中的晶粒、高分子中的空洞和裂纹形状、尺寸及分布等；

（3）通过 Porod-Debye 相关函数法研究高分子多相体系的相关长度、界面层厚度和总表面积等；

（4）通过长周期的测定研究高分子体系中片晶的取向、厚度、结晶百分数以及非晶层的厚度等；

（5）研究高分子体系中的分子运动和相变规律等。

思　考　题

2-1　试述 X 射线的连续谱和特征谱？

2-2　如何选取滤波片和靶材？

2-3　阐述散射因子和结构因子的含义。

2－4　试述 X 射线衍射的布拉格方程表达式、推导、意义和应用。

2－5　影响衍射线强度的因素主要有哪些?

2－6　阐述简单立方、面心立方和体心立方晶系的消光规律。

2－7　进行 X 射线定性分析时,应注意哪些事项?

2－8　X 射线定量分析的方法有哪些,各自的原理如何?

2－9　试简述 X 射线衍射分析在材料学中的应用。

2－10　试述 X 射线衍射测量晶粒尺寸的原理。

2－11　试述 X 射线衍射测量薄膜厚度的原理。

2－12　简述 X 射线单晶解析的主要过程。

2－13　试述 X 射线单晶解析中解决位相问题的主要方法。

2－14　简述小角散射的原理及其研究的对象。

参 考 文 献

［1］钱逸泰. 结晶化学导论［M］. 2 版. 合肥:中国科学技术大学出版社,2002.

［2］赵珊茸,边秋娟,凌其聪. 结晶学及矿物学［M］. 北京:高等教育出版社,2004.

［3］范雄. 金属 X 射线学［M］. 北京:机械工业出版社,1998.

［4］周玉,武高辉. 材料分析测试技术——材料 X 射线衍射与电子显微分析［M］. 哈尔滨:哈尔滨工业大学出版社,1998.

［5］陈小明,蔡继文. 单晶结构分析原理与实践［M］. 北京:科学出版社,2003.

［6］苏占华,周百斌,赵志凤,等. 新型杂多蓝化合物［$NH_3(CH_2)_2NH_3$］$_5$［$Cd(H_2O)$］［$CdMo_{12}O_{30}$(HPO_4)$_6$(H_2PO_4)$_2$］·$5H_2O$ 的合成与晶体结构［J］. 分子科学学报,2007(6):376.

［7］吴刚. 材料结构表征及应用［M］. 北京:化学工业出版社,2002.

［8］王培铭,许乾慰. 材料研究方法［M］. 北京:科学出版社,2005.

［9］朱育平. 小角 X 射线散射——理论、测试、计算及应用［M］. 北京:化学工业出版社,2008.

［10］刘粤惠,刘平安. X 射线衍射分析原理与应用［M］. 北京:化学工业出版社,2003.

［11］左婷婷,宋西平. 小角 X 射线散射技术在材料中的应用［J］. 理化检验——物理分册,2011(12):782.

［12］李亭亭. Gd_2O_3 高 K 栅介质薄膜的生长及表征［D］. 合肥:中国科学技术大学,2010:25.

［13］于吉顺,陆琦,肖平,等. X 射线反射(XRR)对薄膜样品厚度的研究［J］. 功能材料,2008(2):199.

［14］王金香,高岩,杨洋,等. Zn^{2+} 含量对纳米 Ni - Zn 铁氧体结构和磁性能的影响［J］. 材料工程,2012(10):22.

［15］魏杰,陈彦均,徐卓. 多铁性 $BiFeO_3$ 纳米颗粒的尺寸依赖磁性能研究［J］. 物理学报,2012,61(5):439~444.

［16］房俊卓,徐崇福. 三种 X 射线物相定量分析方法对比研究［J］. 煤炭转化,2010(2):88.

［17］周永娜. 微纳米氧化亚铜的制备及其光催化性能的研究［D］. 兰州:兰州理工大学,2010:25.

［18］魏芳,李金山. 用 SAXS 研究锂对 7000 系铝合金相变动力学的影响［J］. 航空学报,2008(4):1038.

［19］Zickler G A,Eidenberger E. In - situ small angle X-ray scattering study of the precipitation behavior in a Fe-25at.% Co-9at.% Mo alloy［J］. Materials Characterization,2008(12):1809.

［20］柳义,柳林,王俊,等. 用原位 X 射线小角散射研究块体非晶合金 $Zr_{55}Cu_{30}Al_{10}Ni_5$ 的结构弛豫［J］. 物理学报,2003(9):2219.

［21］李志宏,吴忠华. 小角 X 射线散射在高分子材料研究中的应用［C］. 科技、工程与经济社会协调

发展——中国科协第五届青年学术年会文集. 北京: 中国土木工程学会, 2004: 344.

[22] 于吉顺, 肖平, 吴红丹. X 射线小角散射法对纳米氧化锆粒度分布的研究 [J]. 材料导报, 2007 (4): 198.

[23] 刘晓旭, 殷景华, 闫凯, 等. Al_2O_3/PI 薄膜纳米颗粒形态的 SAXS 研究 [J]. 核技术, 2009 (12): 901.

[24] 赵辉, 郭梅芳, 董宝中. 小角 X 射线散射结晶聚合物过渡层厚度的测定 [J]. 物理学报, 2004 (4): 1247.

3 X 射线荧光光谱分析

X 射线照射在待测样品上产生的二次 X 射线称为 X 射线荧光（XRF）。分析样品中不同元素产生的荧光 X 射线波长（或能量）和强度，可以获得样品的组成和含量信息，达到定性和定量的目的。X 射线荧光光谱技术作为常规的射线检测技术，始于 20 世纪 50 年代初期，经历了 60 多年的发展，现在已经成为物质组成分析的必备方法。在 X 射线荧光原理的实际应用中，一般有效的元素测量范围为从铍（Be）到铀（U）。

X 射线荧光光谱检测技术具有分析速度快、检测元素范围广、前处理简便、无污染、成本低廉以及无损检测等优点，可以直接对块状、液体和粉末样品进行分析，也可对小区域或者微区试样进行分析；波长色散 X 射线光谱仪（WDXRF）和能量色散 X 射线光谱仪（EDXRF）对于元素的检测范围可以达到 0.0001% ~ 100%，对水样的分析可以达到 10^{-9} 数量级，全反射 X 射线荧光光谱仪（TXRF）的检测限已经达到 10^{-9} ~ 10^{-12} g；在半定量和定量分析中，X 射线荧光光谱检测技术优势也很明显，以基本参数法为代表的基体校正方法已经广泛用于常规分析，使 X 射线荧光光谱的定量分析方法逐步从使用与试样的物理、化学形态相似的标准样品向使用非相似的标准样品过渡。其中，半定量分析方法经调试后的仪器可以不用标准样品而进行定量分析，实现 X 射线荧光光谱的野外现场分析和过程控制分析。因此，X 射线荧光光谱检测技术作为比较成熟的分析手段，已广泛应用于钢铁、地质、材料、机械、石油化工、电子、农业、食品、环境保护等领域，取得了广泛的社会经济效益。

3.1 X 射线荧光的产生

X 射线照射试样时，当一个能量高于原子 K 层电子结合能的 X 射线光子与原子发生碰撞时，将一个 K 层电子逐出，形成一个空穴，此时原子体系处于不稳定的激发态，如果该电子空穴被 L 层的一个电子所填充，同时释放出特征 X 射线，称为 X 射线荧光。

特征 X 射线是各种元素固有的，它与元素的原子序数有关。莫塞莱详细研究了各种元素特征 X 射线波长 λ 与原子序数 Z 的关系，发现两者之间有如下关系：

$$\sqrt{\frac{1}{\lambda}} = k(Z - \sigma) \tag{3-1}$$

式中，k，σ 为常数。

从上式可知，只要测出了特征 X 射线的波长 λ，就可根据公式（3-1）求出产生该波长的元素 Z，这就是 X 射线荧光光谱定性分析方法的依据。

当所测元素和实验条件一定时，荧光 X 射线的强度 I_i 与所分析元素的质量分数 ω_i 存在如下关系：

$$I_i = \frac{K\omega_i}{\mu_m} \tag{3-2}$$

式中，μ_m 为样品对入射 X 射线和荧光 X 射线总质量吸收系数；K 为常数，与入射线强度 I、所分析元素对入射 X 射线的质量吸收系数有关。

从式（3-2）可知，当满足一定条件（样品组成均匀、表面光滑平整，且元素间无相互激发）时，荧光 X 射线强度与分析元素含量之间存在线性关系。这就是荧光 X 射线的定量分析的理论基础。

当一次 X 射线照射试样时，激发试样中的各元素，使它们辐射出各自的特征 X 射线（荧光 X 射线），根据各待测元素的特征波长（或能量）可作定性分析，根据谱线强度则可进行定量分析。

3.2　X射线荧光光谱仪

根据测试方式的不同，X 射线荧光光谱仪可分为波长色散 X 射线荧光光谱仪和能量色散 X 射线荧光光谱仪两大类；根据激发方式又可细分为偏振光、同位素源、同步辐射和粒子激发 X 射线荧光光谱仪；根据 X 射线的出入射角度不同可分为全反射、掠入射 X 射线荧光光谱仪等。

X 射线荧光光谱仪一般由样品激发系统、色散系统、探测系统、谱仪控制系统和数据处理系统等几部分组成。波长色散 X 射线荧光光谱仪利用分光晶体的衍射来分离样品中的多种射线，能量色散 X 射线荧光光谱仪则利用探测器中产生的电压脉冲和脉高分析器来分辨样品中的特征射线。下面分别介绍常用的波长色散 X 射线荧光光谱仪、能量色散 X 射线荧光光谱仪和全反射 X 射线荧光光谱仪。

3.2.1　波长色散 X 射线荧光光谱仪

波长色散 X 射线荧光光谱仪一般由四部分组成：X 射线源（光源）、荧光 X 射线分光系统、荧光 X 射线的检测和记录系统以及仪器的操作和控制共四个系统。图 3-1 为波长色散 X 射线荧光光谱仪的结构原理示意图。

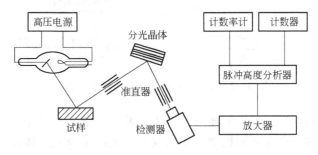

图 3-1　波长色散 X 射线荧光光谱仪的结构原理图

（1）X 射线源。X 射线管的阳极材料常用高纯的金属材料，一般重元素靶材有利于激发重元素，轻元素靶材有利于激发轻元素，像铑这样的元素则可以兼顾。还有复合靶，如 Cr-W 靶，在低管压下，主要由 Cr 靶产生特征 X 射线激发轻元素，而在高管压下，主要由 W 靶产生特征 X 射线激发重元素。表 3 – 1 示出各种靶材适合的分析元素范围。

表 3 – 1　各种靶材适合的分析元素范围

靶　材	分析元素范围	使用谱线	靶　材	分析元素范围	使用谱线
W	$< ^{32}$Ge	K	Cr	$< ^{23}$V 或 ^{22}Ti	K
	$< ^{77}$Ir	L		$< ^{58}$Ce	L
Mo	^{32}Ge, ^{41}Nb	K	Rh, Ag	$< ^{17}$Cl 或 ^{16}S	K
	^{76}Os, ^{92}U	L	W-Cr	W $> ^{22}$Ti 或 ^{23}V	
Pt	同 W 靶			Cr 轻元素	
Au	^{72}Hf, ^{77}Zr	L			

（2）荧光 X 射线分光系统。该系统由入射狭缝、分光晶体、晶体旋转机构、样品室和真空系统组成。试样受激发产生的荧光 X 射线经入射狭缝准直后，投射到分光晶体上。晶体旋转机构使分光晶体转动，连续改变 θ 角，使各元素产生的不同波长 X 射线按布拉格方程分别发生衍射而分开，从而获取全范围光谱信息，得到荧光光谱。

（3）荧光 X 射线的检测和记录系统。在波长色散 X 射线荧光光谱仪中常用正比计数器、闪烁计数器或半导体探测器检测 X 射线。

3.2.2　能量色散 X 射线荧光光谱仪

能量色散 X 射线荧光光谱仪由 X 射线管、样品室、准直器、探测器及计数电路和计算机组成。能量色散荧光光谱仪结构示意图，如图 3 – 2 所示。它与波长色散 X 射线荧光光谱仪的显著区别是没有分光晶体，而是直接用能量探测器来分辨特征谱线，实现定性和定量分析的目的。能量色散仪的最大优点是可以同时测定样品中几乎所有的元素，因此分析速度快；缺点是能量分辨率较差、探测器必须在低温下使用。

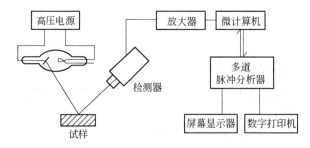

图 3 – 2　能量色散荧光光谱仪结构示意图

为了准确测量衍射光束与入射光束的夹角，波长色散 X 射线荧光光谱仪（WDXRF）的分光晶体是安装在一个庞大而精密的测角仪上。又由于分光晶体的衍射，造成 X 射线荧光强度的损失，一般需要大功率的 X 射线管。因此波谱仪的价格往往比能谱仪高。能量色散荧光光谱仪具有如下优点：

（1）仪器结构简单，没有分光晶体的精密运动装置，无须精度调整，同时还避免了由于晶体衍射所造成的荧光强度的损失。一般使用 100W 以下低功率 X 射线管作为光源，不需要昂贵的高压发生器和冷却系统。

（2）能量色散X射线荧光光谱仪的光源、样品、检测器彼此距离很近，不需要光学聚集，X射线的利用率很高。对样品形状也无特殊要求，样品位置变化的敏感不像波长色散荧光光谱仪那么大。

（3）在能量色散X射线荧光光谱仪中，样品发出的全部荧光X射线可以同时被检测器接收，可以使用多道分析器和荧光屏同时累积和显示全部能谱，也能清楚地显示出背底和干扰线，能更方便地完成定性分析工作。

（4）能量色散X射线荧光光谱仪是测量整个分析线脉冲高度分布的积分程度，而不是峰顶强度。这样就减小了由化学状态引起的分析线波长的漂移影响。因为是同时收集累积信号还降低了仪器的漂移影响，提高了净计数的统计精度。又因为是同时累积和测量所有元素，而不是按特定谱线分析特定元素，这样就降低了偶然错误判断的可能性。

3.2.3　全反射X射线荧光光谱仪

常规XRF是以入射角大于40°的X射线激发样品，不仅样品会产生二次X射线，载体材料也可能会受到激发，对测量产生干扰。为了克服常规XRF的不足，在能量色散X射线荧光（EDXRF）分析技术的基础上发展起来全反射X射线荧光（TXRF）分析技术。TXRF技术的灵敏度高，样品的用量少，制样简单，基体效应可忽略，可以广泛应用于地质、冶金、石油、化工、医药、生物、环保、商检、食品、材料、微电子等领域。

3.2.3.1　TXRF的基本原理

近于单色光的X射线从空气或真空中射向表面高度平滑的反射体材料（例如石英），依入射角不同而发生折射和反射现象。当入射角小于全反射临界角时，X射线发生全反射。此时，入射X射线和出射X射线的强度相等，消除了原级X射线在反射体上的相干和不相干散射现象，使散射本底降低了约三个数量级，从而大大提高了峰背比。同时，入射光束掠过样品的表面积比较大，提高了入射X射线光束的利用率，样品中元素的荧光激发产额得到了提高。TXRF就是利用X射线全反射原理，将样品在反射体兼样品架上涂成薄层（纳米级）进行激发，从而达到降低散射本底、提高峰背比的作用，以实现痕量元素分析的一种分析技术。

3.2.3.2　实验仪器与装置

TXRF的实验装置中X射线可分白光和单色光两种，在X射线束流上加单色器，将入射X射线单色化。从原级出射的X射线直接激发涂在反射体兼样品架上的样品称为一次全反射技术；如果将原级出射的X射线先经过初级反射体滤波，成为单色性极佳的单色X射线，再入射到涂有样品的次级反射体上，激发样品的特征X射线就是二次全反射技术。二次全反射系统可使原级X射线束流的利用率提高近10倍，可实现在低束流运行条件下达到高束流条件下的探测灵敏度的效果。图3-3为典型的二次全反射X射线荧光分析装置光路示意图。

反射体材料一般采用晶体或无定形物质，要求其纯度高、化学稳定性好、机械强度高、易于加工并满足特定的X光反射特性。目前较多的实验室中采用石英、Si片、Ge片等作为反射体材料。将反射体材料（如石英）加工成表面高度抛光的样品架，将数毫升到数十毫升样品溶液滴在样品架上，低温烘干，形成一薄膜样品。从X射线靶射出的X射线束以低于全反射临界角的角度射到初级反射体2上，实现第一次全反射。经第一次全

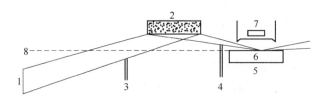

图 3 - 3   典型的二次全反射 X 射线荧光分析装置光路示意图
1—X 射线管阳极；2—反射体；3，4—光阑；5—样品架；6—样品薄膜；7—探测器；8—参考平面

反射的 X 射线入射到样品架上进行第二次全反射，激发薄膜样品，样品内各受激发元素发射的特征 X 射线被 Si（Li）探测器 7 记录。为了阻挡原级 X 射线直接射向样品架上，在 X 射线光路上加装光阑 3 和 4。在 TXRF 中由于激发射线与探测器位置的几何位置，激发射线几乎不与样品架发生相互作用，大大降低了散射本底。同时，样品受入射线和反射线的双重激发，而且探测器可以更加靠近样品（约 0.3mm），使得受激的特征 X 射线强度成倍增加。

3.2.3.3   TXRF 的基本特点

目前在 X 射线光谱仪进行全反射 X 射线荧光分析具有下列基本特点：

（1）背景低，峰背比高。元素分析的检出限可达 10^{-12} g 水平，表面分析的检出限可达 $10^9 \sim 10^{11}$ 原子/cm^2；分别使用铜靶和钼靶 X 光管激发，激发电压为 40、50kV，电流为 15、20、30、40mA，测量时间 1ks。各元素检出限列于表 3 - 2 中。

表 3 - 2   各元素的检出限   m/ng

元素 EL	谱线 line	L_D1[①]		L_D2[②]	
		15mA	30mA	20mA	40mA
K	K_α	0.60	0.45		
Ca	K_α	0.78	0.52	0.74	0.63
Ti	K_α	0.12	0.09	0.48	0.30
V	K_α	0.40	0.28		
Cr	K_α	0.14	0.11	0.26	0.19
Mn	K_α	0.19	0.13	0.28	0.21
Fe	K_α	0.24	0.17	0.26	0.18
Co	K_α	0.11	0.08	0.28	0.17
Ni	K_α	0.42	0.26	0.20	0.13
Cu	K_α			0.14	0.10
Zn	K_α			0.12	0.09
As	K_α			0.18	0.13
Ga	K_α			0.24	0.17
Ge	K_α			0.20	0.14
Se	K_α			0.18	0.12
Br	K_α			0.29	0.21

元素 EL	谱线 line	L_D1[①]		L_D2[②]	
		15mA	30mA	20mA	40mA
Rb	K_α			0.16	0.11
Sr	K_α			0.15	0.11
Y	K_α			0.18	0.12
Zr	K_α			0.92	0.65
Hg	L_α			0.41	0.30
Pb	L_α			0.53	0.44
Au	L_α			0.87	0.66

① 铜靶，40kV；

② 钼靶，50kV。

（2）由于入射角和反射角都很小，穿透深度很浅，基体效应基本消除。此外，准确度也比较高，高纯酸的杂质分析，RSD 为 3%。分析元素的范围可从原子 11（Na）到 92（U）。如果采用超薄窗探测器和无窗 X 射线管，还可测定轻于 Na 的元素。对轻元素可以应用经验吸收 - 增强校正软件。

（3）溶液样品制样方便。只要将样品滴于样品架上蒸发至干形成一层薄膜，即使样品中含有微细颗粒，也只要将微细颗粒均匀地分散在样品架上，就可以进行分析。

（4）测定浓度范围宽。从百分含量至亚 ppb 都可以测定。

（5）样品用量少。对测定 μg/g 浓度的元素来说，μL 或 μg 级样品就够。

（6）校正曲线具有通用性。适用于各种不同基体，而且只要在仪器安装调试时做一次，仪器参数可长期稳定。

（7）定量分析非常简单。加入单一内标可以对所有元素进行定量，无需多元素标样或外加标样。

总之，全反射 X 射线荧光分析是一种灵敏度很高且操作相当简便的分析技术。

3.2.3.4 TXRF 法的不足

TXRF 仪器价格比较昂贵。基体含量变化对探测下限影响比较严重，当基体含量变化太高或要进一步降低检出限时，需经化学分离或富集被测元素；样品容易被污染，由于测试所用试样量少，测量灵敏度高，在制样时容易受到环境和制样过程的影响，容易引入误差。

3.3 样 品 制 备

适合 X 射线荧光光谱测量的试样种类很多，如粉末、粉末压片、玻璃熔片、块体、薄膜等，也可以是溶液或悬浮液。但试样应满足一些基本要求，如具有一定的尺寸、厚度和稳定性，固体试样具有一定的强度且表面平整，用于承载粉末和液体的支持膜要有一定强度等。X 射线荧光光谱定量分析中，样品制备过程是影响分析结果不确定性的主要来源之一。因此样品制备应最大限度降低甚至消除不均匀性、矿物效应、颗粒度效应、表面粗糙度等因素对分析结果的影响，同时要求有良好的重复性。在定量分析中一般需要标准样品，标准样品和待测试样应在尽可能相同的条件下处理。检测时，应针对不同的试样以及不同的检测要求选择合适的制样方法。

3.3.1 固体样品的制备

对于像各种金属及其合金化学组成均匀且致密的固体块样，只需将样品加工成测量所需的大小和形状即可。因为样品表面粗糙度对X射线荧光强度的影响，表面粗糙度对波长较长的谱线的影响比对波长较短的谱线的影响尤为明显，所以必要时还应对测量表面进行抛光处理。在对样品表面抛光处理时，要注意不要污染样品表面。对于需要抛光处理的试样，抛光处理后应尽快测量，以避免空气氧、硫、氯对测量表面造成影响。对含轻元素的样品表面粗糙度小于 $50\mu m$。

3.3.2 粉体样品的制备

粉末样品可以直接放在支撑膜上测量。但因为粉末的松紧（密度）难以控制，使测量重复性降低。而且支撑膜的吸收作用也会降低谱线的强度，特别是长波长谱线强度降低尤为明显，不利于轻元素的检测（尤其是低含量时）。同时支撑膜的散射会使背景增加。有时采用充氦气代替真空，也因氦气吸收而使谱线强度降低。为了克服粉末直接测量的不足，可将粉末压成片后进行测量。

在粉末压片法中，矿物效应、颗粒度效应以及压力等因素均能对检测结果产生影响。为了得到适合测量的试样，要将样品粉碎到足够细，必要时还需添加黏结剂。常用的研磨器具的材料包括玛瑙、烧结刚玉、烧结氧化锆、碳化钨（通常含少量钴）、硬质铬钢等，它们的化学组成、密度、硬度等各不相同。应根据样品的具体情况和检测要求选用合适的研磨器具。为了使压片更加坚固可以加入黏结剂，常用的黏结剂包括硼酸、石蜡、淀粉、甲基纤维素、乙基纤维素、低压聚乙烯、聚乙烯醇等。但要注意，因为多数黏结剂组成为轻元素，它们加入样品中不仅增加了散射背景，而且由于稀释，降低了强度，这不利于痕量元素的分析。压片时施加的压力对谱线强度也有影响。不同压力导致压片的密度不同，从而影响谱线强度。一般压力越高，谱线强度越大。

另外，在粉末和粉末压片测量中，颗粒尺度对不同波长的谱线具有不同的影响，特别是较长波长的谱线对颗粒度的影响很敏感。

3.3.3 熔融样品的制备

为了消除矿物效应和颗粒度效应。通过熔融法将未知样品和校正标准样制成玻璃片。另外熔融法制样重复性好，制得的玻璃片可保存较长时间。采用熔融法制样可用元素的氧化物或盐类配制校正标样，或用已有的标准样品通过添加分析元素的氧化物或盐类的方法扩展标样中分析元素的含量范围。但熔剂加入降低了分析线的强度；熔剂主要含轻元素如锂、硼、氧等，使散射背景强度增加，对测定痕量元素是不利的；熔融一般在较高温度下进行，在熔融过程中容易导致一些易挥发组分的损失从而影响测定准确度；熔剂的加入增加了引入杂质的机会。

3.3.3.1 熔剂和添加剂

XRF分析中常用的熔剂为锂、钠的硼酸盐和磷酸盐等。附录8列出了一些XRF分析中常用的熔剂。熔剂应满足一些基本要求，如熔剂中不能含有待测元素或干扰元素；在一定温度下能将试样很快地完全熔融；熔融后流动性较好，容易形成玻璃体，并且玻璃体有一定的机械强度，稳定、不易破裂和吸水。在熔剂中有时还加入一些添加剂。为了提高基体的稳定性，可加入吸收剂如 BaO、CeO_2、$BaSO_4$ 或 La_2O_3 等；对于非硅酸盐试样，有时需加入占样品总量 25% 以上的 SiO_2，以利于形成玻璃体；加入碘化物或溴化物等脱膜剂，使熔体更容易从坩埚中剥离出。

3.3.3.2　坩埚材料的选择

在 X 射线荧光光谱分析中，坩埚及模具的材料主要是 5% Au-95% Pt。在使用 5% Au-95% Pt 坩埚时，要注意在熔融过程中，要避免 Pt 与某些元素（如 As、Sb、Zn、Pb、Sn、Bi 和 P、S、Si 和 C 等）形成低熔点合金或共晶混合物，造成对坩埚的损害。另外，Ag、Cu、Ni 等元素也容易与 Pt 形成合金，在处理这类试样时，要注意选择合适的熔剂和氧化剂。

3.3.3.3　熔融

在熔融制样前，要通过实验确定熔剂与试样比例。比例应视样品和分析要求而定，通常为 10:1，有时可能低到 5:1 甚至 2:1，也可能高到 100:1。含有有机物的样品应在熔融前在 450℃ 以上预氧化，使有机物分解完全。对于含硫化物、碳化物、氮化物、金属、铁合金等的试样，在熔融前必须对试样进行充分的预氧化，常用的氧化剂有 NH_4NO_3、KNO_3、$LiNO_3$、BaO_2、CeO_2 等。根据样品性质，通过实验选择适合的氧化剂和加入量，保证试样氧化完全。

熔融温度和时间随试样种类和所用熔剂不同而有所不同，但原则是一定要保证试样完全分解，形成熔融体。在熔融过程中还需不断摇动坩埚，使熔融体均匀。熔融体中可加入少量 NH_4I、$LiBr$、CsI 等脱模剂，有助于脱模，也有助于将坩埚中熔融物全部倒入模具中。浇铸的熔融体不能含气泡，模具要预加热，熔融物倒入模具后，冷却至室温后取出即可。玻璃片表面应平整，否则需经抛光后再进行测量。

3.3.4　薄样的制备

薄样的制备方法是将液体试样滴在一定面积的滤纸片（或 Mylar 膜、聚四氟乙烯基片）上，自然晾干或在红外辐射下烘干后，即可用于测定。但滤纸片在捕集液体样品过程中，由于层析效应会影响样片均匀性。为防止溶液向边缘扩散，常在滤纸边上加一圈高纯石蜡。也可将 $0.15\mu m$ 聚酯薄膜装在中空的支架板上，在聚酯膜中心滴少量的溶液，干燥后析出物聚集于中心部位就可以进行测量。

在 TXRF 测定中，先将样品制成溶液。对于固体样品，可将其分散于水或者易挥发的溶剂中，也可以用硝酸在一定条件下进行硝化处理制成溶液。对于一些颗粒样品，可以制成悬浮液。将制好的样品液体，滴在样品架的中心，在空气、真空或用红外灯条件下烘干，样品在样品架上形成一层薄膜，就可以进行测定了。

3.4　定性和半定量分析

X 射线荧光光谱仪分析物质组分时，除了正确使用和操作 X 射线荧光光谱仪外，更重要的是选取合理、准确的定性和定量分析方法。定性分析的目的是确定在待测样品中，可能存在的元素种类，其主要困难是各谱线重叠和对干扰因素的鉴别。定量分析则是要利用一定的实验或数学方法，准确地获得待测样品中的各元素的含量数值。

3.4.1 定性分析

试样中元素受到 X 射线激发后，都会发射出 X 射线荧光（即特征 X 射线）。不同元素的荧光 X 射线具有各自的波长（能量），几乎与化合状态无关。通过确定这些特征 X 射线的波长或能量，就可以判定未知样品中存在何种元素。定性分析时，可通过计算机自动识别谱线，从而给出定性结果。但有时因某些元素含量低，或含有其他元素存在谱线重叠干扰，需要人工甄别。同时，光谱仪、样品等有关因素也会带来干扰，因此，寻找证实特征谱线的存在，判断、识别干扰就是定性分析中的主要工作。首先要识别出 X 射线管靶材的特征 X 射线和强峰的伴随线，然后根据 2θ 角确定剩余谱线，在分析未知谱线时，还要同时考虑样品的来源、性质等因素，进行综合判断。

3.4.2 半定量分析

自 1989 年新一代半定量分析软件 UniQuant 问世以来，XRF 的半定量分析一直进展不大，主要因为各种元素的谱线之间以及同一元素的不同谱线之间的灵敏度都是不相同的，有的甚至相差很大，并且灵敏度还与所使用的谱仪以及测量条件（如靶材、管压、管流、狭缝、分光晶体等）有关，再加上元素之间存在的吸收 – 增强效应，以及试样形态的不同对待测谱线强度的影响，使得根据谱线强度进行半定量分析变得十分复杂和困难。

现有的半定量分析软件大致可分为两大类：一类是基于全程扫描的软件，另一类则基于测量峰位及背景点的强度。用很多已知浓度的标准样品对已有的半定量软件进行考证，结果令人十分欣慰。这些半定量分析软件的共同特点是：对试样的大小、形状和状态等在原则上没有严格的要求；分析元素的范围宽；测一个样品所需时间大约为 15～20min；所带标样只需在软件设定时使用一次就可以。

例1：将盐样研磨烘干后压制成片，用 X 射线荧光光谱仪进行无标样半定量分析。实验在德国布鲁克 AXS 有限公司 S8 波长色散 X 射线荧光光谱仪进行。将一个样品压制 10 个样片，连续进行测定，将结果和计算相对标准偏差（RSD）列于表 3–3。

表 3–3   盐样试验结果

元　素	Cl	Ca	Mg	S	Br
1	56.23	0.234	0.693	0.593	0.0194
2	56.33	0.233	0.702	0.594	0.0196
3	56.72	0.225	0.724	0.6066	0.0199
4	56.83	0.239	0.705	0.6035	0.0192
5	56.83	0.238	0.732	0.6012	0.0198
6	56.70	0.231	0.711	0.5961	0.0197
7	56.26	0.230	0.715	0.5992	0.0198
8	56.11	0.223	0.742	0.6058	0.0198

元　素	Cl	Ca	Mg	S	Br
9	56.90	0.232	0.711	0.586	0.0198
10	56.26	0.230	0.734	0.5994	0.0196
平均值/%	56.517	0.2315	0.7169	0.5985	0.0197
RSD/%	0.5381	2.1672	2.1852	1.064	1.1218

对以上几个样品测定的结果进行评估，康普顿系数都非常接近 1，表明该无标样分析结果具有很高的可信度。另外，通过与传统分析方法进行结果对比来进一步验证该方法的准确度。Cl 的测定结果的相对偏差小于 0.6%，Ca 和 Mg 测定结果的相对偏差均小于 4%，可见该方法具有较高的准确度。

3.5　定　量　分　析

3.5.1　定量分析基础

定量分析的前提是要保证样品具有代表性和均匀性。一般 X 射线荧光定量分析包括三个步骤：首先要根据待测样品和元素及分析准确度要求，采用合理的制样方法，保证样品均匀并具有代表性；其次选择合适的测量条件，对样品中所含元素进行有效测量；最后再运用一定的方法，获得净谱峰强度，并在此基础上，借助一定的数学方法，计算出分析物的含量。在此主要介绍获取谱峰净强度和定量分析的方法。

（1）获取谱峰净强度。谱峰净强度等于谱峰强度减去背底。当峰背比大于 10 时，背底影响较小。这时，最佳计数方式是谱峰计数时间要长于背底计数时间。当峰背比小于 10 时，背底影响较大，需要准确扣除。扣除背底的方法主要有单点法和两点法。当谱峰两边的背景比较平滑时，可采用单点法扣背底。图 3－4 是扣除背底的示意图。

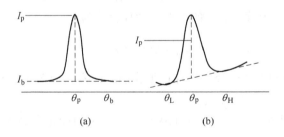

图 3－4　扣除背底的方法

（a）单点扣背底；（b）两点扣背底

单点法：
$$I_{net} = I_p - I_b \tag{3-3}$$

两点法：
$$I_{net} = I_p - (I_H + I_L)/2 \tag{3-4}$$

（2）干扰校正。如果样品中被测物的分析谱线存在重叠时，可利用比例法扣除干扰。但对于复杂体系，则需要通过解谱或拟合来消除干扰。

（3）浓度计算。经过扣除背底、干扰校正，得到分析元素的谱峰净强度后，就可以在谱线强度与分析组分的浓度间建立起强度－浓度定量分析关系式。利用这些关系式就可以进行待测样品的定量分析。

对于可忽略基体效应的薄样或一定条件下的微量元素分析的简单体系，可以在谱峰净强度（I）和浓度（ω）间建立起简单的线性方程：

$$\omega = aI + b \qquad\qquad (3-5)$$

而对于地质样品这样含有主、次、痕量元素的复杂体系，则需要进行基体校正，才能获得准确结果。通常基体校正模式如下式所示：

$$\omega_i = x_i(1 + \sum_j d_j\omega_j) - \sum_j L_j\omega_j \qquad\qquad (3-6)$$

式中，ω_i，ω_j 为组分的质量分数；x_i 为表观浓度或理论相对强度；d_j 为基体效应系数；L_j 为重叠校正系数。

3.5.2　元素间的吸收－增强效应及其克服

不锈钢试样中含有 Cr、Fe 和 Ni 三种元素。其中，Fe 的 K 系谱线可以强烈地激发 Cr 使其产生二次荧光，而 Fe 的 K 系谱线强度自身则由于被 Cr 强烈地吸收而明显变低；Ni 的 K 系谱线可以强烈地激发 Fe 使其产生二次荧光而将 Fe 的 K 系谱线强度变高。而 Ni 的 K 系谱线相对强度则由于被 Fe、Cr 吸收而变低，即存在着 Fe 和 Cr 两者对 Ni K 系谱线的吸收。这就是所谓的 XRF 中元素间的吸收－增强效应。

目前克服和校正元素间吸收－增强效应的方法有如下三种：

（1）忽略元素间吸收－增强效应。

1）基体匹配法。使用与未知样基本组成相似的标准样品，在较窄的浓度范围内或低浓度时，强度与浓度呈线性（或二次曲线）关系。

2）薄试样法。当试样厚度仅为几十或几百纳米时，其元素间吸收－增强效应可予忽略，此时分析方法变成绝对法，但荧光强度严重下降。

（2）减小元素间吸收－增强效应。使用稀释剂将未知样高倍稀释或添加重吸收剂，经处理后的试样基体处于较为恒定的状态。计算公式为：

$$C_{i,u} = \frac{C_{i,r}}{I_{i,r+d}} \cdot I_{i,u+d} \qquad\qquad (3-7)$$

式中，$I_{i,r+d}$ 和 $I_{i,u+d}$ 分别为经稀释和添加重吸收剂后标样和未知样中 i 元素的实测净强度。

（3）补偿元素间吸收－增强效应。

1）内标法。在试样中加入已知量的内标元素，该内标元素的 X 射线荧光特性应与分析元素相似。

$$C_{i,u} = K \cdot \frac{I_{i,z}}{I_{j,z}} \qquad\qquad (3-8)$$

式中，$I_{i,z}$ 为加入内标元素后试样中 i 元素的强度；$I_{j,z}$ 为加入内标元素后试样中内标元素 j 的强度。

内标法常用于试样中单个元素的测定（如 W 矿中 WO_3 的测定），测定浓度范围较宽且准确度好，但寻找合适的内标元素常会发生困难。在内标元素选择时需注意的是，主量元素的特征谱线不能存在于分析元素和内标元素谱线所对应的吸收限之间。

2）标准加入法。在未知样中加入一定量的待测元素，比较加入前后试样中待测元素强度的变化，对其元素间吸收 – 增强效应进行校正。

$$C_{i,u} = C_{i,r} \frac{(I_{i,u}/I_{I,u+})w_r}{1 - [(I_{i,u}/I_{i,u+})w_u]} \qquad (3-9)$$

式中，$C_{i,r}$为加入的待测元素 i 在加入物中的浓度；w_r、w_u 为加入后混合物中加入物和未知样各自的质量分数。

此法常用于复杂试样中单个元素的测定，一般测定浓度小于 1%，有些小于百分之几也可以应用。对液体试样和熔融试样体系比较适用，若与重吸收剂相结合运用，则可扩大测定浓度范围。

3）散射比法。试样所产生的特征 X 射线和试样对原级谱的散射线，在波长相近处的行为相似（指被试样的吸收），即它们的强度之比与试样的组成无关。

所选的散射线可以是 X 光管靶材的相干或非相干散射线，也可以是试样对原级 X 光连续谱的散射背底。所选的散射线需要有足够的强度。主要元素的吸收限（包括待测元素）不可以在所选散射线的波长与待测元素特征线波长之间。

散射比法常用于轻基体（如地质、生物试样和水溶液、油样等）中痕量金属杂质的分析。其主要优点在于不需要在试样中加内标元素，而且同时可测定多个元素。

尽管上述各种忽略、减小或补偿元素间吸收 – 增强效应的方法有一定的应用，但适用范围有一定的限制，或者不能完全校正元素间吸收 – 增强效应。

3.5.3　举例

例 1：采用波长色散 X 射线荧光光谱法（WDXRF 法）分析钇稳定二氧化锆的试样。4 个待测样品分别标识为：Y1，Y2，Y3 和 Y4。待测样品在 (110 ± 10)℃ 干燥箱中烘干 2h 以上，贮存在干燥器中待用。称量干燥过的样品 1g，在 (1025 ± 25)℃ 下灼烧至少 30min，在干燥器中冷却至室温，再称重测定烧失量。

根据钇稳定二氧化锆试样的特性，称量 0.3g 待测样品或标准样品和 6g 熔剂，并加入 0.05g 脱模剂混合均匀，移入铂 – 金合金坩埚中。将坩埚置于熔样炉中，在 1200℃ 下熔融 15min，熔融过程要转动坩埚，使粘在坩埚壁上的小熔珠和样品进入熔融体中。每隔一段时间，熔样炉自动摇动坩埚，将气泡排尽，并使熔融物混匀。然后将坩埚内熔融物倾入已加热至 800℃ 以上的铸模中。将铸模移出炉子，冷却，已成形的玻璃圆片与铸模剥离。

采用荷兰帕纳克生产波长色散 X 射线荧光光谱仪，端窗铑靶 X 射线管，测量电压为 60kV，电流为 50mA，粗狭缝，视野光阑直径为 30mm 条件下，各分析元素的测量条件见表 3 – 4。

表 3 – 4　各分析元素的测量条件

元素	分析线	分析晶体	准直器/μm	探测器	过滤器	$2\theta/(°)$	计数时间/s
Zr	K_α	LiF200	300	Scint	Brass 400μm	22.53	20
Hf	K_α	LiF200	300	Flow	None	45.88	20
Y	L_α	LiF200	300	Scint	Brass 400μm	23.77	10
Na	K_α	PXI	300	Flow	None	27.78	10

元素	分析线	分析晶体	准直器/μm	探测器	过滤器	$2\theta/(°)$	计数时间/s
Fe	K_α	LiF200	150	Flow	None	85.75	10
Si	K_α	PE002 – C	300	Flow	None	109.04	10
Ti	K_α	LiF200	150	Flow	None	86.15	10
Al	K_α	PE002 – C	300	Flow	None	144.87	10

经 X 射线荧光光谱仪测试各元素分析线强度后，采用一点法扣背底，并校正基体效应，得出元素计数率与其相应浓度的线性关系，绘制出各元素的工作曲线。因为 Zr 对 Y L_α，Na K_α 谱线有重叠干扰效应，故在绘制工作曲线时还必须进行谱线重叠干扰校正。待测样品的测量结果如表 3 – 5 所示。

表 3 – 5　XRF 法测量样品的结果

样品名称	各元素浓度/%							
	ZrO_2	HfO_2	Y_2O_3	Na_2O	Fe_2O_3	SiO_2	TiO_2	Al_2O_3
Y1	92.35	2.33	5.24	<0.01	<0.01	0.015	<0.01	<0.01
Y2	88.78	2.24	8.76	<0.01	<0.01	0.018	<0.01	<0.01
Y3	83.38	2.16	14.20	<0.01	<0.01	0.014	<0.01	<0.01
Y4	91.92	2.32	5.22	<0.01	<0.01	0.012	<0.01	0.20

采用传统化学分析方法测得的锆铪合量是以氧化锆计，而采用 WDXRF 法则可以分别测出氧化锆和氧化铪的含量，更能真实地体现样品中锆和铪的含量，如将这个结果转化为锆铪合量（以氧化锆计）分别为 93.71%、90.09%、84.64% 及 93.28%，与传统化学分析方法测得的锆铪合量结果吻合。

采用波长色散 X 荧光光谱法测量钇稳定二氧化锆的试样，只要工作曲线绘制完成，就可以高效快速地分析样品中各元素的含量。与传统化学分析方法相比，实验过程简单，时效性高。WDXRF 法的测试结果与传统化学分析方法测试结果吻合，结果准确性有保证。WDXRF 法能够分别分析出锆含量和铪含量，比传统化学分析方法只能测出锆铪合量更能体现样品中锆和铪的真实含量。

例 2：采用高灵敏度能量色散 X 射线荧光分析仪分析攀枝花矿区水系沉积物中微量元素的浓度，探讨 X 射线荧光分析技术在矿区环境地球化学研究中的可行性。系统采集了攀枝花矿区及附近 21 条河流的水系沉积物及河流冲积物样品。将水系沉积物样品在阴凉干燥处先过 2mm 的筛，剔除所有石块、沙砾及动植物碎片等，密封保存。取上述处理过的样品约 200g 磨细后分别过孔径为 0.25mm 和 0.125mm 的筛，将筛后的样品分别取 10g，采用 EDXRF 方法进行分析测试，测量时间为 300s。表 3 – 6 是应用 EDXRF 研究得出的攀枝花地区水系沉积物测定结果。

从表 3 – 6 可知，该区水系沉积物中 Ti、V 污染较严重；Cu、Pb、Zn、As 等元素的污染略轻，也与工矿活动有关。可见高灵敏度 EDXRF 分析可以有效地测定水系沉积物中的重金属含量，并可进行重金属污染的评价。

表 3 – 6　沉积物样品的 EDXRF 分析结果

项目	$w(Ti)$ /%	$w(V)$ /%	$w(Cr)$ /%	$w(Mn)$ /%	$w(Zn)$ /%	$w(Pb)$ /%	$w(As)$ /%	$w(Cu)$ /%
粒径 < 0.25mm, 样品数为 89								
平均值	0.59	591.24×10^{-4}	96.82×10^{-4}	0.11	89.65×10^{-4}	26.94×10^{-4}	13.27×10^{-4}	47.57×10^{-4}
最大值	2.40	2395.40×10^{-4}	272.50×10^{-4}	0.70	280.20×10^{-4}	46.90×10^{-4}	17.60×10^{-4}	208.80×10^{-4}
最小值	0.31	309.10×10^{-4}	68.90×10^{-4}	0.05	15.40×10^{-4}	12.20×10^{-4}	4.80×10^{-4}	24.60×10^{-4}
中间值	0.47	469.80×10^{-4}	92.20×10^{-4}	0.10	82.10×10^{-4}	27.15×10^{-4}	13.00×10^{-4}	42.00×10^{-4}
标准差	0.36	355.65×10^{-4}	24.70×10^{-4}	0.08	42.99×10^{-4}	6.72×10^{-4}	2.04×10^{-4}	24.48×10^{-4}
粒径 < 0.125mm, 样品数为 87								
平均值	1.03	199.11×10^{-4}	108.45×10^{-4}	0.14	93.09×10^{-4}	25.84×10^{-4}	14.74×10^{-4}	58.41×10^{-4}
最大值	5.28	690.90×10^{-4}	302.20×10^{-4}	0.82	250.10×10^{-4}	64.30×10^{-4}	19.20×10^{-4}	231.40×10^{-4}
最小值	0.37	101.20×10^{-4}	82.60×10^{-4}	0.06	33.70×10^{-4}	10.10×10^{-4}	7.90×10^{-4}	29.20×10^{-4}
中间值	0.57	135.95×10^{-4}	97.80×10^{-4}	0.12	80.90×10^{-4}	26.40×10^{-4}	14.45×10^{-4}	47.80×10^{-4}
标准差	0.96	122.58×10^{-4}	32.18×10^{-4}	0.12	46.01×10^{-4}	7.87×10^{-4}	2.33×10^{-4}	29.87×10^{-4}

例 3：采用能量色散 X 射线荧光光谱法同时测定了涂料中的铅、铬、镉、汞的总量。

采用日本岛津公司 EDX – GP 能量色散 X 射线荧光光谱仪，选取不含待测元素的新鲜水性涂料为基体物质，向基体物质中加入不同量的分析元素标准储备液，搅拌均匀，配置成系列浓度为 25、50、100、200mg / kg 涂料标准溶液。各元素测量条件见表 3 – 7。

表 3 – 7　分析元素的测量条件

元　素	分析线	电压/kV	电流/μA	测试时间/s
Pb	L_{α}	50	500	100
Cr	K_{α}	30	100	100
Cd	K_{α}	50	900	100
Hg	L_{α}	50	500	100

以标准样品溶液中相应重金属的浓度为横坐标，荧光强度为纵坐标制作各元素的标准曲线，计算回归方程。4 种元素的线性方程和相关系数列于表 3 – 8 中（线性范围为 25 ~ 200mg/kg）。从表 3 – 8 可以看出，在 25 ~ 200mg/kg 的线性范围内，4 种元素的线性关系良好，相关系数均大于 0.99，可满足分析需要。

表 3 – 8　各元素的线性方程和相关系数

元　素	线性方程	相关系数
Pb	$y = 20920x - 0.0933$	0.9994
Cr	$y = 566.3x - 1.055$	0.9985
Cd	$y = 65.84x - 2.954$	0.9975
Hg	$y = 35417x + 0.0243$	0.9995

选用两个含有一定量铅、铬、镉、汞的水性涂料为载体，分别添加相应浓度的标准溶液，对加标的样品平行测定6次，计算出相对标准偏差和平均回收率，结果列于表3-9中。从表3-9可知，用本方法测定Pb、Cr、Cd、Hg，回收率在91.8%~101.6%之间，相对标准偏差在1.2%~4.3%之间，可满足分析需要。

表3-9　各元素加标回收率和精密度

元素	样品原含量/mg·kg⁻¹	加标量/mg·kg⁻¹	测定平均值/mg·kg⁻¹	回收率/%	RSD/%
Pb	45.6	50	91.5	91.8	3.7
	20.1	100	115.0	94.9	4.2
Cr	71.3	50	118.0	93.4	3.8
	19.0	100	116.3	97.3	4.2
Cd	58.2	50	104.3	92.2	2.9
	21.9	100	120.3	98.4	1.2
Hg	55.2	50	102.8	95.2	4.3
	15.5	100	117.1	101.6	3.5

例4：利用能量色散X射线荧光光谱法同时测定了钼精矿中钼、铁、铅、铜、二氧化硅、氧化钙的含量。采用美国热电公司 QuanX - ECX 荧光分析仪。元素测定条件见表3-10（采用准直器 $\phi = 315\text{mm}$）。

表3-10　元素测定条件

元素 Element	谱线 Spectral line	激发电压/kV Voltage	激发电流/mA Current	滤光片 Filter	测定气氛 Atmosphere	计数通道 Channel	时间/s Time
Mo, Fe, Cu Pb	K_α L_α	26	0.64	Pd medium	Air	High	40
Si, Ca	K_α	8	0.20	No filter	Vacuum	Medium	30

将样品预先脱去油和水分，粉碎至粒度小于0.090mm，在压片模具（<31mm）中将约5g样品以硼酸镶边垫底，在20MPa压力下压片并保持30s，制成圆片，放入仪器，设定各项参数进行测定，并绘制工作曲线。采用两点校正法对工作曲线进行校正。

对一个生产样品进行10次测定，并与国家标准方法（化学分析方法）的测定结果进行比较，结果见表3-11。由表中数据可以看出，XRF法测定结果与国家标准法之间无显著差异，各元素结果均在国家标准允许误差范围内。

表3-11　钼精矿试样测定结果

元素	测定值		RSD/%
	本法	国标方法	
SiO_2	4.54	4.72	2.61
CaO	0.47	0.45	4.39
Fe	2.10	2.21	1.49

续表 3 – 11

元　素	测 定 值		RSD/%
	本　法	国标方法	
Cu	0.123	0.116	6.74
Mo	52.12	52.30	0.28
Pb	0.046	0.049	4.50

例 5：用 Pd、Ir、Pt、Au 贵金属矿标准物质混合标准溶液模拟高冰镍样品体系。在 0.5mol/L HCl 介质中用 Dowex1 – X10 固相萃取小柱对钯、铱、铂和金进行萃取，平均回收率分别为 99.1%、96.8%、96.3% 和 98.1%。用贵金属矿标准物质进行验证，实验结果列于表 3 – 12 中。从表中可以看出，Dowex1-X10 固相萃取 – TXRF 测定结果与标准值没有显著性差异，说明固相萃取 – TXRF 测定高冰镍中贵金属的方法可以用于铂族元素地球化学成分分析标准物中贵金属的测定。

表 3 – 12　固相萃取 – TXRF 法测定贵金属矿标准物质的结果（ n = 3）

元　素	标准值/$\mu g \cdot g^{-1}$	测量值/$\mu g \cdot g^{-1}$	偏差/%
Pd	51.1	51.5 ± 1.2	1.2
Ir	7.1	7.2 ± 0.8	1.8
Pt	91.2	90.6 ± 2.3	0.8
Au	0.66	0.64 ± 0.05	1.9

思 考 题

3 – 1　试述 X 射线荧光光谱产生的原理。

3 – 2　简述能谱仪和波谱仪工作原理，并比较两者的优缺点。

3 – 3　X 射线荧光光谱对试样制备有何要求？

3 – 4　试述全反射 X 射线荧光光谱仪的原理。

3 – 5　试述 X 射线荧光光谱定性分析方法的原理。

3 – 6　简述 X 射线荧光光谱定量分析方法的原理。

参 考 文 献

[1] 刘明钟，汤志勇，刘霁欣，等. 原子荧光光谱分析 [M]. 北京：化学工业出版社，2008.

[2] 王佩玲，李香庭，陆昌伟，等. 现代无机材料组成与结构表征 [M]. 北京：高等教育出版社，2006.

[3] 朱永法，宗瑞隆，姚文清，等. 材料分析化学 [M]. 北京：化学工业出版社，2009.

[4] 罗立强，詹秀春，李国会. X 射线荧光光谱仪 [M]. 北京：化学工业出版社，2008.

[5] 陈远盘. 全反射 X – 射线荧光光谱的原理和应用 [J]. 分析化学，1994 (4)：406.

[6] 金立云. 全反射 X 射线荧光分析（TXRF）——介绍一种新的高灵敏分析方法 [J]. 冶金分析，1993 (6)：31.

[7] 刘亚文. 全反射 X 射线荧光分析法 [J]. 光谱学与光谱分析，1987 (4)：69.

[8] 张天佑，李国会，朱永奉，等. 高灵敏度的全反射 X 射线荧光光谱仪的研制 [J]. 岩矿测试，1998

（1）：68.

［9］韩晓锋，王丽，吕建刚，等．固相萃取－TXRF测定高冰镍中的贵金属［J］．光谱实验室，2012（5）：3181.

［10］钱原铬，赵春江，陆安祥，等．X射线荧光光谱检测技术及其研究进展［J］．农业机械，2011（8）：137.

［11］冯晏辉，刘昱，刘小骐．X射线荧光光谱在盐产品检测中的应用研究［J］．盐业与化工，2013（1）：45.

［12］吴清良，王云英，梁以流．波长色散X射线荧光光谱法测试钇稳定二氧化锆［J］．陶瓷，2011（4）：45.

［13］周衡刚，邓思娟．能量色散X射线荧光光谱法同时测定涂料中的铅、铬、镉、汞［J］．合成材料老化与应用，2012（5）：29.

［14］杨登峰，张晓浦，田文辉．能量色散X－射线荧光光谱法测定钼精矿中钼、铁、铅、铜、二氧化硅、氧化钙［J］．冶金分析，2006（6）：48.

4 电子显微分析

了解和研究自然，通常是用人的肉眼进行观察的。但人肉眼的观察能力是有限的，它能分辨的最小距离只能达到 0.2 mm 左右。为了把人的视力范围扩展到微观领域，须借助一定的观察仪器，把微观形貌放大几十倍到几十万倍，以适应人眼的分辨能力。我们把这类仪器称为显微镜。随着科学技术的进步，显微镜的类型和用途也不断更新和发展。但不管哪种类型的显微镜，尽管所依据的物理基础不同，其基本工作原理都是类似的。根据照明源的性质、照明方式以及从被观察对象所收回信息的性质和对信息的相应放大处理方法，显微镜通常可以分为光学显微镜、透射电子显微镜和扫描电子显微镜等。

4.1 透射电子显微分析

透射电子显微镜（transmission electron microscopy，TEM）采用透过样品的电子束成像来显示样品内部组织形态与结构。它可以在观察样品微观组织形态的同时，对所观察区域进行结构鉴定，其分辨率最高可达 0.1nm，放大倍数可达 10^6 倍，是现代材料分析非常重要的手段。

4.1.1 透射电子显微镜的原理及结构

尺寸低于 $0.2\mu m$ 的范畴通常被称为亚显微结构，对于该范畴结构的观测，肉眼和光学显微镜是远远不够的，需要具有更大放大倍数与分辨率的仪器。根据瑞利判据：

$$\alpha = \frac{1.22\lambda}{D} \tag{4-1}$$

式中，α 为透镜的最小分辨角；λ 为波长；D 为光瞳直径。如上式所示，只有减小入射光的波长才可能提高分辨率。

根据相对论电子：

$$\lambda = \frac{h}{\sqrt{2m_0 eU\left(1 + \frac{eU}{2m_0 c^2}\right)}} \tag{4-2}$$

当加速电压 $U = 100$kV，如果单独考虑衍射效应，电子波的分辨本领可以提高十万倍。这是电子显微镜的重要理论基础。电子显微镜的成像原理也是根据电子光学原理，与光学放大镜的原理相近，用电子束和电子透镜代替光束和光学透镜，来实现高分辨率成像。

入射电子束与物质相互作用所产生的信息是多种多样的，如图 4-1 所示，它可以归纳为：透过电子、二

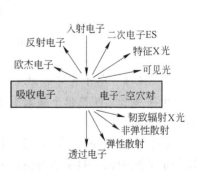

图 4-1 电子束与样品的作用

次电子、背反射电子、低能损失电子、俄歇电子、特征能量损失电子、特征 X 射线、连续 X 射线、电子 - 空穴对（电动力和阴极发光）等。

原子核对入射电子的散射是弹性散射，一般作为电子显微技术中的成像电子，它的方向改变而能量不变。而核外电子对入射电子的散射是非弹性散射。它的特点则是方向改变、能量减少。透射电镜主要是利用前者进行成像，而后者则构成图像背景，从而降低了图像衬度。

透射电子显微镜的结构如图 4 - 2 所示。电子显微镜主要由电子光学系统、真空系统、电源与控制系统与循环冷却系统组成。透射电镜的总体工作原理可以概括为由电子枪发射出来的电子束，在真空通道中沿着镜体光轴穿越聚光镜，通过聚光镜将之会聚成一束尖细、明亮而又均匀的光斑，照射在样品室内的样品上；透过样品后的电子束携带有样品内部的结构信息，样品内致密处透过的电子少，稀疏处透过的电子量多；经过物镜的会聚调焦和初级放大后，电子束进入下级的中间透镜和投影镜进行综合放大成像，最终被放大了的电子影像投射在观察室内的荧光屏板上；荧光屏将电子影像转化为可见光影像以供使用者观察。

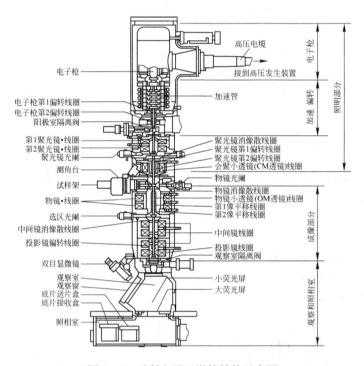

图 4 - 2　透射电子显微镜结构示意图

4.1.1.1　电子光学系统

电子光学系统是整个透射电子显微镜的核心，包括照明系统、样品台、成像系统、观察和记录系统。

（1）照明系统。照明系统的作用是提供一束亮度高、照明孔径角小、平行度好、束流稳定的照明源。照明系统包括电子枪和聚光镜（见图 4 - 3）。

1）电子枪。电子枪由阴极、阳极和栅极组成。电子枪是电子束的产生部位，是电子

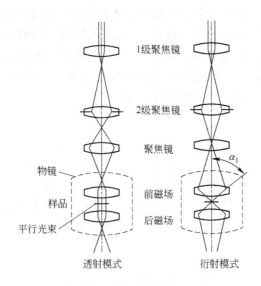

图4-3 照明系统

显微镜的核心部位。目前，主要有两类电子枪：热电子发射源与场发射源。热电子发射源主要有钨灯丝和 LaB_6。一般透射电镜的加速电压为 $50 \sim 200kV$。电压越高，电子束对物质的穿透能力越强，电子束对物质的辐照损伤越小，并且可以观察较厚的样品。在相同加速电压下 LaB_6 产生的电子束的亮度能比钨灯丝高出 10 倍。同时，光束集中，消耗的能量低，产生附加的热量小。场发射源主要包含热 FEG（肖特基）类与冷 FEG 类。场发射电子显微镜的光源亮度比热源电子枪系列提高 $100 \sim 1000$ 倍，同时束斑能达到 $10 \sim 100nm$，能很大程度提高仪器的分辨率，适合长时间的精确分析。但是，场发射电源对环境的使用要求更高了，真空度要求在 $10^{-7} \sim 10^{-8}Pa$。

2）聚光镜。聚光镜用来会聚电子枪射出的电子束，调节照明强度、孔径角和束斑大小。电镜中用来使电子束聚焦的是电磁透镜，由很稳定的直流励磁电流通过带极靴的线圈产生的强磁场使电子聚焦。这是区别于光学显微镜又一显著的特征。磁透镜是电子显微镜镜筒中最重要的部件，它用一个对称于镜筒轴线的空间磁场使电子轨迹向轴线弯曲形成聚焦，其作用与玻璃凸透镜使光束聚焦的作用相似，所以称为磁透镜。电镜中的聚光镜一般采用双聚光镜系统，第一聚光镜为短焦距强透镜，它将电子束斑直径缩小几十倍，而第二聚光镜采用长焦距透镜，将电子束斑成像到样品上，从而使聚光镜和样品之间有足够的工作距离，以便放置试样和各种附件。

从照明系统来看透射模式与衍射模式的区别就在于透射打到样品上的是垂直于样品台的平行光，而衍射模式则需要调节前几个聚焦镜，将平行光会聚为一光斑照射在所要表征的材料区域，得到材料的衍射信息。

（2）样品台。透射电镜的样品是放置在物镜的上下极靴之间的。样品台主要用于承载被测样品，并使样品平移、倾斜、旋转，以选择感兴趣的样品区域或方向进行观察分析。常用样品台可分为单倾台与双倾台两种。单倾台能使样品只在 x 轴向进行倾转。双倾台能使样品在 x 与 y 两个轴向上倾转，对于有序多孔材料孔道结构的确定，晶体结构材料晶型的确定都具有非常重要的意义。进样杆下端的气阀，主要用于控制进样部位的真空度。由于样品很容易被高能量的电子束破坏，或有的样品温度升高会发生结构的变化，很多透射电镜上也安装有样品台的冷却装置。一般是用液氮来对样品进行冷却。

（3）成像透镜系统。成像系统（见图4-4）由物镜、中间镜和投影镜组成。成像系统可以实现两种基本操作：一种是将物镜的像放大成像，即试样形貌观察；另一种是将物镜背焦面的衍射花样放大成像，即电子衍射分析。

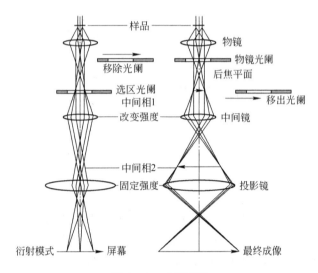

图4-4　成像系统

1）物镜。如图4-4所示，物镜和样品之间距离总是固定不变的，物镜一般是强励磁短焦透镜（$f = 1 \sim 3$mm），放大倍数在 $100 \sim 300$ 倍。它的作用在于形成第一幅放大像。物镜光阑装在物镜背焦面，直径通常在 $20 \sim 120\mu m$，无磁金属制成。它主要有以下三个作用：提高像衬度；减小孔径角，从而减小像差；进行暗场成像。

选区光阑装在物镜像平面上，直径在 $20 \sim 4000\mu m$。其主要用于对样品进行微区衍射分析。如果透射电镜物镜的放大倍数是50倍，则一个直径等于 $50\mu m$ 的选区光阑就可以选择样品上直径为 $1\mu m$ 的区域。

2）中间镜。中间镜是一种弱短透镜，长焦，放大倍数可调 $0 \sim 20$ 倍。它主要有以下三种作用：调整中间镜的透镜电流；控制电镜总放大倍数；进行成像/衍射模式选择。当中间镜的物平面和物镜像平面重合，则在荧光屏上得到一幅显微图像，这就是成像操作。当中间镜物平面和物镜后焦面重合，得到一幅电子衍射花样，这就是电子衍射操作。

3）投影镜。投影镜是一种短焦、强磁透镜，进一步放大中间镜的像。投影镜内孔径较小，使电子束进入投影镜孔径角很小。小孔径角有两个特点：景深大，改变中间镜放大倍数，使总倍数变化大，也不影响图像清晰度；焦深长，放宽对荧光屏和底片平面严格位置要求。

透射电子显微镜的放大倍数由物镜、中间镜与投影镜共同决定，满足 $M_{总} = M_{物} \times M_{中} \times M_{投}$。

4）观察记录系统。观察和记录系统包括荧光屏、电视以及照相机构。荧光屏在暗室操作条件下，有利于高放大倍数、低亮度图像的聚集和观察。照相机构是一个装在荧光屏下面,可以自动换片的照相暗盒。胶片是一种对电子束曝光敏感、颗粒度很小的溴化物乳胶底片,曝光时间很短,一般只需几秒钟。新型电镜均采用电磁快门,有的装有自动曝光装置。现代电镜已开始装有电子数码照相装置,即 CCD 相机,可拍数码照片,便于结果的处理与展示。电视可以观测与记录样品原位动态的变化,是原位反应监控非常重要的手段。

4.1.1.2 真空系统

电镜镜筒内的电子束通道对真空度要求很高,所以真空系统是保障电子显微镜正常工作的部件。电镜工作必须保持在 $10^{-3} \sim 10^{-5}$ Pa 以上的真空度(高性能的电镜对真空度的要求更达 10^{-6} Pa 以上),因为镜筒中的残留气体分子如果与高速电子碰撞,就会产生电离放电和散射电子,从而引起电子束不稳定,增加像差,污染样品,并且残留气体将加速高热灯丝的氧化,会缩短灯丝寿命。获得高真空是由各种真空泵来共同配合实现的。机械泵:工作能力只能达到 $0.1 \sim 0.01$ Pa,一般只作为真空系统的前级泵来使用。扩散泵:工作能力较强,可达 $10 \sim 10^{-5}$ Pa。通常与机械泵串联使用,在机械泵将镜筒真空抽到一定程度时,才启动扩散泵。为实现超高压、超高分辨率,必须满足超高真空度的要求,在电镜的真空系统中最后一级离子泵和涡轮分子泵,把它们与前述的机械泵和油扩散泵联用可以达到 10^{-5} Pa 的超高真空度水平。

4.1.1.3 循环冷却水系统

由于电子的加速运动,能产生热量。使得仪器温度升高,对体系的真空度产生影响。主要针对电子枪与电镜的杆体一般会外接循环冷却水系统,通常都不会超过20℃。

4.1.2 透射电子显微镜的试样制备

样品一般会先被分散在直径为 3mm 的网或是支持膜上,常用的有铜网、镍网、钼网等等(见图 4 - 5)。网的大小也可以根据实际的测试需要进行选择,目前可购买到的网是 6.5 ~ 270μm(50 ~ 2000 目)的。后来有"碳支持膜",一般膜厚度为 7 ~ 10nm。碳支持膜是以有机层为主,膜层较薄,背底一般影响很小。通常用水或乙醇分散样品,支持膜均不会受腐蚀。

磁性粉末样品可以有两种方法:树脂包埋,超薄切片;使用双联网碳支持膜。

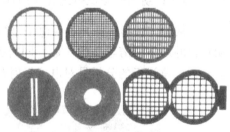

图 4 - 5 各种支持膜

另外有一种支持膜叫"微栅支持膜",它也是经过喷碳的支持膜,一般膜厚度为 15 ~ 20nm。它主要是为了能够使样品搭载在支持膜微孔的边缘,以便使样品"无膜"观察,提高图像衬度。所以,观察管状、棒状、纳米团聚物等,常用"微栅支持膜",效果很好。特别是观察这些样品的高分辨像时,更是最佳的选择。如图 4 - 6 所示,在较高的放大倍数情况下,图 4 - 6(a)的碳支持膜的衬度明显,影响了 ZnSe 量子点的观察,特别使得其晶格不明显。而微栅存在碳支持膜的孔洞,在高放大倍数的情况下对材料晶格的观察没有影响,如图 4 - 6(b)所示。

透射电镜是检测透过光的信息,样品太厚电子束打不穿难以得到材料的结构信息。一般需要比较薄的样品,才能够得到比较好的表征效果。样品制备一般有如下几种方法:

(1)直接法。该法主要针对材料本身就是比较简单并且较薄(几个纳米)的样品,

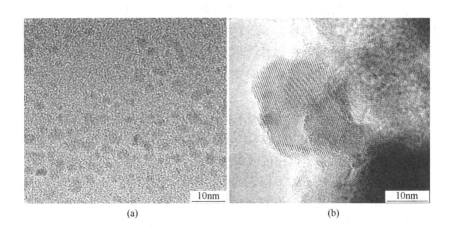

图4-6　不同制样载体的区别

（a）ZnSe 量子点分散在碳支持膜上的成像；（b）TiO₂ 纳米材料分散在微栅上的透射成像

如氧化物，陶瓷类材料等，可以用铜网直接进行样品的蘸取。或者将样品稍稍研磨后，用适当的溶剂超声分散后，滴在铜网上。

（2）离子铣（离子减薄仪）法。该法广泛用于对大块的陶瓷材料、半导体材料以及多层薄膜材料的薄片处理。

（3）超薄切片法。该法主要用于生物样品与无机材料的薄片加工。首先将样品（小块或粉末）包裹在环氧化物或其他媒介中进行切片，如果是块状材料将整块样品夹住直接进行切片。切下的薄片浮于水面（或其他适当溶剂）上，用铜网在溶液中捞取样品。

4.1.3　电子衍射的原理及衍射花样的标识

衍射成像与透射成像是透射电子显微镜两种典型的成像模式。电子衍射照片能够有力证明材料的晶体结构与晶胞参数，同时也是对未知晶体结构解析的重要手段（见图4-7）。目前，常进行的分析是对电子衍射花样进行标定。

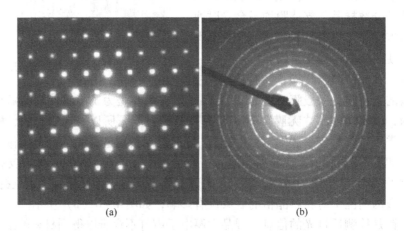

图4-7　材料典型的电子衍射图照片

（a）单晶；（b）多晶

电子衍射与 X 射线衍射一样，遵从衍射产生的必要条件（布拉格方程＋反射定律、衍射矢量方程或厄瓦尔德图解等）和系统消光规律。

与 X 射线衍射相比，电子衍射具有如下特点：

（1）由于电子波波长很短，一般只有千分之几纳米，按布拉格方程 $2d\sin\theta = n\lambda$，电子衍射的 2θ 角很小（一般为几度），即入射电子束和衍射电子束都近乎平行于衍射晶面。

（2）由于物质对电子的散射作用很强（主要来源于原子核对电子的散射作用，远强于物质对 X 射线的散射作用），电子（束）穿进物质的能力大大减弱，故电子衍射适于材料表层或薄层样品的结构分析。

（3）透射电子显微镜上配置选区电子衍射装置，能将薄膜样品的结构分析与形貌观察有机结合起来，这是 X 射线衍射无法比拟的优点。

根据电子衍射的布拉格定律可知：

$$2d\sin\theta = n\lambda \tag{4-3}$$

由图 4-8 可知：$r = L\tan2\theta \approx 2L\sin\theta = L\lambda/d$（$\theta < 5$）

由此得衍射斑点满足公式：

$$rd = L\lambda \tag{4-4}$$

下面介绍针对已知材料直接利用 d 值进行标定的方法（图 4-9）。以一个面心立方晶体为例，已知：$a = 0.58\text{nm}$，$d = a/(h^2 + k^2 + l^2)^{1/2}$，$L\lambda = 3.0\text{nm} \cdot \text{mm}$。中心斑点为透射斑点，首先选择三个衍射斑点，使 $r_3 = r_1 + r_2$。通过测量 $r_1 = r_2 = 8.96\text{mm}$。则 $d_1 = d_2 = L\lambda/r_1 = 0.335\text{nm}$，通过对衍射卡片的对照可知其对应材料 $\{1\,1\,1\}$ 的面间距。将点 1 与 2 分别标定为 $(1\,1\,1)(\bar{1}\,\bar{1}\,1)$。由于 $r_3 = r_1 + r_2$，点 3 为 $(0\,0\,2)(0\,0\,2 = 1\,1\,1 + \bar{1}\,\bar{1}\,1)$。而该衍射照片的晶轴则是 $(1\,1\,1) \times (\bar{1}\,\bar{1}\,1) = [1\,\bar{1}\,0]$。

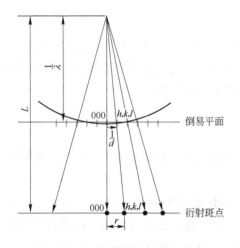

图 4-8　衍射成像的示意图

L—相机常数；λ—电子束波长；

d—面间距；r—衍射斑点到透射斑点的距离

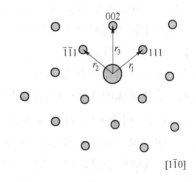

图 4-9　电子衍射标定

对未知晶体结构的确认，透射电子显微镜是非常有利的表征方式，但是它往往需要借助人们丰富的经验与技巧。

4.1.4　电子衍射衬度成像

电子相衬度主要有质量厚度衬度、衍射衬度、相位衬度。

质量厚度衬度是一种散射吸收衬度，即衬度是由于散射物不同部位对入射电子的散射吸收程度有差异而引起的，它与散射物体不同部位的密度和厚度的差异有关。

衍射衬度是由于晶体薄膜的不同部位满足布拉格衍射条件的程度有差异而引起的衬度。

关于相位衬度，在多束干涉成像时，当透射束和尽可能多的衍射束携带它们的振幅和相位信息一起通过样品时，通过与样品的相互作用，就能得到由于相位差而形成的能够反映样品真实结构的衬度（高分辨像）。

4.1.4.1　衍射衬度的形成

衍射衬度是一种振幅衬度，它是电子波在样品下表面强度差异的反映。衬度来源主要有以下几种：

（1）两个晶粒的取向差异使它们偏离布拉格衍射的程度不同而形成的衬度。

（2）缺陷或应变场的存在，使晶体的局部产生畸变，从而使其布拉格条件改变而形成的衬度。

（3）微区元素的富集或第二相粒子的存在，有可能使其晶面间距发生变化，导致布拉格条件的改变从而形成衬度，还包括第二相由于结构因子的变化而显示出来的衬度。

（4）等厚条纹在完整晶体中随厚度的变化而显示出来的衬度。

（5）等倾条纹在完整晶体中由于弯曲程度不同（偏离矢量不同）而引起的衬度。

4.1.4.2　衍射衬度成像的特点

衍射衬度成像有如下特点：

（1）单束、无干涉成像，得到的并不是样品的真实像，但是，衍射衬度像反映了样品出射面各点处成像束的强度分布，它是入射电子波与样品的物质波交互作用后的结果，携带了晶体散射体内部的结构信息，特别是缺陷引起的衬度。

（2）能反映晶体的不完整性。

（3）显示材料结构的细节与取向。

（4）反映晶体内部的组织结构特征(而质量厚度衬度反映的基本上是样品的形貌特征)。

4.1.4.3　衍射衬度的成像方式

（1）明场像。让透射束通过物镜光阑所成的像就是明场像，见图4-10（a）。成明场像时，只让透射束通过物镜光阑，而使其他衍射束都被物镜光阑挡住，这样的明场像一般比较暗，但往往会有比较好的衍射衬度；在成明场像时，除了使透射束通过以外，也可以让部分靠近中间的衍射束通过光阑，这样得到的明场像背景比较明亮。

（2）暗场像。仅让衍射束通过物镜光阑参与成像得到的衍射像称为暗场像。暗场像又可以分为一般暗场像、中心暗场像和弱束暗场像等。

1）一般暗场像。不倾转光路，用物镜光阑直接套住衍射斑所得到的暗场像，就是一般暗场像，见图4-10（b）。

2）中心暗场像。为了消除物镜球差的影响，借助于偏转线圈倾转入射束，使衍射束与光轴平行，然后用物镜光阑套住位于中心的衍射斑所成的暗场像称为中心暗场像。中心暗场模式下像能够得到较好的衬度，还能保证图像的分辨率不会因为球差而变差，见图 4 – 10（c）。

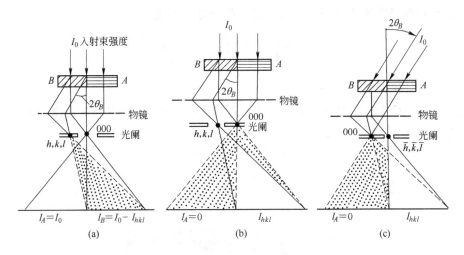

图 4 – 10 明场像（a）、一般暗场像（b）、中心暗场像（c）示意图

4.1.4.4 明场像和暗场像的衬度问题

A 双光束条件

假设电子束穿过样品后，除了透射束以外，只存在一束较强的衍射束精确地符合布拉格条件，而其他的衍射束都大大偏离布拉格条件。作为结果，衍射花样中除了透射斑以外，只有一个衍射斑的强度较大，其他的衍射斑强度基本上可以忽略，这种情况就是所谓的双光束条件。由衍射的尺寸效应可知，双光束条件应该在试样较厚的地方比较容易实现。图 4 – 11 即是双光束衍射几何示意图。

B 操作反射

在用双光束成像时，参与成像的除了透射斑以外，只有衍射斑（h，k，l），因此无论是在明场成像还是暗场成像时，如果该衍射斑参与了成像，则图像上的衬度在理论上来讲就与该

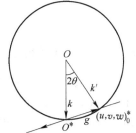

图 4 – 11 双光束衍射几何示意图

衍射斑有非常密切的关系，所以经常将该衍射斑称为操作反射，记为 g_{hkl}。

C 明场像的衬度

假设入射电子束的总强度为 I_0，双光束下成像时，如果透射束的强度和衍射束的强度分别用 I_T 和 I_d 来表示的话，则有：

$$I_0 = I_d + I_T \tag{4-5}$$

由上式可以看出，在理想的双光束条件下，明暗场强度是互补的。也就是说，在明场下亮的衬度，在暗场下应该是暗的；反之亦然。

如图 4 – 10（a）所示，假设样品中 A 部分完全不满足衍射条件，而样品 B 只有（h, k, l）面满足衍射条件。则在明场下，A 部分像的单位强度为：$I_A = I_0$，而 B 部分像的单位强度则为：

$$I_B = I_0 - I_{hkl} \tag{4-6}$$

以 A 晶粒的亮度为背景强度，则 B 晶粒的衬度可以表示为：

$$\left(\frac{\Delta I}{I}\right)_B = \frac{I_B - I_A}{I_A} = \frac{I_T}{I_0} = \frac{I_{hkl}}{I_0} \tag{4-7}$$

D　暗场像的衬度

而对于暗场像来讲，双光束条件下 A 晶粒的强度为 0，而 B 晶粒的强度为 I_{hkl}，以亮的 B 晶粒为背景时 A 晶粒的衬度为：

$$\frac{\Delta I}{I} = \frac{I_B - I_A}{I_B} = \frac{I_T - 0}{I_T} = 1 \tag{4-8}$$

对比式（4 – 7）与式（4 – 8）可知，暗场成像时的衬度比明场成像时要好得多（见图 4 – 12）。

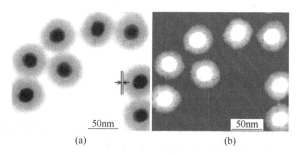

图 4 – 12　试样的明（a）、暗（b）场像

4.1.5　会聚束电子衍射

最早会聚束电子衍射（convergent beam electron diffraction，CBED）是由 Kossel 和 Mollenstedt 在 1939 年实现的。随着仪器设备和实验技术的不断完善以及对会聚束电子衍射理论的深入研究，会聚束电子衍射在材料微观结构表征中得到广泛的应用。会聚束电子衍射是采用比微衍射更大会聚角的技术来获得菊池花样，因此会聚束电子衍射花样的理论基础是菊池花样，实验基础是微衍射。

4.1.5.1　各种衍射方式和特点的比较

由于选区电子衍射受到球差和失焦的限制，选区有效分析区域最小约为 0.5μm，通常为 1μm。如果用很细的电子束直接在样品上选择衍射区域，这种选区范围几乎由电子束斑的尺寸决定。目前最小的选区尺寸约为 1nm。通常把直径小于 0.5μm 区域的电子衍射称为微衍射（μ-diffraction），小于 10nm 的称为纳米衍射（nano-diffraction）。

为了满足各种衍射技术的要求，新型透射电子显微镜大多有四个聚光镜，即从上到下依次为第 1 聚光镜、第 2 聚光镜、小聚光镜以及物镜前场。其中物镜前场的激发由物镜的励磁电流决定，通常都处于强激发状态。

图 4 – 13 给出了通常衍射的 TEM 模式、X 射线能谱（EDS）模式、纳米束电子衍射

（NBD）模式和 CBED 模式的光路图。在 TEM 模式，强激发的小聚光镜使入射电子束聚焦于物镜前场的前焦平面上，形成近乎平行的电子束；而在 EDS 模式中，小聚光镜关闭，形成束斑很小的入射电子束（探针）；在 NBD 模式，将小聚光镜弱激发，配合使用较小的第 2 聚光镜光阑，由此可得到束斑和会聚角 α_2 小的入射电子束；调节适当地激发小聚光镜，使用适当大小的第 2 聚光镜光阑，就可以得到会聚角大小合适并可调节的入射电子束实现 CBED 模式。

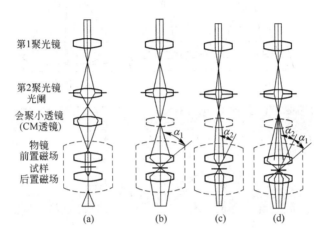

图 4-13　照明透镜系统的光路示意图

（a）TEM 模式；（b）EDS 模式；（c）NBD 模式；（d）CBED 模式

4.1.5.2　会聚束电子衍射花样形成和特征

传统的选区电子衍射（selected area electron diffraction，SAED）是将几乎平行的电子束入射到试样上，无论是平行衍射束或透射束均在物镜背焦面上聚焦成一个斑点。在会聚束衍射中，入射束以足够大的会聚角形成倒锥形电子束（会聚束）照射样品，穿透样品后，发散的光束使透射斑点和衍射斑点分别扩展为圆盘，CBED 和 SAED 的比较见图 4-14。

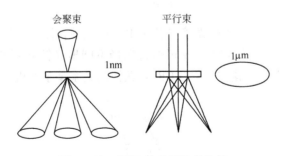

图 4-14　CBED 和 SAED 的比较

获得会聚束的方法利用物镜前置场作第 3 聚光镜，只是会聚角更大，并利用第 2 聚光镜光阑控制会聚角。会聚束电子衍射时，透射束和衍射束在物镜背焦面上形成 000 透射盘和一个或多个 (h, k, l) 衍射盘。在 SAED 中，在试样上最小选区尺寸约 $1\mu m$，而会聚束衍射可小至 $1nm$。

通过第 2 聚光镜光阑不同孔径的选择，可获得不同会聚半角，由此确定了衍射盘的尺寸，如图 4 - 15 所示。

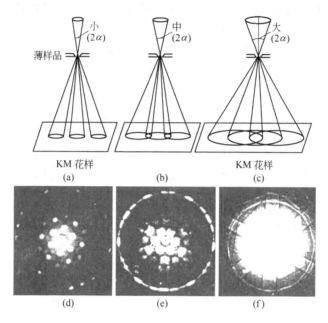

图 4 - 15 不同会聚角的光路图 (a)，(b)，(c) 及其对应的会聚束花样 (d)，(e)，(f)

CBED 花样有三个重要特征参数：

（1）斑点尺寸。斑点尺寸越小，受到干扰晶体对称的缺陷（如位错、层错等）的概率越小。传统透射电子显微镜中会聚束的束斑尺寸在 20nm 至 100nm 范围。

（2）半会聚角。半会聚角的大小就决定了 CBED 花样中的圆盘大小。如果太大，圆盘将重叠，见图 4 - 15 （b）、（c），重叠部分干扰使对称分析不可能，当相邻两个圆盘刚互相接触时的半会聚角用 α 表示。半会聚角的定义：

$$\tan\alpha = k \frac{r}{L} \qquad (4-9)$$

式中，k 是取决于物镜前场和小聚光镜（位于聚光镜光阑和样品之间）作用的系数。

从图 4 - 16 可知，当 k 恒定时，α 可通过选择不同聚光镜光阑的尺寸来改变其大小。精确测定 α 可以利用 CBED 花样。α 与 CBED 花样间关系基于相机长度相等得到：

$$\frac{X}{\tan2\theta_B} = \frac{D/2}{\tan\alpha}$$

$$\frac{X}{2\theta_B} \approx \frac{D}{2\alpha}$$

$$\alpha \approx \theta_B \frac{D}{X} \qquad (4-10)$$

式中，D 是对应于 θ_B 衍射斑的直径；X 是中心斑点与 (h, k, l) 斑点之间的距离。当 $X = D$ 时，$\alpha = \alpha_c = \theta_B$。在某些电子显微镜中，有一个 α 选择器的控制旋钮，通过它改变 k 来调整 α，不需要改变聚光镜光阑。

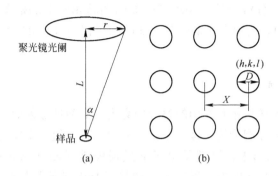

图 4-16 半会聚角的定义（a）及其测定方法（b）

当半会聚角 α 小于样品中某 $\{h, k, l\}$ 晶面布拉格衍射角 θ_B，这时得到衍射盘呈现不重叠花样，称为 Kossel-Mollenstedt（K-M）花样。当 2α 远大于 $2\theta_B$，圆盘重叠部分超过圆盘半径，称为 K 花样。图 4-15（b）显示出两者之间中等会聚角的会聚束电子衍射花样的形成及对应的衍射花样，见图 4-15（e）。一般第 2 聚光镜光阑孔径为 $200\mu m$ 获得 K 花样，并适用透射电子显微术和电子能量损失谱；$50 \sim 70\mu m$ 孔径适用 X 射线能量色散谱以及 $10 \sim 20\mu m$ 的孔径适用于 K-M 花样。

4.1.6 高分辨电子显微术

高分辨电子显微术（high resolution electron microscopy，HREM）是一种基于相位衬度原理的成像技术。入射电子束穿过很薄的晶体试样，被散射的电子在物镜的背焦面处形成携带晶体结构的衍射花样，随后衍射花样中的透射束和衍射束的干涉在物镜的像平面处重建晶体点阵的像。这样两个过程对应着数学上的傅里叶变换和逆变换。这些都是可以通过透射电镜的处理软件直接处理的。

低放大倍数的电子显微照片，主要呈现材料的形貌、尺寸、粒径分布与孔道结构等方面的特征。高放大倍数的照片可以得到材料晶体结构、缺陷（杂质、位错与层错）以及晶界，同时还能够观察到晶体的单元，为分析晶体的生长过程提供信息。

图 4-17 为氧化铟纤维的透射照片。如图 4-17（a）所示，在较低放大倍数的透射照片中，我们可以看出该氧化铟材料具有纤维状的形貌，直径在 $50 \sim 100nm$。进一步放大如图 4-17（b）所示我们可以看到，该纤维是由直径为 50nm 左右的纳米粒子堆积而成。同时还可以看出组成纤维的纳米粒子中间具有大量的空穴，空穴的尺寸在 $5 \sim 10nm$。图

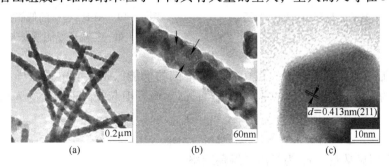

图 4-17 氧化铟纤维不同放大倍数的透射照片

4 - 17 （c）为材料的高分辨照片，展现了明显的明暗相间的晶格条纹。通过其晶格间距的测量 （$d = 0.413$nm），与氧化铟晶体 211 面的间距相一致，进一步证明了该材料确实为氧化铟晶体。

4.1.7　电子能量损失谱

入射电子束在与薄样品相互作用的过程中会由于非弹性散射而损失一部分能量，其中一部分电子所损失的部分能量值是样品中某个元素的特征值，采集透射电子信号强度，并按其损失能量大小展示出来，这就是电子能量损失谱 （electron-energy loss spectroscopy，EELS），其中具有特征能量损失的透射电子的信号是电子能量损失谱进行微区分析的基础。EELS 是测量透射电子的能量变化，因此它研究的是电子激发的初次过程。这与检测特征 X 射线能量，称为能量色谱仪 （energy dispersive spectroscopy，EDS）的二次过程不同，因而同样的实验条件下，EELS 的信号强度远高于 EDS，故可测出元素含量比 EDS 低。而且，由于这些电子的交互作用范围很宽，而 EDS 只涉及内壳层的电子激发，所以 EELS 能比 EDS 提供更多的信息。

电子能量损失谱特征及其信息如下：

（1）零损失峰。零损失峰表示了无能量损失或太小能量损失以致谱仪不能分辨的电子信号强度。零损失峰总是强度最大的峰，在图 4 - 18 中用字母 A 表示。零损失峰在电子能量损失谱中一般不作收集。零损失峰常用于谱仪的能量标定和仪器调整，将其半高宽定义为谱仪能量分辨率，以有对称的高斯分布的零损失峰为谱仪良好状态的标志 （见图4 - 19）。

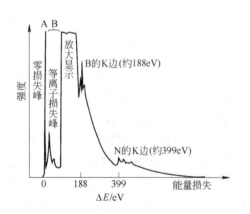

图 4 - 18　电子能量损失谱的示意图

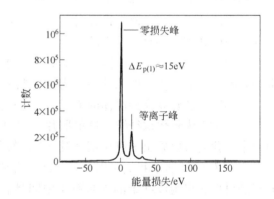

图 4 - 19　Al-Mg 合金的低能损失谱，
第一等离子峰能量损失

（2）低能损失区。能量损失在 0 ~ 50eV 范围的低能区是入射电子与样品内价电子交互作用引起的电子云集体振荡的等离子 （plasma）峰。引起等离子激发的入射电子能量损失为：

$$\Delta E_p = h\omega_p \tag{4-11}$$

式中，h 为普朗克常量；ω_p 为等离子振荡频率。

等离子振荡引起第一个强度 $P(1)$ 与零损失峰强度 $P(0)$ 之比与样品的厚度 t 有关：

$$\frac{P(1)}{P(0)} = \frac{t}{\lambda_p} \qquad (4-12)$$

式中，λ_p 是等离子振荡的平均自由程，它与入射电子能量和样品成分有关。在入射电子能量为 100keV 时，λ_p 约为 50～150nm，据此可以用来测定样品的厚度 t。等离子振荡频率 ω_p 是参与振荡的自由电子数目 n_E 的函数：

$$\omega_p \propto (n_E)^{1/2} \qquad (4-13)$$

因此，等离子激发能量损失 ΔE_p 也是样品组成元素和成分的特征量，可以从自由电子数目的变化（即 ΔE_p 的变化）来推测元素浓度的变化。

（3）高能损失区。能量损失约在 50eV 以上的区域称为高能损失区，它是由入射电子使试样中的 K、L、M 等内层电子被激发而造成的。由于内层电子被激发的概率要比等离子激发概率小 2 到 3 个数量级，所以其强度很小，因此记录在一个电子能量损失谱时，将内层电离损失区的谱放大几十倍再和零损失区、低能损失区一起显示出来。在电子能量损失谱中，电离损失峰的始端能量等于内壳层电子电离所需的最低能量，而成为元素鉴别的唯一特征能量。

4.2 扫描电子显微镜

扫描电镜（scanning electron microscope，SEM）是近代发展很快、用途日益广泛的重要电子光学仪器之一。自从 1965 年英国剑桥仪器公司生产第一台商品扫描电镜以来，经过四十多年的不断改进，商品扫描电镜的分辨率从第一台的 25nm 提高到现在的 0.8nm，已很接近于透射电镜的分辨率，而且大多数扫描电镜都能同 X 射线波谱分析仪、X 射线能谱仪和自动图像分析仪等组合，使得它是一种对表面微观世界能够进行全面分析的多功能的电子光学仪器。利用电子束在样品表面激发出代表样品表面特征的信号（二次电子）成像，最常用来观察样品表面的形貌或切口分析。分辨率可达 0.8nm 以上，放大倍数可达 2×10^5 倍，通过一些附件还可以测量样品表面的成分分布情况。

4.2.1 扫描电子显微镜的成像原理及结构

扫描电子显微镜与透射电子显微镜都是以电子束为光源，在磁透镜的作用下，将电子束缩小照射在样品上，分析样品对光束的影响。扫描电子显微镜的成像原理与透射电镜不同处在于，其是利用电子束从固体表面得到的二次电子图像，在阴极摄像管（CRT）的荧光屏上扫描成像的。

扫描电镜可粗略分为镜体和电源电路系统两部分。镜体部分由电子光学系统（包括电子枪、扫描线圈等）、试样室、检测器以及真空抽气系统组成。从图 4-20 可以看出，由电子枪所发射出来的电子束，在加速电压的作用下，经过三个电磁透镜（或两个电磁透镜），会聚成一个细小的电子探针，在末级透镜上部扫描线圈的作用下，使电子探针在试样表面做光栅状扫描（光栅线条数目取决于行扫描和帧扫描速度）。改变入射电子束在样品表面的扫描速度，以获得不同放大倍率下的扫描图像。

由于高能电子与物质的相互作用，结果在试样上产生各种信息（见图 4-1）。从试样

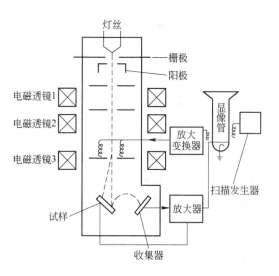

图 4 - 20　扫描电子显微镜的结构示意图

中所得到各种信息的强度和分布与试样表面形貌、成分、晶体取向以及表面状态的一些物理性质（如电性质、磁性质）等因素有关。因此，通过检测器接收和处理这些信息，就可以获得表征试样形貌的扫描电子像，进行试样结构与成分分析。为了获得扫描电子像，通常是用检测器把来自试样表面的信息接收，再经过信号处理系统和放大系统变成信号电压，最后输送到显像管的栅极，用来调制显像管的亮度。因为在显像管中的电子束和镜筒中的电子束是同步扫描的，其亮度是由试样所发回的信息的强度来调制，因而可以得到一个反映试样表面状况的扫描电子像，其放大系数定义为显像管中电子束在荧光屏上扫描振幅和镜筒电子束在试样上扫描振幅的比值，即：

$$M = L / l = L / (2D\gamma) \tag{4-14}$$

式中，M 为放大系数；L 为显像管的荧光屏尺寸；l 为电子束在试样上扫描距离，它等于 $2D\gamma$；D 是扫描电镜的工作距离；2γ 为镜筒中电子束的扫描角。

　　真空系统对扫描电镜也是同样重要，这是因为电子束只能在真空下产生和操纵。对于扫描电镜来说，通常要求真空度优于 $10^{-3} \sim 10^{-4}$ Pa。任何真空度的下降都会导致电子束散射加大，电子枪灯丝寿命缩短，产生虚假的二次电子效应，使透镜光阑和试样表面受碳氢化合物的污染加速等等，从而严重地影响成像的质量。因此，真空系统的质量是衡量扫描电镜质量的参考指标之一。

　　扫描电镜的分辨率主要取决于信噪比、电子束斑的直径和入射电子束在样品中的散射。此外，电源的稳定度、外磁场的干扰等也对分辨率有影响。一般扫描电镜的分辨率为 7nm 左右。图像放大倍数由显像管屏幕尺寸和电子探针扫描区的尺寸之比来决定。当显像管显示面积不变时，调节样品高度，改变镜筒内扫描线圈的扫描电流，就可以方便地改变图像的放大倍数。

$$放大倍数 = \frac{屏幕的分辨率}{电子束直径} \tag{4-15}$$

　　在扫描电镜中，电子束与样品相互作用，由于样品微区特征的差异，如形貌、原子序数与化学组分、晶体结构或取向等，产生的信号强度不同，导致荧光屏上出现不同亮度的区域，形成扫描图像的衬度。

表面形貌衬度主要是样品表面形貌决定的。一般情况下，入射电子能从试样表面下约 5nm 厚的薄层激发出二次电子，加速电压大时会激发出更深层内的二次电子，从而表面下薄层内的结构可能会反映出来，并附加在表面形貌信息上。

原子序数衬度指扫描电子束入射试样时产生的背景电子、吸收电子、X 射线，对微区内原子序数的差异相当敏感，而二次电子不敏感。高分子中各组分之间的平均原子序数差别不大；所以只有一些特殊的高分子多相体系才能利用这种衬度成像。

扫描电子显微镜具有如下特点：

（1）能直接观察大尺寸试样的原始表面。其能够直接观察尺寸可大到直径为 100mm、高 50mm 或更大尺寸的试样，对试样的形状没有任何限制，粗糙表面也能观察，这便免除制备样品的麻烦，而且能真实观察试样本身物质成分不同的衬度。

（2）试样在样品室中可动的自由度非常大。由于工作距离大（一般大于 15mm），焦深长（比透射电子显微镜大 10 倍），样品室的空间也大，因此，允许试样在三度空间内有 6 自由度运动（即三度空间平移和三度空间旋转），可动范围大，这对观察不规则形状试样的各个区域细节带来无比的方便。同时焦深长，图像富立体感，容易获得一对同样清晰聚焦的立体对照片，进行立体观察和立体分析。

（3）观察试样的视场大。在扫描电镜中，能同时观察试样的视场范围 F 由下式来确定：

$$F = L/M \tag{4-16}$$

式中，M 为观察时的放大倍数；L 为显像管的荧光屏尺寸。

因此，如果采用 30cm 的显像管荧光屏，放大倍数为 10 倍时，其视场范围可达 30mm。采用更大尺寸荧光屏的显像管，不难获得更大的视场范围。

（4）放大倍数的可变范围很宽，且不用经常对焦。扫描电镜的放大倍数范围很宽（从 5 到 20 万倍连续可调），且一次聚焦好后即可从低倍到高倍，或低倍到高倍连续观察，不用由于改变倍数而重新聚焦。

（5）在观察厚块试样中，它能得到高分辨率和最真实形貌。扫描电镜的分辨率介于光学显微镜和透射电子显微镜之间。用扫描电镜观察厚块试样更有利，更能得到真实的试样表面资料。

（6）因电子照射而发生试样的损伤和污染程度很小。同其他方式的电子显微镜比较，它观察时所用的电子探针电流小（一般约为 $10^{-10} \sim 10^{-12}$ A），电子探针的束斑尺寸小（通常是 5nm 到几十纳米），电子探针的能量也比较小（加速电压可以小到 2kV），而且不是固定一点照射试样，而是以光栅状扫描方式照射试样，因此，由于电子照射而发生试样的损伤和污染程度很小，对一些生物试样特别适合。

（7）能进行动态观察。在扫描电镜中，成像的信息主要是电子信息。根据近代的电子工业技术水平，即使高速变化的电子信息，也能毫不困难地及时接收、处理和储存，故可进行一些动态过程的观察。如果在样品室内安装有加热、冷却、弯曲、拉伸和离子刻蚀等附件，则可以通过连接电视装置观察相变、断裂等动态的变化过程。

（8）它可以从试样表面形貌获得多方面资料。在扫描电镜中，因为可以利用入射电子和试样相互作用所产生各种信息来成像，而且可以通过信号处理方法，获得多种图像的特殊显示方法，可以从试样的表面形貌获得多方面资料。因为扫描电子像不是同时记录的，它是分解为近百万个像元依次记录构成的，使得扫描电镜除了观察表面形貌外，还能进行成分和元素的分析。此外，采用三透镜式的扫描电镜还可以通过电子通道花样进行结晶学分析，选区尺寸可以从 $10\mu m$ 到 $2\mu m$。

由此可见，扫描电镜是一种多功能的仪器，它可以进行：三维形貌的观察和分析；同时进行微区的成分分析与微区的结晶学分析。由于扫描电镜具有上述特点和功能，所以颇受科研工作者的重视，用途日益广泛。从发展趋势来看，它将像光学显微镜那样普遍地在实验室中应用。

4.2.2　扫描电子显微镜的样品制备

扫描电镜样品需具有导电性，以便把照射到试样表面的电子束的电子传导出来。否则电子在试样表面集中，形成电荷积累而不能成像。与透射电子显微镜不同的是，由于透射电子显微镜样品杆的设计，通常一次只能放入一个样品进行测量。而对扫描电子显微镜来说，一般是将多个样品用导电胶粘在样品台上，再将样品台推送至样品室进行测量，一次能对多个样品进行测量。由于扫描电镜观察的是试样的表面，电子束不需透过试样，因此对试样的厚度没有太大要求。试样制备简单，试样尺寸可在几个 mm 至几个 cm 的范围。对一些薄膜或断口可直接观察。常用的制备方法有：

（1）金属涂层法。应用对象是导电性较差的样品，如高聚物、陶瓷等材料，在进行扫描电子显微镜观察之前必须使样品表面蒸发一层导电体，目的在于消除荷电现象和提高样品表面二次电子的激发量，并减小样品的辐照损伤。目前一般采用镀金的方法来提高材料的导电能力。金属涂层可以用真空蒸发镀膜法和离子溅射法。

（2）离子刻蚀。应用对象是包含合晶相和非晶相两个组成部分的样品。它是利用离子轰击样品表面时，由于两相被离子作用的刻蚀程度不同，而暴露出晶区的细微结构。

（3）化学刻蚀法。应用对象同于离子刻蚀法，包括溶剂和酸刻蚀两种方法：酸刻蚀是利用某些氧化性较强的溶液，如发烟硝酸、高锰酸钾等处理样品表面，使其中一个相被氧化断链而溶解，而暴露出晶相的结构，溶剂刻蚀是用某些溶剂选择溶解高聚物材料中的一个相，而暴露出另一相的结构。

4.2.3　扫描电子显微镜的应用

例1：图 4-21 为不同浓度 Ag 掺杂的 In_2O_3 纳米纤维的 SEM 照片，由图可见，随着掺杂浓度的增加，纤维的直径逐渐变大，当掺杂浓度达到 10%（质量分数）时，纤维形貌开始变得不规则，由图中可以观察到此时纤维直径分布不均匀，且直径很粗，表面有类似"吸潮"的现象出现。这主要是因为过量地加入 $AgNO_3$，改变了溶液的黏度，造成了纤维形貌的不规则情况。

例2：图 4-22 是采用两种颗粒度的沸石分子筛晶种层附着在金属网上的正面扫描电镜照片。图 4-22（a）和（b）分别对应 100nm 和 800nm 尺寸的晶种。从图上可以看出，表面上的沸石分子筛有初步的排布取向，这是晶种溶液在干燥过程重力和热运动的结果。而且，晶种颗粒越小，晶种排布越致密。晶种颗粒越大，晶种排布时有大量的缝隙存在，

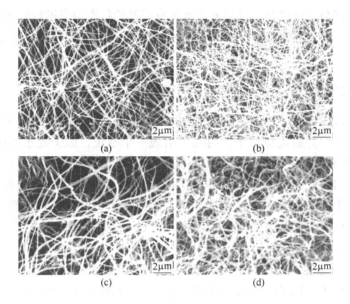

图 4-21 不同浓度 Ag 掺杂的 In_2O_3 纳米纤维的 SEM 照片

(a) 4%Ag; (b) 6%Ag; (c) 8%Ag; (d) 10%Ag

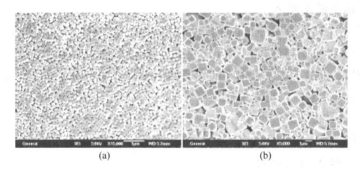

图 4-22 金属网上的晶种层 SEM 照片

(a) 100nm 的晶种; (b) 800nm 的晶种

从而影响了膜的致密性,而通过扫描照片的表征有助于筛选具有适当粒度的晶种。

4.3 电 子 探 针

当今各个材料学科以及生物和医学各领域都要了解微区内的化学组成情况,电子探针显微分析(electron probe microanalysis,EPM)是一种卓有成效的分析技术,可进行相当灵敏和精确的化学成分分析,元素分布鉴定精确。对块状样品可以分析几个立方微米内的元素,对于薄样品分析体积要小得多。微区分析已经成为科研和生产不可缺少的技术手段。

微区分析技术是检验从样品出射的特征 X 射线的波长或能量。利用晶体衍射分光检测感兴趣的特征 X 射线波长,称为波长色散谱仪(wavelength dispersive spectroscopy,WDS)、检测特征 X 射线能量,称为能量色谱仪(energy dispersive spectroscopy,EDS)由于能谱仪结构简单,使用方便,已经大量配置在扫描、透射和扫描透射电子显微镜上,进行微区分析。能谱与电镜联合，可对来自电镜或能谱的各类图像进行处理与分析，可以同时提供样品形貌、成分和晶体学特征，实现综合分析，极大地丰富了电子显微镜的分析内容。

4.3.1　电子探针分析的基本理论

当高能电子进入样品后，受到样品原子的散射，将其能量传递给原子而使其中某个内壳层的电子被电离，并脱离该原子，内壳上出现一个空位，原子处于不稳定的高能激发态。在激发后的瞬间（10 ~ 22s 内），原子便恢复到最低能量的基态。在这个过程当中，一系列外层电子向内层空壳位跃迁，释放出多余的能量，产生特征 X 射线和俄歇（Auger）电子。X 射线辐射是一种量子或光子组。经过放大，脉冲处理得到其对应的脉冲通道数，即能够确认该元素。由此，特征 X 射线能量 E（或波长 λ）与样品原子序数 Z 存在如下函数关系：

$$E = A \cdot (Z - C)^2 \tag{4-17}$$

式中，A 和 C 是与 X 射线谱线有关的常数。这个关系式称为 Moseley 定律，表明特定元素与其特征 X 射线的能量具有一一对应关系。这是利用特征 X 射线对材料进行元素成分分析的理论依据。

4.3.1.1　临界激发能 E_c

在原子结构中，核外电子分布在不同的壳层。原子核与壳层电子间的结合能是个确定值，即是将电子从各自壳层激发电离出来的最小能量，称为临界激发能，激发电位或 X 射线吸收边，用 E_c 表示。在原子中不同壳层的电子存在不同的临界激发能。原子序数大的原子 E_c 大；同一元素的近核壳层比远核壳层的 E_c 大。对于 X 射线微区分析，通常采用的入射电子束能量要超过被分析元素 E_c 的 2 ~ 3 倍，使原子被充分激发，以便获得足够强度的特征 X 射线。

4.3.1.2　特征 X 射线辐射

原子的 K 壳层电子被激发，电离出现一个空位，附近 L 壳层的一个电子跃迁到这个空位，伴随产生 K_α 辐射；如果一个 M 壳层电子填充 K 壳层的空位，即产生 K_β 辐射。同样，L 壳层电子被激发出的空位被 M 壳层电子填充，产生 L 辐射等。这些 X 射线光子的形式辐射，其能量等于这两壳层间的临界激发能 E_c 之差。这些 X 射线反映了不同元素原子内部壳层结构的特征，因此也被称为特征 X 射线辐射。由于 M 与 K 壳层的能量差大于 L 与 K 壳层的能量差，所以 K_β 辐射能量大于 K_α。从原子核向外，相邻电子层的能量差越来越小，所以外部相邻电子层的跃迁辐射能量要比内层辐射能量低，即对于某一原子，其谱线能量关系为 $M_\alpha < L_\alpha < K_\alpha$。

4.3.1.3　谱线的权重

虽然不同的外壳层电子都可能跃迁填充内壳层出现的空位，从而产生不同能量的特征 X 射线，但其中跃迁的几率不同。例如：由于 L 与 K 壳层距离最近，从 L 壳层向 K 壳层跃迁的几率比从 M 壳层向 K 壳层跃迁的几率大。K_α 的线权为 1，K_β 为 0.1，表明 K_α 产生谱线几率是 K_β 的 10 倍。线权实际上是一簇谱线的峰强比，能通过其对能谱中的谱峰定性识别。

4.3.1.4 特征X射线产额

电子在壳层间跃迁辐射能量，同时产生特征 X 射线与俄歇电子。两者产率利用荧光额 ω 来描述。定特征 X 射线产率为 ω，则俄歇电子产额为 $1-\omega$。对于原子序数小的原子，X 射线产额低，随着原子序数的增大 ω 增大并接近 1。对于某个特定原子，K 谱线的 ω 最大，L 谱线次之，M 谱线最小。推断可知，俄歇电子产额是随原子序数的减小而增大，与特征 X 射线产额相反。因此，对于碳、氧等超轻元素，利用俄歇电子谱仪分析精确度更高。俄歇电子能量低，携带表面几个纳米层的成分信息，是表面化学分析的一个主要信号电子。

4.3.2 仪器构造

X 射线能谱仪主要由探测器、放大器、脉冲处理器、显示器与计算机构成，如图 4 - 23 所示。从样品射出的 X 射线进入探测器，转变成电脉冲，经过前置和主放大器放大，有脉冲处理器分类和累计计数，通过显示器展现 X 射线能谱图，利用计算机配备的专用软件对能谱进行定性和定量分析。

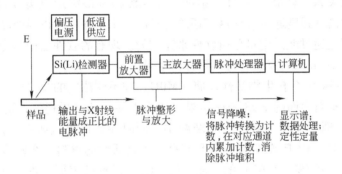

图 4 - 23　能谱仪流程示意图

4.3.3 点、线和面分析方法

点扫描是通过对材料表面某一特定点进行特征 X 射线收集，计算可得出存在的元素种类与各自的含量。线扫描可以提供样品中元素沿某条扫描线上的分布。例如：对试样表面涂层成分的确定。在试样的截面图由内部向表面拉一条直线，电子束沿该线扫描时同时采集各层元素的特征 X 射线，计算并在荧屏上显示出沿着扫描线该元素的分布，曲线的高低由该元素的浓度决定。

让电子束在试样某区域内反复做光栅扫描，采集区域内所有元素的特征 X 射线，每采集一个特征 X 射线光子，在荧屏上的对应位置打一个亮点，收集的所有亮点即是该元素的面分布图。越亮的部位表示元素含量越高，同理较暗的区表示该部位此元素的含量较少。如果样品由多个元素组成，也可以同时得到每个元素的面分布图。

进行元素面分析时应注意如下几个问题：

（1）束流和计数率。一般采用较大的束流和计数率，与最小的脉冲处理时间，能使分布图有足够的计数积累，最终图像便于辨认。

（2）样品表面形貌。由于低凹部位产生的 X 射线会被周围的起伏所阻挡，在分布图中出现黑区或阴影，但这不意味低凹部位没有成分信息。

（3）X射线空间分辨率的影响，使界面"变宽"即分布图中元素集聚区的边界可能不清楚，可适当减小加速电压来改善边界的清晰度。

4.3.4 定性和定量分析方法

定性分析就是要识别和标定能谱中出现的所有谱峰分别属于哪个元素。特征X射线与元素之间的一一对应关系决定定性分析可以实现。由于处理软件的提升，自动识别可以将所有的谱峰自动识别出来。在谱线收集过程中，不论谱峰多少和强度高低，各种元素的KLM系标准谱线将自动与谱峰对齐，并标出元素符号。另外，也可以利用周期表选取或去掉某个元素，自动识别，操作灵活方便。对于检测非均质样，例如杂化材料、表面涂层分布、表面修饰与掺杂、陶瓷样品的不同相组织等，能谱仪定性分析非常适用。

准确的定性分析是定量分析的第一步。如果定性分析时发生元素误识别或者遗漏，后续的定量分析没有任何意义。依据能谱中各元素特征X射线的强度值，可确定样品中各元素的含量。这些强度值与元素的含量有关，谱峰高意味着含量高。实际谱峰强度与含量不是简单的正比关系。样品产生的X射线，经探测器到最终形成谱峰是一个复杂过程。把这些检测出的谱峰强度通过各项修正还原为样品的出射强度，再经样品基体修正换算为元素的含量，都是通过能谱定量分析软件来完成的。现有的软件已相当完善，配上功能强大的计算机，在1min以内就可获得定量分析结果。

例1：图4-24为介孔生物活性玻璃（MBG）在不同浓度的模拟体液（SBF）中和不同矿化时间下，材料表面的EDS表征结果。从图中展示的结果得知，随着矿化时间的增加材料表面的钙/磷（质量分数比）不断减小。同时在2倍模拟体液中，钙/磷降低得更快，最后到达1.13。由于MBG是一种具有良好生物活性的材料，在模拟体液中能够自发诱导羟基磷灰石（钙/磷=1.67）的生成。所以结合EDS的表征，我们可以解释材料表面钙/磷减小的原因，是佐证材料表面羟基磷灰石的生长非常重要的手段。

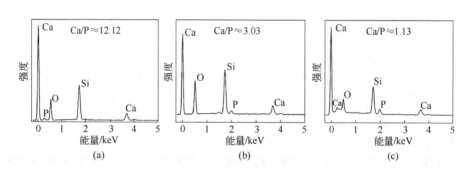

图4-24 EDS能谱

(a) 纯MBG；(b) MBG-1SBF (6h)；(c) MBG-2SBF (6h)

4.4 扫描探针显微分析

扫描探针显微（scanning probe microscopy，SPM）分析使人类第一次能够实时地观察单个原子在物质表面的排列状态和与表面电子行为等有关的物化性质，在表面科学、材料科学、生命科学等领域的研究中有着重大的意义和广泛的应用前景，被国际科学界公认为20世纪80年代世界十大科技成就之一。扫描探针显微镜是一类仪器的总称，包括扫描隧道显微镜、原子力显微镜，是一种具有3D超高分辨率的轮廓仪能够实现原子级别、分辨率可达1nm的显微镜。可以测量诸如表面电导率、静电电荷分布、区域摩擦力、磁场等物理特性。与光学显微镜和电子显微镜不同，SPM不利用任何光学或电子透镜成像，而是当探针在样品表面扫描时某种信号（电流或力）随针尖–样品间隙（距离）变化而变化，通过检测该信号，而获得样品表面形貌、静电、磁性等特征。

4.4.1 扫描隧道显微镜

扫描隧道显微镜（scanning tunneling electron microscope，STEM/STM）是利用量子隧道效应产生隧道电流的原理制作的显微镜，其分辨率可达原子水平。

4.4.1.1 工作原理

STEM的原理不同于传统意义上的电子显微镜。它是根据量子力学中的隧道效应与原理，通过探测固体表面原子中的电子的隧道电流来分辨固体表面形貌的新型显微装置。根据量子力学理论，由于电子的隧道效应，金属中的电子并不完全局限于金属表面之内，电子云密度并不是在表面边界处突变为零。在金属表面以外，电子云密度呈指数衰减，衰减长度约为1nm。用一个极细的、只有原子线度的金属针尖作为探针，将它与试样表面作为两个电极，当样品表面与针尖非常靠近（距离小于1nm）时，两者的电子云略有重叠。若在两极间加上电压V_b，在电场作用下电子就会穿过两个电极之间的势垒，通过电子云的狭窄通道流动，从一极流向另一极，形成隧道电流I。但是上述隧穿效应产生的前提是，样品应是导体或半导体。隧道电流I的大小与针尖和样品间的距离S以及样品表面平均势垒的高度Φ有关，其关系式为：

$$I \propto V_b \exp(-A\Phi^{1/2}S) \qquad (4-18)$$

式中，A为常量，真空条件下$A \approx 1$。由此可见，隧道电流I对针尖与样品表面之间的距离S极为敏感，如果S减小0.1nm，隧道电流会增加一个数量级。这种指数关系赋予STM很高的灵敏度，所得样品表面图像具有高于0.1nm的垂直精度和原子级的横向分辨率。

STEM分析有两种常用的模式，即恒电流模式与恒高度模式。

（1）恒电流模式（见图4-25）。在对样品进行扫描过程中控制隧道电流I保持恒定。再通过计算机系统控制针尖在样品表面扫描，即使针尖沿x、y两个方向作二维运动。由于要控制隧道电流I不变，针尖与样品表面之间的局域高度也会保持不变，因而针尖就会随着样品表面的高低起伏而作相同的起伏运动，高度的信息也就可反映样品表面形貌信息。这种工作方式获取图像信息全面，显微图像质量高，应用广泛。

（2）恒高度模式（见图4-26）。在对样品进行扫描过程中保持针尖的绝对高度不变，于是针尖与样品表面的局域距离将发生变化，隧道电流I的大小也随着发生变化；通过计算机记录隧道电流的变化，并转换成图像信号显示出来，即得到STEM显微图像。这种工作方式适用于样品表面较平坦且组成成分单一的试样表征。恒高模式的特点是利用针尖扫描样品表面，通过隧道电流获取显微图像，而不需要光源和透镜。

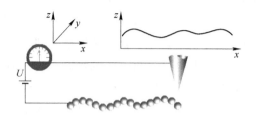

图 4 - 25　恒电流工作模式示意图

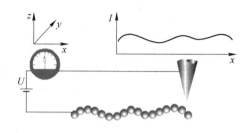

图 4 - 26　恒高度工作模式

4.4.1.2　基本结构

STEM 仪器由具有减震系统的 STEM 头部（含探针和样品台）、电子学控制系统和包括 A/D 多功能卡的计算机组成（见图 4 - 27）。

（1）隧道针尖。STEM 技术要解决的主要问题之一是它的针尖。针尖的大小、形状和化学同一性不仅影响着 STEM 图像的分辨率和图像的形状，而且也影响着测定的电子态。针尖的宏观结构应使得针尖具有高的弯曲共振频率，从而可以减少相位滞后，提高采集速度。如果针尖的尖端只有一个稳定的原子而不是有多重针尖，隧道电流就会很稳定，且容易获得原子级分辨的图像。针尖的化学纯度高，就不会涉及

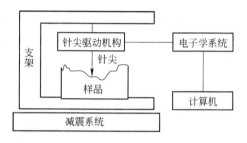

图 4 - 27　STEM 基本结构示意图

系列势垒。例如，针尖表面若有氧化层，则其电阻可能会高于隧道间隙的阻值，从而导致针尖和样品间产生隧道电流之前，二者就发生碰撞。目前制备针尖的方法主要有电化学腐蚀法（金属钨丝）、机械成型法（铂 - 铱合金丝）等。

由于仪器中要控制针尖在样品表面进行高精度的扫描，用普通机械的控制是很难达到这一要求的。目前普遍使用压电陶瓷材料作为 x-y-z 扫描控制器件。压电陶瓷利用了压电现象，许多化合物的单晶，如石英等都具有压电性质。但目前广泛采用的是多晶陶瓷材料，如钛酸锆酸铅 $[Pb(Ti,Zr)O_3]$ 和钛酸钡等。压电陶瓷材料能以简单的方式将 1mV ~ 1000V 的电压信号转换成十几分之一纳米到几纳米的位移。

（2）减震系统。由于仪器工作时针尖与样品的间距一般小于 1nm，同时隧道电流与隧道间隙成指数关系，因此任何微小的震动都会对仪器的稳定性产生影响。必须隔绝其中产生的震动和冲击，其中隔绝震动是最主要的。隔绝震动主要从考虑外界震动的频率与仪器的固有频率入手。

（3）电子控制系统。STEM 是一个纳米级的随动系统，因此，电子学控制系统也是一个重要的部分。STEM 要用计算机控制步进电机的驱动，使探针逼近样品，进入隧道区，而后要不断采集隧道电流，在恒电流模式中还要将隧道电流与设定值相比较，再通过反馈系统控制探针的进与退，从而保持隧道电流的稳定。所有这些功能，都是通过电子学控制系统来实现的。

4.4.1.3　STEM 的使用

在性能上，STEM 具有很高的空间分辨率，横向可达 0.1nm，纵向可优于 0.01nm。它主要用来描绘表面三维的原子结构图，故可用来确定表面的原子结构，测量表面的不同位置的电子态、表面电位及表面逸出功分布。此外，还可以利用 STEM 对表面的原子进行移出和植入操作，实现对表面的纳米加工，如直接操纵原子或分子，完成对表面的剥蚀、修饰以及直接书写等。有目的地使其排列组合，这就使研制纳米级量子器件、纳米级新材料成为可能。

（1）扫描。STEM 工作时，探针将充分接近样品产生一空间高度限制的电子束，因此在成像工作时，STEM 具有极高的空间分辨率，可以进行科学观测。

（2）探伤及修补。STEM 在对表面进行加工处理的过程中可实时对表面形貌进行成像，用来发现表面各种结构上的缺陷和损伤，并用表面淀积和刻蚀等方法建立或切断连线，以消除缺陷，达到修补的目的，然后还可用 STEM 进行成像以检查修补结果的好坏。

（3）微观操作。

1）引发化学反应。STEM 在场发射模式时，针尖与样品仍相当接近，此时用较低的外加电压就可产生足够高的电场，电子在其作用下将穿越针尖的势垒向空间发射。这些电子具有一定的束流和能量，由于它们在空间运动距离短，至样品处来不及发散（束径纳米量级），所以可能在该尺度上引起样品表面化学键断裂，发生化学反应。

2）移动，刻写样品。当 STEM 在恒流状态下工作时，突然缩短针尖与样品的间距或在针尖与样品的偏置电压上加一脉冲，针尖下样品表面微区中将会出现纳米级的坑、丘等结构上的变化。针尖进行刻写操作后一般并未损坏，仍可用它对表面原子进行成像，以实时检测刻写结果。

例 1：图 4-28 为石墨材料的 STEM 照片，可以看到相距在 0.246nm 的原子相以及碳原子的分布与排布结构。

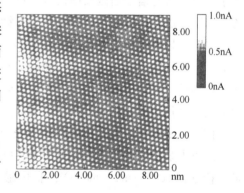

图 4-28　石墨材料的 STEM 图像

4.4.2　原子力显微镜

从 STEM 的工作原理可知，其工作时必须通过检测针尖和样品间隧道电流变化实现样品结构成像，因此它只能用于观察导体或半导体材料的表面结构，不能实现对绝缘体表面形貌的观察。为了测量绝缘体样品的表面结构，1986 年，G. Binning 在 STEM 的基础上发明了原子力显微镜（atom force microscope，AFM）。

AFM 是在 STEM 制造技术的基础上发展起来的。它是利用移动探针与原子间产生的相互作用力，将其在三维空间的分布状态转换成图像信息，从而得到物质表面原子及它们的排列状态。通常，把以扫描隧道和原子力电子显微镜为基础，兼带上述其他功能显微镜的仪器统称为原子力电子显微镜（AFM）。

在原子力显微镜的系统中，可分成三个部分：力检测部分、位置检测部分、反馈系统。其结构示意图见图 4-29。

（1）力检测部分。在原子力显微镜的系统中，所要检测的是原子与原子之间的范德华力。所以在本系统中是使用微小悬臂来检测原子之间力的变化量。这微小悬臂有一定的规格，例如长度、宽度、弹性系数以及针尖的形状，而这些规格的选择是依照样品的特性，以及操作模式的不同，而选择不同类型的探针悬臂。

（2）位置检测部分。在原子力显微镜的系统中，当针尖与样品之间有了交互作用之后，会使得悬臂摆动，所以当激光照射在悬臂的末端时，其反射光的位置也会

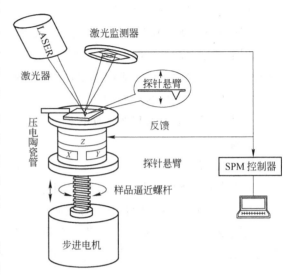

图 4-29　AFM 结构示意图

因为悬臂摆动而有所偏移。在整个系统中是依靠激光光斑位置检测器将偏移量记录下并转换成电的信号，以供控制器作信号处理。

（3）反馈系统。在原子力显微镜的系统中，在信号经由激光检测器取入之后，在反馈系统中会将此信号当做反馈信号，作为内部的调整信号，并驱使通常由压电陶瓷管制作的扫描器做适当的移动，以保持样品与针尖保持合适的作用力。

原子力显微镜便是结合以上三个部分来将样品的表面特性呈现出来的：在原子力显微镜的系统中，使用微小悬臂来感测针尖与样品之间的交互作用，测得作用力。这作用力会使悬臂摆动，再利用激光将光照射在悬臂的末端，当摆动形成时，会使反射光的位置改变而造成偏移量，此时激光检测器会记录此偏移量，也会把此时的信号给反馈系统，以利于系统做适当的调整，最后再将样品的表面特性以影像的方式给呈现出来。

原子力显微镜的工作模式按照针尖与样品之间的作用力的形式来分，可分为以下三种：接触模式（contact mode）、非接触模式（non-contact mode）和敲击模式（tapping mode）。

（1）接触式原子力显微镜。接触式 AFM 是一个排斥性的模式，探针尖端和样品做柔软性的"实际接触"，当针尖轻轻扫过样品表面时，接触的力量引起悬臂弯曲，进而得到样品的表面图形。由于是接触式扫描，在接触样品时可能会是样品表面弯曲。经过多次扫描后，针尖或者样品有钝化现象。通常情况下，接触模式都可以产生稳定的、分辨率高的图像。但是这种模式不适用于研究生物大分子、低弹性模量样品以及容易移动和变形的样品。

（2）非接触式原子力显微镜。在非接触模式中，针尖在样品表面的上方振动，始终不与样品接触，探测器检测的是范德华作用力和静电力等对成像样品没有破坏的长程作用力。需要使用较坚硬的悬臂（防止与样品接触）。所得到的信号更小，需要更灵敏的装

置，这种模式虽然增加了显微镜的灵敏度，但当针尖和样品之间的距离较长时，分辨率要比接触模式和轻敲模式都低。由于为非接触状态，对于研究柔软或有弹性的样品较佳，而且针尖或者样品表面不会有钝化效应，不过会有误判现象。这种模式的操作相对较难，通常不适用于在液体中成像，在生物中的应用也很少。

（3）敲击模式原子力显微镜。微悬臂在其共振频率附近做受迫振动，振荡的针尖轻轻地敲击表面，间断地和样品接触。当针尖与样品不接触时，微悬臂以最大振幅自由振荡。当针尖与样品表面接触时，尽管压电陶瓷片以同样的能量激发微悬臂振荡，但是空间阻碍作用使得微悬臂的振幅减小。反馈系统控制微悬臂的振幅恒定，针尖就跟随表面的起伏上下移动获得形貌信息。

例1：图4–30是正常淋巴细胞的原子力显微图像。显示细胞呈现较为规则的圆形，中间隆起，细胞表面较平滑。高度在 $2.5 \sim 3.0 \mu m$，直径约 $6 \sim 7 \mu m$。

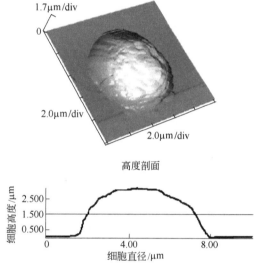

图4–30　淋巴细胞 AFM 的形貌图

扫描隧道显微镜与原子力显微镜在应用上的主要区别是：扫描隧道电子显微镜主要用于导体的研究，而原子力电子显微镜不仅用于导体的研究，还可用于非导体的研究。

思 考 题

4–1　透射电镜主要由几大系统构成？说明成像系统的主要构成及其特点。

4–2　分别说明成像操作与衍射操作时各级透镜（像平面与物平面）之间的相对位置关系。

4–3　透射电镜中有哪些主要光阑，在什么位置，其作用如何？

4–4　透射电镜的显微图像模式（成像操作）有哪些分类，具体特点如何？

4–5　扫描电镜有何特点？

4–6　扫描隧道显微镜与原子力显微镜的区别与联系是什么？

参 考 文 献

[1]　李斗星．透射电子显微学的新进展Ⅱ［J］．电子显微学报，2004（3）：276．

［2］ Goldstein J I, Newbury D E, Echlin P. Scanning Microscopy and X-ray Microanalysis ［M］. Third Edition. NY：Springer, 2003.

［3］ Williams David B, Carter C Barry. Transmission Electron Microscopy ［M］. Second Edition. NY：Springer, 2008.

［4］ 章晓中. 电子显微分析 ［M］. 北京：清华大学出版社, 2006.

［5］ 张德添, 刘安生, 朱衍勇. 电子显微技术的发展趋势及应用特点 ［J］. 现代科学仪器, 2008 (01)：6.

［6］ 丸势进, 毛晓禹. 扫描电子显微镜的基础 ［J］. 兵器材料科学与工程, 1981 (Z1)：112.

［7］ 周维列, 王中林. 扫描电子显微学及在纳米技术中的应用 ［M］. 北京：高等教育出版社, 2007.

［8］ 陈勇, 蔡继业, 吴扬哲. 原子力显微技术在细胞生物学中的应用 ［J］. 细胞生物学杂志, 2004 (26)：578.

［9］ 埃杰顿. 电子显微镜中的电子能量损失谱学 ［M］. 段晓峰, 译. 北京：高等教育出版社, 2011.

［10］ 坂田茂雄. 电子显微镜技术 ［M］. 北京：冶金工业出版社, 1988.

5 光谱及波谱分析

5.1 原子吸收及发射光谱分析

由于原子的状态发生变化而产生的电磁辐射即为原子光谱。原子光谱是元素的固有特征，原子发射光谱是原子外层价电子受到激发，跃迁到激发态，再由高能态回到较低的能态或基态时，以辐射形式放出其激发能而产生的光谱。原子光谱与原子结构之间的内在联系是原子光谱分析方法的重要理论基础之一。原子由原子核及核外电子组成，由于核外的电子处于不同能量轨道运动即处于不同的能级，其能量的变化呈量子化，当原子外层电子由高能级向低能级跃迁时，以辐射的形式释放多余的能量，得到了发射光谱。谱线的波长与能级的变化有关：

$$\lambda = \frac{hc}{E_2 - E_1} \tag{5-1}$$

式中，λ 为波长，nm；h 为普朗克常数；c 为光速；E_2、E_1 分别为高能级与低能级的能量，eV。

物质的原子光谱据其获得的方式不同而分为发射光谱、吸收光谱和荧光光谱。发射光谱是指向基态原子提供一定的能量将其激发到较高能级，使之处于激发态。激发态的原子不稳定，经历大约 10^{-8} s 返回基态或者较低能级而发射出的特征谱线，称为原子发射光谱。原子吸收光谱是光辐射通过基态原子蒸气选择性吸收一定频率的光，原子从基态跃迁到较高能级。原子这种选择性吸收产生的特征光谱称为原子吸收光谱。

原子吸收光谱和原子发射光谱可以应用于环境样品检测、农业环保和农产品检测、食品和药品、石油化工产品、有色金属以及医疗防疫系统等领域。二者进行的测试对光学系统的要求也不同，原子发射光谱要求很高的光学分辨率，原子吸收光谱则要求较低。原子发射光谱检出限介于火焰和石墨炉原子吸收之间。对于原子吸收光谱而言，有些元素的灵敏度有限，当多元素同时测定时存在一定的局限性。

5.1.1 原子吸收光谱

原子吸收光谱分析法又称为原子吸收分光光度法，是基于从光源发出的被测元素特征辐射通过元素的原子蒸气时被其基态原子吸收，由辐射的减弱程度测定元素含量的一种现代仪器分析方法。其具有以下优点：

（1）检出限低。火焰原子吸收光谱法的检出限可达到 ng/mL 级，石墨炉原子吸收光谱法的检出限可达到 $10^{-14} \sim 10^{-13}$ g。

（2）选择性好。原子吸收光谱是元素的固有特征。

（3）精密度高。相对标准偏差一般达到 1%，最好的可以达到 0.3% 或更高。

（4）抗干扰能力强。一般不存在共存元素的光谱干扰。干扰主要来自化学干扰和基体干扰。

（5）分析速度快。使用自动进样器，每小时可以测定几十个样品。

（6）应用范围广。可分析元素周期表中绝大多数金属元素与非金属元素，利用联用技术可以进行元素的种类以及进行同位素分析。利用间接原子吸收光谱法可以分析有机化合物。

（7）用样量小。火焰原子吸收光谱法进样量一般为 3～6mL/min，微量进样量为 10～50μL。石墨炉原子吸收光谱法液体进样量为 10～30μL，固体进样量为毫克级。

（8）仪器设备相对比较简单，操作简便。不足之处是主要用于单元素的定量分析；标准曲线的动态范围较窄，通常小于 2 个数量级。

用来测定原子吸收光谱的仪器是原子吸收分光光度计，其结构如图 5-1 所示。

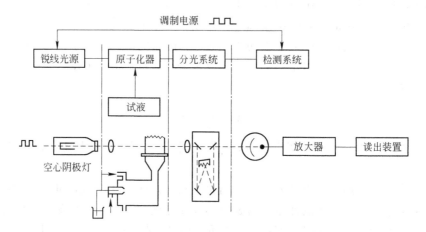

图 5-1　原子吸收分光光度计示意图

图 5-1 为原子吸收分光光度计的结构示意图，并指出了主要部件和各个部分的名称，光电信号转化的原理。

原子吸收光谱的波长和频率由产生跃迁的两能级的能量差 ΔE 决定：

$$\Delta E = h\nu = \frac{hc}{\lambda} \qquad (5-2)$$

式中，ΔE 是两能级的能量差，eV（$1eV = 1.602192 \times 10^{-19}$J）；$\lambda$ 是波长，nm；ν 是频率，Hz；c 是光速，cm/s；h 是普朗克常数。原子对辐射频率的吸收是有选择性的，各原子具有自身所特有的能级结构，产生特征的原子吸收光谱。原子吸收光谱线并不是严格几何意义上的线，而是占据着有限的、相当窄的频率范围，即有一定的宽度，如图 5-2 所示。

最大吸收系数一半处的谱线轮廓上两点间所跨越的频率（或波长）差，称为谱线的半宽度，以 $\Delta\nu_{1/2}$ 表示。谱线轮廓是指各单色光强度随频率（或波长）的变化曲线。它由谱线的自然宽度、多普勒展宽、洛伦兹展宽、霍尔兹马克展宽、自吸展宽、斯塔克展宽和塞曼展宽共同决定。自然宽度是同发生跃迁的能级有限寿命相联系的。

在普通的火焰原子化器或电热原子化器中，吸收线宽度主要由多普勒宽度决定。在原

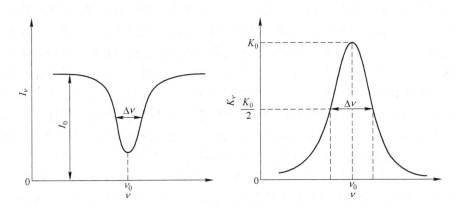

图 5-2 原子吸收线的轮廓示意图

子化器中，原子处于无序热运动中，从各个不同的方向向检测器运动，即使每个原子发出的光是频率相同的单色辐射，检测器接收到的不同运动方向原子所发的光波频率也是不同的。如果发光原子运动方向背离检测器，则检测器接收到的光波频率较静止原子所发的光的频率高，产生频移，此称多普勒效应，由此引起谱线的展宽，称为谱线的多普勒展宽（或称热展宽）。多普勒效应的大小取决于原子运动的速度和方向，朝向检测器或背离检测器以最高速度运动的原子显示出最大的多普勒频移，垂直于检测器方向运动的原子没有频移，其余方向运动的原子产生中等程度的频移。多普勒线型函数是以原子吸收频率 ν_0 为中心的对称的频率分布，即高斯型函数。当频率偏离 ν_0 时，光强下降，多普勒线型函数左右两翼光强下降到极大光强的一半时，频率 ν_1 与 ν_2 之间的跨度即为多普勒宽度。

原子吸收线的强度是指单位时间内单位吸收体积分析原子吸收辐射的总能量。在原子吸收光谱分析中，仅涉及基态原子对入射辐射的吸收。吸收辐射的总能量 I_a 等于单位时间内基态原子吸收的光子数，亦即产生受激跃迁的基态原子数 dN_0 乘以光子的能量 $h\nu$。根据爱因斯坦吸收关系式，有

$$I_a = dN_0 h\nu = B_0 \rho_\nu N_0 h\nu \tag{5-3}$$

式中，B_0 是受激吸收系数；ρ_ν 是入射辐射密度；N_0 是单位体积内的基态原子数。

在原子吸收光谱中很难避免存在光谱干扰。光谱干扰是指在所选的光谱通带内，除了分析元素所吸收的辐射之外，还有来自光源或原子化器的某些不需要的辐射同时被检测器所检测而引起的干扰。光谱干扰有以下几种类型：光谱线的重叠干扰、多重吸收线的干扰和光谱通带内存在光源发射的非吸收线的干扰。

光谱线重叠干扰：在理想的情况下，光谱通带内的光源只有一条参与吸收的共振发射线，当被测样品中含有吸收线重叠的两种元素时，无论测定哪一种元素，都将产生干扰，导致测定结果不准确，尤其是当干扰元素的含量高时干扰更为严重。例如 Co 235.649nm 线对 Hg 253.625nm 线的干扰，就是典型的吸收线重叠而引起的干扰，这种干扰即使钴的含量很低，对汞的测量也有影响。当两元素吸收线的波长差等于或小于 0.003nm 时，也会产生干扰。又例如 Al308.215nm 和 V308.211nm，两条光谱线相差 0.004nm 也会造成相互干扰。在通常情况下，在光谱通带内光源产生一条以上的发射线且都能参与吸收，则多重发射线不论是吸收线还是非吸收线，都会使测得的吸光度发生变化，给分析测定带来干

扰。在光谱带内存在光源发射的非吸收线时，这种干扰会降低灵敏度，使工作曲线弯曲。

物理干扰是指试样在转移、蒸发和原子化过程中由于试样溶液的黏度、表面张力、密度等的差异变化而引起的干扰。在火焰原子吸收光谱法中，这些物理特性的变化引起试液喷雾的速度、气溶胶大小及其传送效率等发生变化，从而引起吸收强度的变化。例如当试样溶液黏度和雾化气压有变化时，会直接影响进样速度，进而影响分析的灵敏度。喷雾速度与吸取溶液的毛细管长度、溶液黏度、喷雾压差等条件有关。当毛细管压力一定时，溶液提升量与黏度成反比，黏度增大则提升量减小，灵敏度降低；但提升量过大，会使气溶胶粒度增大，噪声增加而不利于分析。溶液的黏度随使用酸的类型及其浓度不同而异，无机盐类和游离酸引起的黏度变化可达10%左右。表面张力对提升速度影响不大，但它影响雾化效率，并对气溶胶粒度有显著的影响。有机物质具有明显的作用，主要是影响雾化效率，同时也影响雾滴和气溶胶在火焰中的蒸发和解离平衡。在试液中加入有机溶剂（如四氯化碳、三氯甲烷等），在同样的毛细管压差下可增大提升量。可燃的有机溶剂会提高火焰温度、改变火焰的性质，使元素更好地原子化，引起增感效应。

含有大量的基体元素及其他盐类或酸类也会影响溶液的物理性质，通常称为基体效应。例如，分析大量 Mg 中的 Ca，Mg 会干扰 Ca 的测定。

$$CaO + Mg \rightleftharpoons MgO + Ca \tag{5-4}$$

从上式可知，Mg 对 Ca 有负干扰，明显地减少了 Ca 基态原子的生成。在高温下元素间相互作用时也有干扰，例如在火焰中 Ti 对分析 Fe 有增感效应；在电热原子吸收光谱分析中，分析元素与基体共挥发会引起灵敏度降低。消除物理干扰的常用方法是配制与分析试液组成相似的标准溶液，以使试液与标准溶液具有相同或相近的物理性质。例如加入同样量的试剂、保持同样的稀释倍数等。在悬浮液进样时，基体的匹配情况对测定结果影响较大，更需特别注意。

在火焰原子化法分析时会发生电离干扰，火焰温度越高，电离度越大，使用一氧化氮 - 乙炔火焰时其电离度就比空气 - 乙炔火焰要大。这种电离干扰主要发生在电离电位较低的碱金属元素、碱土金属元素以及稀土金属元素上。由于这些元素在火炉中电离而减少了基态原子的数目，导致吸光度下降。随着浓度的增加电离度减小，导致工作曲线弯向纵坐标。电离干扰是由于原子在火焰中电离而引起的气相干扰效应。被测元素在火焰中形成自由原子之后，继续电离，结果导致基态原子数目减少，使吸光度降低。

所谓化学干扰系指在样品溶液中被测元素与试样中存在的共存元素或产生火焰的成分或石墨炉材料及炉内气氛之间的化学反应而引起的干扰效应。这种效应有时是正效应，有时为负效应。它通常导致被测元素化合物的熔融、蒸发和离解成基态原子的情况发生变化，从而引起干扰。例如在盐酸介质中测定 Ca 时，若有磷酸根存在，则 Ca 与磷酸根生成 $Ca_3(PO_4)_2$，而后者是一种很稳定的化合物，减少了参与吸收的 Ca 的原子数，故磷酸根的存在降低了 Ca 的分析灵敏度。在上述溶液中存在 Al^{3+}、Ti^{4+} 等阳离子时，也会抑制 Mg、Ca 形成基态原子而降低灵敏度。在石墨炉内被测元素与热石墨表面反应生成碳化物，从而降低原子化效率和引起记忆效应，也属于化学干扰。化学干扰是一种选择性干扰效应，是火焰原子吸收光谱分析中干扰的主要来源，它不仅取决于被测元素和干扰元素的性质，而且还与火焰类型、火焰温度、火焰状态、测量部位、其他共存组分、喷雾器的性能、燃烧器类型、雾滴大小、石墨表面特性等诸多因素有关。

用原子吸收光谱法进行定性和定量分析主要有两种方法：标准曲线法和标准加入法。标准曲线法是指配制出一系列不同浓度的标准溶液，在相同的测试条件下绘制出标准曲线，这是最常用的分析方法。以空白溶液调整零吸收，测定标准系列溶液和试样溶液的吸光度，绘制 A-c 标准曲线，用内插法在标准曲线上求得试样中被测定元素的含量。标准曲线法简单、快速，适于大批量组成简单和相似的试样分析。应用标准曲线法应注意以下几点：

（1）标准系列的组成与待测定试样组成尽可能相似，配制标准系列时，应加入与试样相同的基体成分。在测定时应该进行背景校正。

（2）所配制的试样浓度应该在 A-c 标准曲线的直线范围内，吸光度在 $0.15 \sim 0.6$ 之间测量的准确度较高。通常根据被测定元素的灵敏度来估计试样的合适浓度范围。

（3）在整个分析过程中，测定条件始终保持不变。若进样效率、火焰状态、石墨炉工作参数等稍有改变，都会使标准曲线的斜率发生变化。在大量试样测定过程中，应该经常用标准溶液校正仪器和检查测定条件。

当试样组成复杂，待测定元素含量很低时，应该采用标准加入法进行定量分析。设 c_x、c_s 分别表示试样中待测定元素的浓度和试液中加入的标准溶液的浓变，则 $c_x + c_s$ 为加入标准后溶液的浓度；A_x，A_s 分别表示试液和加入标准溶液后的吸光度，由比尔定律，则：

$$A_x = Kc_x , \quad A_s = K(c_x + c_s) \tag{5-5}$$

在实际工作中很少用上式计算，而是用作图法，又称为直线外推法。取若干份相同体积的试样溶液，依次加入浓度分别为 0、c_0、$2c_0$、$3c_0$、$4c_0\cdots$ 的标准溶液，用溶剂定容，摇均匀后在相同测定条件下测其吸光度，以吸光度对加入标准溶液的浓度作图，A-c_s 标准曲线，延长曲线与浓度轴相交点与原点的距离即为试样中被测试元素的浓度。应用标准加入法注意以下几点：

（1）测量应该在 A-c_s 标准曲线的线性范围内进行。

（2）为了得到准确的分析结果，至少应采用 4 个工作点制作标准曲线后外推。首次加入的元素标准溶液的浓度（c_0）大致应和试样中被测定元素浓度（c_x）相接近。

（3）标准加入法只能消除基体干扰和某些化学干扰但不能消除背景吸收干扰，在测定时应该首先进行背景校正。

不同待测样品的制样过程也不一样，有简有繁。制样的方法可以分为基本不破坏基体的制样方法与破坏基体的制样方法两种。前一类制样方式是稀释、浸取、乳化和悬浊液法；后一种制样方法包括样品的消解、被测元素的分离和富集及用溶剂制成便于测试的试样等。

例1：水质样品分析。

水质样品（包括江河、湖泊和海洋等水质）处于动态过程，其中元素含量随区域和季节而变动。为了便于检测水环境变化趋势，一般是定点定时采样进行监测。分析水质样品时对水样需进行过滤、适当酸化等处理，以避免样品发生絮凝、器壁吸附等。例如用火焰原子吸收光谱法测定某河流水中的铁、铅和镉，分析过程如下：

制样：向 1000mL 容量瓶中注入约 900mL 已知待测元素浓度水，加入 2mL 硝酸，然后用 10mL 移液管从此瓶中准确移取浓样 10mL 于 1000mL 容量瓶中，用纯水定容；未知待测元素水质制样：向 1000mL 容量瓶中加入约 900mL 纯水，加入 1.5mL 浓硝酸，准确量取出 10.0mL 溶液移入该容量瓶中，用纯水稀释至刻度。采用美国 P－E 公司 3030 型火焰原子吸收分光光度计测定铁、锰、镉。测镉时用氘灯扣除背景吸收。元素 Fe、Mn、Cd 的分析精密度和准确度见表 5－1。测试结果见表 5－2，分析表中数据可知，待测元素 Fe、Mn、Cd，测得浓度分别为 70mg/L、120mg/L 和 35mg/L，均在可控的允许范围内。

表 5－1　元素 Fe、Mn、Cd 的分析精密度和准确度

元素名称	测定次数	本底值 /mg·L⁻¹	标准液加入量 /mg·L⁻¹	标准偏差 (SD)	相对标准偏差 /%	回收率范围 /%	平均回收率 /%
Fe	15	0.56	1.00	0.018	2.37	96.3～104.6	99.92
Mn	15	0.28	0.50	0.025	1.46	98.6～103.4	100.1
Cd	15	0.08	0.10	0.27	3.02	97.5～104.9	110.2

表 5－2　待测水样的测定结果

元素名称 （计量单位）	已知浓度水质控样			未知浓度水质控样			
	真值	测得值	误差/%	测得值	校正值	允许范围	真值
Fe/μg·L⁻¹	185	189	＋2.18	77.6	73.8	56～84	70
Mn/μg·L⁻¹	213	211	－0.94	123	121.6	102～138	120
Cd/μg·L⁻¹	55	56.1	＋2.04	38	36.5	28～42	35

5.1.2　电感耦合等离子体发射光谱法

原子发射光谱法（atomic emission spectrometry，AES）是根据待测物质中的气态原子或者离子受到激发后发射的特征光谱的波长和强度来测定试样中的元素组成及含量的方法。原子发射光谱法的一般分析步骤是：待测物质被蒸发、解离、电离、激发、产生光辐射；被测物质发射的复合光经分光装置分光成光谱；检测器检测被测物质中的元素光谱的波长和强度，给出信号进行定性和定量分析。原子发射光谱具有选择性好、灵敏度高、分析速度快、多种元素同时分析的优点，可用于 70 多种元素的分析，此法广泛应用于地质、冶金、机械、材料、能源、环境、食品和医药卫生等领域。原子发射光谱仪主要部分包括激发光源、光谱仪和进行光谱分析的附属设备等，其中激发光源的作用是提供将试样蒸发、解离和激发所需的能量，并产生辐射信号。要求激发光源的激发能力强、灵敏度高、稳定性好、结果简单、操作方便、使用安全。常用的激发光源有直流电弧、低压交流电弧、高压火花和电感耦合等离子体激发光源。本章中，重点介绍电感耦合等离子液体激发光源及其相应的原子发射光谱分析。

等离子体是一种在一定程度上被电离（电离度大于 0.1%）的气体，其导电能力达到充分电离气体的程度，而其中电子和阳离子的浓度处于平衡状态，宏观上呈电中性，是物质的第四种状态。等离子的行为与普通气体相似，但它能被电磁力所支配。等离子体可以由许多方法产生，而光谱分析用的等离子体通常采用气体放电的方法获得，光源大致可以分为如下几类：直流等离子体光源（简称 DCP）；微波等离子体光源（简称 MWP）；高频等离子体光源，又可分为电容耦合等离子体（CCP）和电感耦合等离子体（ICP）。这些等离子体光源均可以用于光谱分析上，共同的优点是：具有较高的蒸发原子化和激发能力，稳定性好，样品组成的影响（基体效应）小，并且因为一般是在惰性气氛下工作，且工作温度极高，所以有利于难激发元素的测定，并避免了碳电弧放电对产生带状光谱的影响。上述等离子体光源已经用于不同目的的光谱分析上，其中以 ICP 光源的研究和应用最广泛、最深入，约占全部等离子体光源研究和应用的 80% 以上。ICP 的特点为：检出限低，一般元素检出限可达每毫升亚微克级；精密度好，在检出限 100 倍浓度，相对标准偏差（RSD）为 0.1% ~ 1%；基体效应低，被分析物主要成分干扰比其他分析方法少，较易建立分析方法；动态线性范围宽，自吸收效应低，工作曲线具有较宽的线性动态范围 $10^5 ~ 10^6$；同时测定周期表中 73 种元素。

　　图 5 - 3 为电感耦合等离子体（ICP）光谱仪装置结构示意图，其基本构造有五个部分组成：高频发生器、进样系统、分光系统、光电转化装置和计算机系统。高频发生器是提供 IPC 光谱器的能源。ICP 进样系统通常将产生等离子焰炬的炬管及其供样系统列入进样系统中。按照样品状态，进样系统可分为三大类：液体试样进样系统、固体试样进样系统和气体试样进样系统。而且针对每一类式样，进样系统中又有许多结构、方法、方式不同的装置。对于液体进样系统来说，首先将液体雾化，以气溶胶的形式送进等离子体焰炬中，雾化方式有：气动雾化、超声波雾化、高压雾化、微量雾化等。对于固体进样装置则将固体式样直接气化，以固体微粒的形式送进等离子体焰炬中。气体进样装置将气体样品直接送进等离子体焰炬中，除了气体直接进样装置外，通过氢化物发生装置，将生成气态氢化物送进等离子体焰炬中，也属气体进样方式。总之，进样装置种类繁多，它的性能对 ICP 发射光谱仪分析性能有很大的影响。仪器的检出限、测量精度、灵敏度均与进样装置的性能有直接关系。长期以来，进样装置一直是 ICP 发射光谱技术研究的一个热点。

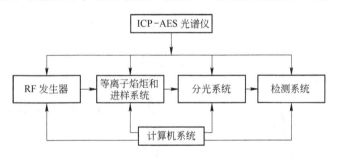

图 5 - 3　ICP 光谱仪装置结构示意图

　　试样在 ICP 焰火中接收能量，使此辐射光具有各种不同波长的光。对这些不同波长的辐射混合而成的光，称为复合光。而分光系统就是将复合光按照不同波长展开而获得光谱的过程。如果白光通过棱镜，由于折射原理，它在可见光波长范围内应分为红、橙、黄、绿、青、蓝、紫不同颜色的光，所以人们也把分光系统称为色散系统。经色散或分光系统后所得到的光谱中，有线状光谱、带状光谱和连续光谱。不同的激发光源所发射的光谱不同，它根据人们对试样研究、检测目的的不同，对分光装置的要求也不一样。

　　由分光器色散后的单色光，将光的强度转换为电的信号，然后经测量→转移→放大→转换→送入计算机，进行数据处理，进行定性、定量分析。目前光谱仪器上常见的光电转换器件有：PMT（光电倍增管）、CID（离子注入式检测器）、CCD（电荷耦合式检测器）及 SCD（分段式电荷耦合检测器），而 ICP 谱光仪中常用的光电转换的器件有：光电倍增管和电荷转移器件（CTD）两种。

众所周知，ICP 发射光谱是由原子中的价电子受外来能量的轰击，激发跃迁到激发态，再由高能态回到各较低的能态或基态时，以辐射形式放出其激发能而产生的光谱线。每一条所发射的谱线的波长取决于跃迁前后两个能级之差；由于原子的能级很多，原子在被激发后其外层电子可有不同的跃迁，但这些跃迁应遵循一定的规则，因此对特定元素的原子可产生一系列不同波长的特征光谱线（或光谱线组），这些谱线按一定的顺序排列，并保持一定的强度比例。原子的各个能级是量子化的，因此电子的跃迁也是不连续的。这就是原子光谱是线状光谱的根本原因。不同的元素由于它的价电子数量不等而且能级轨道不同，所以产生的谱线不是一条，要产生许多的谱线。例如：铁元素在紫外、可见的光谱区域产生 400 多条谱线（其中有高强度记录的谱线达 461 条）；有些稀土元素可产生 800 多条谱线（例如 Ce 有强度记录的谱线达 2532 条）。图 5 - 4 是 ICP 谱图的基本形状特征。ICP 发射光谱仍然有分子带状光谱的特点，如 - OH 带状光谱，它是由水气分解而形成的，它的波长分布在 260 ~ 325nm 区域。通常，无机试样分析很少考虑分子带状光谱的干扰，这是由于所测定元素选用的分析线已考虑这个问题，避免在分子光谱干扰带中选用分析线。分析有机试样时避免带状光谱带的干扰的办法是使等离子体火焰与空气隔离，可以增大冷却气流量和在冷却气中附载少量的 O_2 等。

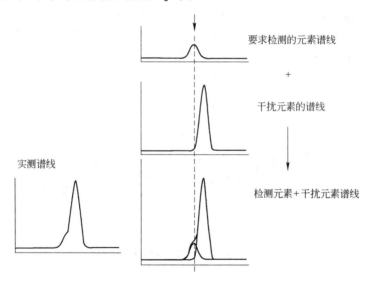

图 5 - 4　ICP 谱图的基本形状特征

分析样品时，各元素产生的光谱线交织在一起，也就是谱线重叠干扰。谱线重叠干扰是普遍现象，没有光谱干扰是很少见的情况。由于 ICP 发射光谱分析主要采用溶液方式，所以光谱干扰与样品溶液的浓度（即元素存在的含量）有关。虽然查阅资料表明，某被测元素分析线有元素谱线干扰存在，但试样中无干扰元素存在或该元素含量很低，有些干扰谱线不会出现，它也不存在谱线干扰，仍然可用该谱线进行测定。减少或校正光谱干扰的主要方法有如下几种。

（1）选用高分辨率的 ICP 光谱仪是消除、减少光谱干扰极为有利的手段；

（2）稀释样品浓度；

（3）采用光谱干扰校正系数；

（4）单道扫描 ICP 光谱仪可采用固定谱线法与限制扫描测定距离法（控制区域法）软件来消除谱线干扰。

ICP 发射光谱分析的样品是溶液进样方式，所以对于固体样品需要溶解，即便是液态的样品也需前处理以达到分析的要求。试样分解时要考虑多元素同时溶解及测定，同时应尽力避免所用的溶剂及器皿带来的杂质的影响。例如为避免光谱干扰，一般不采用化学分析用镍坩埚碱熔方式工作，因为镍坩埚碱熔时，镍被溶解稀释后带入溶液中，镍是多谱线的元素，易造成镍的谱线对测定元素谱线的光谱干扰。分解试样是一个极为复杂和多变的化学反应过程，它可使这种化学反应的化学平衡方程式生成的各种物质向可溶解的方向移动，使之产生新的单体、化合物、配合物等溶于水或弱酸中。为使试样分解，在充分了解试样的基本组分和性能的基础上通常采用如下措施：使溶解出来的某些组分形成难电离的弱电解质（如水、弱酸等）；形成可挥发的气体；能形成稳定的配合物；转化为可溶性单质或化合物。

试样分解过程中，不允许待测组分的损失；不允许从外界引来待测组分。试样分解方法虽然与化学方法、原子吸收光谱方法类似，但绝不能套用，它有其特别之处，如多元素的同时测定，绝不能因某些组分相互发生作用而丢失。试样的基体浓度不能过高，溶剂的用量不能过大等，以免雾化器炬管堵塞，以及加大电离干扰等。一种样品可能会有多种分解方法，在选用哪种分解方法时一定要与测定方法统筹考虑。有些样品加溶剂后，不能一次分解完毕，可将不溶的样品分离，例如过滤后进行第二次分解，但是注意从第一次分解时应使大部组分首先分解，同时分离时，绝不能让剩余部分有所损失。ICP 发射光谱常见分析元素仪器检出限见附录 9。

例 1：离子交换快速分离 ICP-AES 法测定岩石中 15 个稀土元素。

岩石中各个稀土元素含量的测定，对变质岩、沉积岩、火山岩成因研究起到极为关键的作用。稀土元素成分及它们含量之间的比值，有助于研究岩石形成过程和岩石的寿命。岩石中稀土元素的含量极少，采用 ICP–AES 直接测定，检出能力不够，必须采用离子交换法、色谱分离法、螯合分离法等方式才能联合测定。这里介绍用 743 型大孔径阳离子交换树脂分离富集稀土元素，用三乙醇胺 – EGTA 混合配合剂，预先除去大量的 Si、Ca、Fe、Ti 等杂质元素；再以浓度为 1.75mol/L 硝酸溶液及稀硫酸溶液淋洗，以除去 Ba、Sr、Zr 等杂质；最后以柠檬酸溶液洗脱稀土元素，用 ICP-AES 同时测定稀土中 15 个元素。其稀土检出限为 $0.002 \sim 0.3\mu g/mg$。稀土元素总量为 $0.5 \sim 80\mu g/mg$ 时，方法精密度 RSD 为 $1.5\% \sim 2\%$，能满足岩石中稀土元素含量测定要求。

称取 $0.5000 \sim 1.0000g$ 样品于三氧化二铝坩埚中，加 $5 \sim 10g$ 过氧化钠，置于马弗炉中，从常温升至 800℃ 加热熔融，取出后冷却，用水提取，洗净坩埚，加入三乙醇胺 – EGTA（1:1）混合液配合，加热煮微沸。冷却后过滤，先后用稀氢氧化钠溶液和水洗涤沉淀数次，将沉淀溶解并保持 $1 \sim 1.5mol/L$，盐酸酸度上柱分离。洗脱定容 10mL 后，用 ICP-AES 测定。稀土元素分析线见表 5–3，将本例中的测试结果与表 5–3 比对，若在相应位置出现信号，则证明在该样品中有对应的元素。

表 5 - 3 稀土元素分析线

元　素	波长/nm	元　素	波长/nm	元　素	波长/nm
La	398.85	Eu	381.79	Er	349.91
Ce	413.76	Gd	342.24	Tm	313.12
Pr	417.94	Tb	350.92	Yb	369.42
Nd	430.36	Dy	353.17	Lu	261.54
Sm	442.43	Ho	345.60	Y	437.49

例2：陶瓷样品的分析。

要求在分析前采用适当的方法将陶瓷材料分解、转化为可供 ICP 分析的溶液。陶瓷试样的分解方法主要有湿法消解法和熔融法两类。前者一般使用超纯酸的混合物在常压或高压下分解。微波消解的应用使试样分解变得快速、高效、安全、方便，对难熔样品的消解有重要意义。而熔融法由于需加入大量熔剂，引起高的空白值，在陶瓷材料尤其是高纯材料分析中不常用。尽管分解方法存在麻烦、费时、易引入污染和稀释效应等缺点，但它仍然是一种常规分析手段。例如用高频熔样 ICP-AES 法测定陶瓷中的 Mg、Ca、Fe、Al、Ti 和 Zr 等金属元素。实验过程如下：

用光谱纯的金属氧化物或盐类配成 1.000mg/mL 的各种元素标准贮备液，然后根据不同元素测定的需要，配制成适当浓度的标准溶液（溶液的最终酸度用盐酸控制在 10% 以内，以适宜 ICP-AES 法的测定）。精确称取样品 0.4000g 于 Pt-Au 坩埚中，加 2.000g 固体 $Li_2B_4O_7$，约 60mg 的 KBr 搅匀，在高频炉上自动熔样（熔解时间 3min，摇转时间 3min），冷却，将熔好的熔珠扣出，放入加有 30mL 盐酸和 50mL 水的烧杯中，在电热板上加热至熔珠完全溶解，试液清澈透明，取下冷却，转移至 500mL 容量瓶中定容。溶液的酸度尽可能与各标准溶液的酸度一致，以消除酸度对分析结果的影响。同时，配制空白溶液一份待测。

用混合标准溶液在各分析线波长处依次扫描并做对照，根据计算机显示的谱线及背景的轮廓和强度值。本例选择分析线为 Mg 285.213nm、Ca 317.933nm、Fe 238.204nm、Al 396.152nm、Ti 334.941nm、Zr 343.823nm。本例中的干扰包括：盐酸的干扰，$Li_2B_4O_7$ 的干扰和待测元素之间的干扰。

考察了高含量元素 Al 对低含量元素 Mg、Ca、Fe、Ti 和 Zr 的干扰情况，Al 元素对所选的分析线不存在明显的光谱干扰，却使部分元素的背景有所改变，在标准溶液中匹配与样品含量相近的 Al 以消除对测定的影响，分别测定 Mg、Ca、Fe、Ti 和 Zr 元素标准溶液（100μg/mL）及混合标准工作溶液的谱线强度变化，试验结果经检验说明 Mg、Ca、Fe、Ti 和 Zr 元素间基本无干扰，无须采用标准溶液的匹配。通过谱线扫描选择分析线，绘制标准曲线后，用空白溶液连续测定 10 次，取 3 倍标准偏差所对应的浓度为各元素的测出限。本方法测得的检出限见表 5 - 4。

采用上述方法对同一陶瓷样品连续测定 10 次，计算其相对标准偏差，并进行加标回收，其分析结果见表 5 - 5。

表 5 - 4   本方法的检出限

表 5 - 4   本方法的检出限   μg/mL

元　素	Mg	Ca	Fe	Al	Ti	Zr
检出限	0.145	0.255	0.018	0.016	0.009	0.008

表 5 - 5   样品的分析结果

待测元素	测定值/%	加标量/%	加标测定值/%	回收率/%	RSD/%	AAS法测定值/%
Mg	1.20	5.00	6.06	97.74	0.56	1.22
Ca	2.16	5.00	7.30	101.96	1.01	2.09
Fe	0.72	2.00	2.93	107.72	0.82	0.75
Al	17.33	20.00	35.68	95.60	2.35	17.30
Ti	6.95	10.00	17.25	101.70	3.40	7.03
Zr	1.17	5.00	5.87	95.14	0.97	1.21

5.2   红 外 光 谱

5.2.1   红外光谱的基本原理

红外光是波长在 0.78 ~ 500μm 之间的电磁波。红外光谱是分子中基团原子间振动跃迁时吸收红外光所产生的。原子和分子所具有的能量是量子化的，称为原子或者分子能，有平动能级、转动能级、振动能级和电子能级。分子中的基团从一个振动能级跃迁到另一个振动能级所吸收的辐射恰好在红外光区，所以红外光谱是由分子振动能级的跃迁产生的。转动能级的激发需要的能量较低，即吸收较长波长的光，因此发生振动能级跃迁时，常伴随着转动能级的跃迁。观察到的红外光谱是由很多距离很近的线组成的一个吸收谱带，而不是一条一条尖锐的谱线，这种谱图特征与核磁共振和质谱的谱图特征不同。红外光谱的吸收谱带一般波长用 λ 表示。波长 λ 和波数 σ 的关系是：

$$\lambda = \frac{1}{\sigma} \qquad\qquad (5 - 6)$$

将红外光的范围分为三个区段，见表 5 - 6。

表 5 - 6   红外光谱的分类

名　　称	λ/μm	σ/cm^{-1}
近紫外区（泛频区）	0.78 ~ 2.5	12820 ~ 4000
中红外区（基本转动 - 振动区）	2.5 ~ 25	4000 ~ 400
远红外区（骨架振动区）	25 ~ 500	400 ~ 20

5.2.2   红外光谱的装置

测试物质红外光谱的仪器设备称为红外分光光度计，也称红外光谱仪。图 5 - 5 为红外分光光度计的基本构造图。

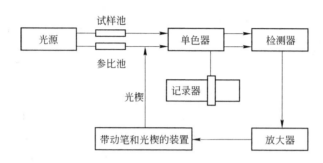

图 5 - 5　红外分光光度计的基本构造图

　　红外光谱仪由光学系统、电学系统、机械系统和计算机系统组成。光源发出的连续的红外光对称分成两束：一束通过样品池；另外一束通过参比池。这两束光经过镜面的调制之后进入单色器，再交替射在检测器上。当被测试的样品吸收特定波长的红外光之后，两束光的光强度就有差别，在检测器上产生与光强度成正比的交流信号电压。电信号经过放大后带动参比光路中的减光器减小光强度差，直到两束光强度相等。与此同时，电脑记录系统进行记录描绘被测化合物的光谱吸收情况后给出光谱图。

5.2.3　样品制备

　　对物质进行红外光谱测试之前要对样品进行提纯，纯度不够的样品进行测试会带来杂质的干扰信息。一般来说，样品纯度要求高于 99%。制备的方法有如下几种：

　　对于固体样品：常用的方法是 KBr 压片法：取试样 1~3mg 与适量 KBr 在研钵中研磨均匀，压成半透明状薄片。如果固体样品的熔点较低，也可以先将样品融化在 KBr 窗片上成膜。特别的固体样品可以制成溶液涂在 KBr 窗片上进行测试。

　　对于液体样品制样方法有几种：液体池、溶液法、涂片等方法。

　　对于高分子整体材料样品，制样比较困难。一般来说，整体材料强度和硬度都较大，可以采用如下几种方法：磨成粉末制样或受热融化后迅速用刮刀在玻璃平面上刮成薄膜、溶液法等。

　　气体样品使用气体池进行红外光谱的测定，气体池的构造见图 5 - 6，气体池的长度可以调变，由玻璃或者金属制成，两端有两个窗片可以透过红外光。

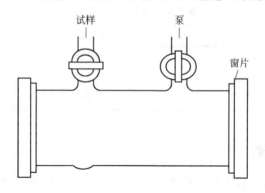

图 5 - 6　红外光谱测试气体池构造

5.2.4 基团频率与特征吸收峰

中红外区分成两个部分：官能团区 $3700 \sim 1330 cm^{-1}$ 和指纹区 $1300 \sim 650 cm^{-1}$。化合物各种基团在红外光谱的特定区域有对应的吸收带，一般情况下受到化学结构和外部条件等影响，吸收谱带会发生位移，但是综合吸收峰位置、谱带强度和谱带形状及相关峰的存在仍然与相关的官能团对应，能反映一个化合物的基本结构。可以在官能团区得到分子结构的特征，但是诸如几何异构、同分异构以及取代等信息要在指纹区找相关的信息。化合物中官能团所对应的红外吸收谱带见附录10。

烷烃分子中只有 C—C 键和 C—H 键，C—C 键在 $1200 \sim 700 cm^{-1}$ 范围内有一个很弱的吸收峰，在结构分析中用处不大。烷烃的甲基—CH_3，亚甲基—CH_2 和次甲基—CH 的 C—H 伸缩振动在 $2960 \sim 2850 cm^{-1}$ 处有强的吸收峰，可用于区别饱和烃和不饱和烃。甲基和次甲基的不对称 C—H 伸缩振动在 $1460 cm^{-1}$ 附近有吸收峰，甲基的对称 C—H 伸缩振动在 $1380 cm^{-1}$ 附近有吸收峰，孤立的甲基只在 $1380 cm^{-1}$ 附近出现单峰。

烯烃的红外光谱主要有三种信号：C≕C 伸缩振动、C≕C—H 的伸缩振动和 C≕C—H 的面外变形振动。双键的伸缩振动位置在 $1680 \sim 1620 cm^{-1}$，强度和位置还与双键上所连的取代基的数目和性质有关系，分子的对称性越高，吸收峰越弱，如果双键上带有四个取代烷基，常常看不到 C≕C 双键的相应的吸收，这是因为对称的烯烃，振动时不能改变偶极矩。C≕C—H 的伸缩振动在 $3100 \sim 3010 cm^{-1}$，中等强度，可用于鉴定双键以及双键碳上至少有一个氢原子的存在。C≕C—H 的面外摇摆振动吸收在 $1000 \sim 800 cm^{-1}$，对于鉴定各种类型的烯烃非常有参考价值（见附录11）。

在共轭体系中 C≕C 的伸缩振动向低波方向移动，例如 C≕C—C≕C 中，C≕C 吸收峰在大约 $1600 cm^{-1}$ 区域，由于两个 C≕C 的振动耦合，在 $1650 cm^{-1}$ 有时还能看到另一个峰。如有更多的双键共轭，吸收峰逐渐变宽。炔烃中的三键的力常数比烯烃中双键高得多，所以三键比双键难以伸长，伸缩振动出现在高波数部位，一元取代炔烃 RC≡CH 的 $\sigma_{C≡C}$ 在 $2140 \sim 2190 cm^{-1}$（弱），二元取代炔烃 RC≡CR′ 的 $\sigma_{C≡C}$ 在 $2260 \sim 2190 cm^{-1}$，乙炔与对称二取代乙炔，因分子对称在红外光谱中没有吸收峰，因此有时即使有 C≡C 存在，在光谱中不一定能看到。≡C—H 伸缩振动吸收在 $3310 \sim 3300 cm^{-1}$（较强），与 $\sigma_{N—H}$ 值很相近，但 $\sigma_{N—H}$ 为宽峰，易于识别。在 $700 \sim 600 cm^{-1}$ 区域有 ≡C—H 弯曲振动吸收，对于结构鉴定非常有用。

芳烃的红外光谱主要看苯环上的 C—H 键和 C≕C 键的振动吸收。单核芳烃的 C≕C 伸缩振动吸收在 $1600 cm^{-1}$、$1580 cm^{-1}$、$1500 cm^{-1}$、$1450 cm^{-1}$ 附近有条吸收带。$1450 cm^{-1}$ 处的吸收带常常观察不到，其余三个吸收带中 $1500 cm^{-1}$ 附近的最强，$1600 cm^{-1}$ 附近的居中，这两个吸收带对于确定芳核结构十分有用。

苯环上的 C—H 伸缩振动在 $3110 \sim 3010 cm^{-1}$，与烯氢的 $\sigma_{C—H}$ 相近。C—H 的面外弯曲振动在 $900 \sim 690 cm^{-1}$ 区域，它的倍频区在 $2000 \sim 1650 cm^{-1}$ 区域，这两个区域的图谱对分析苯环上的取代情况十分有用。

对于卤代烃，C—X 键的伸缩振动吸收峰的吸收位置分别是 C—F 在 $1350 \sim 1100 cm^{-1}$（强），C—Cl 在 $750 \sim 700 cm^{-1}$（中），C—Br 在 $700 \sim 500 cm^{-1}$（中），C—I 在 $610 \sim 485 cm^{-1}$（中）。如果同一碳上卤素增多，吸收位置向高波数位移，如—CF_2 在 $1280 \sim$

$1120cm^{-1}$，—CF_3 在 $1350 \sim 1120cm^{-1}$，CCl_4 在 $797cm^{-1}$区域。

　　一个基团的吸收位置会由于试样的状态、测试条件、溶剂的极性等外部因素的影响而发生位移。各种因素的综合影响会导致吸收峰的位置变化，对于样品的状态来讲，气体样品的吸收较高，液体样品（包括溶液）和固体样品较低。如丙酮气态的羰基吸收 $C=O$ 吸收峰为 $1738cm^{-1}$，溶液为 $1724 \sim 1703cm^{-1}$，液态为 1715 cm^{-1}。强极性的溶剂与强极性的化合物相互作用，也会使吸收峰的位置和强度发生变化。分子内部的诱导效应、共轭效应和偶极场效应等电子效应会引起分子中电子分布的变化，从而因其化学键力常数的变化会有所移动。例如脂肪醛中的羰基 $C=O$ 吸收峰在 $1720cm^{-1}$，而脂肪族酰氯中的羰基 $C=O$ 吸收峰在 $1800cm^{-1}$，其原因是由于酰氯分子中氯原子强的诱导效应，使电子云由氧原子向双键偏移，增加了羰基 $C=O$ 键的电子云密度而使 $C=O$ 的力常数增加，吸收向高波数方向位移。

5.2.5　红外光谱解析

　　首先，了解样品的来源和物理性质以及由其他的分析方法得到的数据、样品的纯度。合成的化合物由反应物和反应条件来预测产物，对于谱图的解析会有很大的帮助。样品的纯度不够一般不能做定性鉴定及结构分析，因为杂质会带来干扰信号从而干扰谱图的分析，所以进行测试之前进行纯度的判断和提纯的操作。分析谱图时要检查光谱图是否符合要求，基线的透过率要在90%以上，最大吸收峰不能是平头峰，排除因样品用量不合适和样品未研磨细致而带来的谱图不正常的可能。样品处理时重结晶的溶剂、化合物合成中未反应完全的反应物或者副产物以及溴化钾压片过程中混入的水分，以及样品保存过程中的水分吸收都会使谱图中出现不需要的谱带信息。常见的有水的吸收在 $3400cm^{-1}$、$1600cm^{-1}$ 和 $650cm^{-1}$，空气中的二氧化碳的吸收在 $2350cm^{-1}$ 和 $667cm^{-1}$。

　　其次，可以先根据其他的分析数据写出分子式，计算出分子的不饱和度。确定分子所含基团及化学键的类型，每种不同结构的分子都有其基团对应的特征红外光谱，谱图上每个吸收带代表了分子中一个基团或者化学键的振动形式。可以据谱带的位置、强度和形状来确定所含的基团和化学键的类型。当然由于具体化合物的结构和测试的条件的差别，基团的特征吸收会在一定范围位移，所以还要考虑各种因素对谱带的位置、峰形和峰强度的影响。分析谱图按照官能团区到指纹区，先强峰后次强峰和弱峰，先否定后肯定的经验原则进行，指配峰的归属。例如在分析醇类化合物的时候，羟基的存在可以由 $3650 \sim 3200cm^{-1}$ 区域的吸收带判断，但是区别一级醇、二级醇和三级醇则要用指纹区的 $1410 \sim 1000cm^{-1}$ 的吸收带判断。红外光谱区域可能出现的振动类型和对应的基团见附录12。

　　在分析谱图时，在该出现的区域没有出现相应基团的吸收信号，就可以否定此基团的存在。若出现了某基团的吸收，应该看该基团的其他相关峰是否也存在，综合考虑谱带位置、谱带强度，谱带形状和相关峰的个数，再确定基团的存在。一般解谱的经验表明，并不是全部的峰都要解释清楚，只要解释较强的吸收峰，但是同步要考虑其他弱峰的影响。

　　再次，推定分子结构。结合其他的分析数据，用红外光谱图可以确定化合物的结构单元，提出可能的结构式。已知化合物的分子结构验证要根据推定的化合物的结构式，查找该化合物的标准谱图。对于新化合物，一般情况下只能靠红外光谱是难以确定结构的，应该综合质谱、核磁共振、元素分析等手段进行结构分析。

红外光谱用来判断物质特征官能团的存在，可以用于化学反应生成物的判定，合成物质的结构推测，复合材料中界面键合反应的判定，催化剂负载和填料表面接枝改性的判断，合金材料相界面的化学键的判断等，可以应用在催化、材料合成和测试等领域。以下介绍几种比较典型的应用红外光谱进行材料分析的例子：

例1：无机填料改性的红外分析。

采用聚丙烯酸钠（PAS）对凹凸棒黏土（ATP）进行处理，可以改善黏土的表面性能，增强与高分子基体的界面结合。图5-7给出了经过PAS处理前后的ATP的IR谱图。其中，3617、3558、3428cm^{-1}处的吸收峰归属于金属离子（Mg元素等）上的羟基的伸缩振动和ATP中的结构水的羟基的伸缩振动；1656cm^{-1}处为沸石水的振动光谱；处于1037cm^{-1}和981cm^{-1}处的谱带属于Si—O伸缩振动和—OH的变形振动。与未经过处理的ATP相比，经过PAS处理的ATP在2922cm^{-1}和2845cm^{-1}处出现了两个吸收峰归属于C—H的伸缩振动，这说明PAS已经修饰到ATP上。

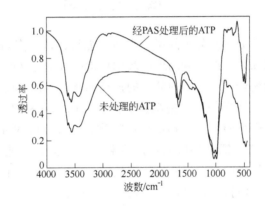

图5-7 ATP经PAS处理前后的IR谱图

例2：高分子合金的分析。

为了强化高分子界面之间的作用，可以选择第三种有机物进行反应型界面增容剂。例如在聚酰胺PA66和热致液晶（TLCP）复合材料的研究中，研究者用马来酸酐接枝的EP-DM（EPDM-g-MAH）作为界面相容剂进行反应型的增容。为了证明增容剂中的酸酐基团与基体PA66的胺基，TLCP分子中的羟基或者是羧基发生了化学作用，图5-8（a）和（b）分别给出了PA66/EPDM-g-MAH与EPDM-g-MAH的红外光谱对比图，以及TLCP与TLCP/EPDM-g-MAH的红外光谱对比图。对于聚合物完全不相容的体系，各个组分的特征吸收谱带能够很好地重现而未发生变化；而部分相容聚合物共混物，各个组分的特征吸收谱带由于分子环境的变化，产生偏移和不对称加宽等变化。图5-8（a）中，1780cm^{-1}的吸收峰对应EPDM-g-MAH中的酸酐基团，当其与PA66共混后，1780cm^{-1}处的吸收峰消失，这说明，EPDM-g-MAH中的酸酐基团与PA66分子链中的活性基团胺基发生了化学反应。图5-8（b）中，TLCP的红外谱图与TLCP/EPDM-g-MAH的红外谱图相比，TLCP分子中的羟基吸收峰从3467cm^{-1}移动到3435cm^{-1}，且谱带明显变宽，这也说明了TLCP与EPDM-g-MAH之间的相互作用。

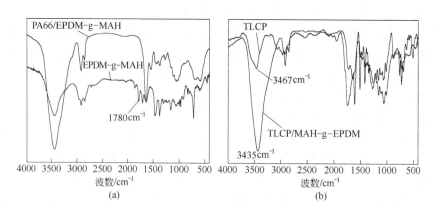

图 5-8　EPDM-g-MAH 增容 PA66/TLCP 复合材料的红外谱图

5.3　激光拉曼光谱

拉曼光谱也是用来检测物质分子的振动和转动能级，这一点与红外光谱有相似之处，所以这两种光谱俗称姊妹谱。但两者的理论基础和检测方法存在明显的不同。红外光谱法的检测直接用红外光检测处于红外区的分子的振动和转动能量：用一束波长连续的红外光透过样品，检测样品对红外光的吸收情况；而拉曼光谱法的检测是用可见激光（也有用紫外激光或近红外激光进行检测）来检测特征吸收处于红外区的分子的振动和转动能量，它是一种间接的检测方法：把红外区的信息变到可见光区，并通过差频（即拉曼位移）的方法来检测。由于可见光区是电子跃迁的能量区，当用可见激光激发样品时，电子跃迁所产生的光致发光信号会对拉曼信号产生干扰，严重时，拉曼信号会被完全淹没。拉曼的频谱范围宽为 $10 \sim 4500 \text{cm}^{-1}$，而红外的波谱范围窄，大约是 $400 \sim 4000 \text{cm}^{-1}$；拉曼的激发波长可以是可见光区的任一激发源，因此其色散系统比较简单；而红外的辐射源和接收系统必须放在专门封闭的装置内；一些结构上不具有偶极矩的分子不产生红外吸收，但可产生拉曼散射。

5.3.1　基本理论

当光照射到物质上时会发生散射，散射光中除了与激发光波长相同的弹性成分（瑞利散射）外，还有比激发光的波长长的和短的成分，后一现象统称为拉曼效应。由分子振动、固体中的光学声子等激发元与激发光相互作用产生的非弹性散射称为拉曼散射，一般把瑞利散射和拉曼散射合起来所形成的光谱称为拉曼光谱（图 5-9）。由于拉曼散射非常弱，所以直到 1928 年才被印度物理学家拉曼等人发现。

拉曼效应的机制和荧光现象不同，并不吸收激发光，因此不能用实际上的能级来解释，玻恩和黄昆用虚线表示的能量较高的虚态能级概念来说明拉曼效应。图 5-10 是说明拉曼效应的一个简化能级图。

假设散射物分子原来处于电子基态，振动能级如图 5-10 所示。当受到入射光照射时，激发光与此分子的作用引起极化可以看作虚的吸收，表述为电子跃迁到虚态，

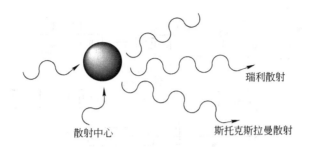

图 5 - 9 瑞利散射和拉曼散射

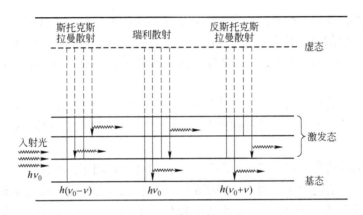

图 5 - 10 拉曼光谱能级图

虚态能级上的电子立即跃迁到下能级而发光，即为散射光。存在图 5 - 10 所示的三种情况，散射光中既有与入射光频率相同的谱线，也有与入射光频率不同的谱线，前者称为瑞利线，后者称为拉曼线。在拉曼线中，把频率小于入射光频率的谱线称为斯托克斯线（Stokes），而把频率大于入射光频率的谱线称为反斯托克斯线（An-Stokes）。瑞利线（激发波数）与拉曼线的波数差被称为拉曼位移。因此拉曼位移是分子振动能级的直接量度。

5.3.2 仪器装置

美国珀金 - 埃尔默（Perkin-Elmer）于 1964 年试制成功第一台激光拉曼分光光度计 LR - 1 型。此时，激光拉曼光谱开始定型。到 1972 年，美国、日本、法国均在不断进行研究并有激光拉曼分光光度计出售，定型的型号已有 20 种左右。图 5 - 11 为拉曼光谱的仪器构造图。

5.3.3 测试方法

拉曼光谱测试的样品制样过程比红外吸收光谱的制样过程简单得多，只要将被测样品固定在样品托上即可。拉曼光谱在分析材料结果的特点上和红外光谱有所不同。对于同种分子的非极性键如 S—S、C=C、N=N、C=C 产生强的拉曼谱带，并按单键—双键—三键的顺序谱带强度增加；而在红外光谱中，由 C≡N、C=S、S—H 伸缩振动产生的谱

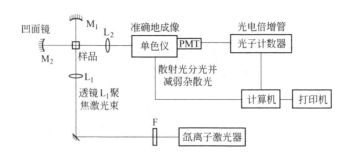

图 5 – 11　拉曼光谱的仪器构造图

带一般较弱或强度可变，而在拉曼光谱中它们则是强谱带。对于环状化合物来说，对称呼吸振动常常是最强的拉曼谱带，具有累积双键的结果，如 X ═Y ═Z，C ═N ═C，O ═C ═O 的对称伸缩振动是强谱带，而红外光谱与此相反；C—C 伸缩振动在拉曼光谱中是强谱带。

　　醇和烷烃的拉曼光谱相似，主要体现在 C—O 键与 C—C 键的力常数或键的强度没有很大差别；尽管羟基和甲基质量仅相差 2，与 C—H 和 N—H 谱带比较，O—H 拉曼谱带较弱。

　　对于一个给定的化学键，其红外吸收频率与拉曼位移相等，均代表第一振动能级的能量。因此，对某一给定的化合物，某些峰的红外吸收波数与拉曼位移完全相同，红外吸收波数与拉曼位移均在红外光区，两者都反映分子的结构信息。两种测试方法的不同则在于：

　　（1）红外光谱的入射光及检测光均是红外光，而拉曼光谱的入射光大多数是可见光（包括散射光）。

　　（2）红外谱测定的是光的吸收，横坐标用波数或波长表示，而拉曼光谱测定的是光的散射，横坐标是拉曼位移。

　　（3）两者的产生机理不同。红外吸收是由于振动引起分子偶极矩或电荷分布变化产生的。拉曼散射是由于键上电子云分布产生瞬间变形引起暂时极化，是极化率的改变，产生诱导偶极，当返回基态时发生的散射。散射的同时电子云也恢复原态。

　　（4）红外光谱用能斯特灯、碳化硅棒或白炽线圈作光源，而拉曼光谱仪用激光作光源。

　　（5）用拉曼光谱分析时，样品不需前处理。而用红外光谱分析样品时，样品要经过前处理，液体样品常用液膜法，固体样品可用调糊法，高分子化合物常用薄膜法，整体样品的测定可使用窗板间隔为 2.5～10cm 的大容量气体池。

　　（6）红外光谱主要反映分子的官能团；而拉曼光谱主要反映分子的骨架，可用于分析生物大分子。

　　（7）拉曼光谱和红外光谱可以互相补充，对于具有对称中心的分子来说，具有一互斥规则：与对称中心有对称关系的振动，红外不可见，拉曼可见；与对称中心无对称关系的振动，红外可见，拉曼不可见。表 5 – 7 列出了拉曼光谱和红外光谱在测试方面的主要特点的比较。

表5-7 拉曼光谱与红外光谱的特点比较

红 外 光 谱	拉 曼 光 谱
光谱范围 400~4000cm^{-1}	光谱范围 40~4000cm^{-1}
水不能作为溶剂	水可作为溶剂
不能用玻璃容器测定	样品可盛于玻璃瓶
固体常需要研磨，KBr 压片	固体可直接测定，易于升温实验

5.3.4 拉曼光谱在材料研究中的应用

例1：有机溶盐的分析。

离子液体是指完全由离子组成的液体，是在室温或室温附近温度下呈液体状态的盐，也称为低温熔融盐。理论上存在无数种结构，在制备离子液体的过程中，通过改变烷基链长度和所含离子可以改变离子液体的结构，同时离子液体可以与 Lewis 酸复合制备 Lewis 酸性的酸功能化离子液体。例如 N-甲基丁基咪唑氯盐（[bmim]Cl）与 FeCl$_3$ 按照等物质的量复合，制备出具有 Lewis 酸性和磁性的 Fe-基离子液体，这种离子液体具有良好的催化性能。图5-12 示出的是 [bmim]FeCl$_4$ 和 [bmim]Cl 两种离子液体的拉曼光谱图。离子液体 [bmim]FeCl$_4$ 的拉曼光谱在330cm^{-1}处的强吸收峰归属于 Fe—Cl 键，而这个吸收峰在红外光谱中很难体现。

例2：碳纤维微结构的拉曼光谱研究。

碳纤维常常用作树脂基复合材料的增强材料，未经处理的碳纤维表面平滑，呈惰性，与树脂基体的界面结合较差。为了提高碳纤维增强复合材料的整体使用性能，需要对纤维表面进行表面处理。电化学处理方法就是表面处理的一种，简单易行且效果显著。图5-13是不同电化学处理时间的拉曼光谱曲线。从图中可以看出，处理前后碳纤维的一级拉曼序区内存在两个明显的谱线：1360cm^{-1}附近的 D 线和1580cm^{-1}附近的 G 线，经光电化学的表面处理之后，D 线和 G 线有一定程度的分开。经过不同时间的电化学处理，碳纤维表面

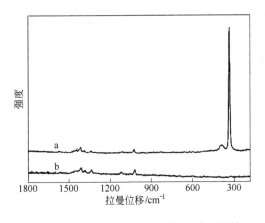

图5-12 [bmim]FeCl$_4$ 和 [bmim]Cl 两种
离子液体的拉曼光谱图
a—[bmim]FeCl$_4$；b—[bmim]Cl

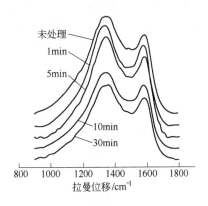

图5-13 不同电化学处理时间的
拉曼光谱曲线

微结构发生了变化，体现在拉曼光谱中 D 线和 G 线的交叠程度减小，R 值增大。随着电化学处理时间的增加，R 值有序增大，代表着经过电化学处理的碳纤维表面结构有序变化，微结构发生改变。

5.4　核磁共振波谱

5.4.1　核磁共振的基本原理

核磁共振（nuclear magnetic resonance spectroscopy，NMR），具有选择性好、分辨率高、灵敏度高、能进行动态观测等特点，因此它的应用十分广泛。在物理学方面，利用 NMR 可以研究原子核的结构和性质、凝聚体的相变、弛豫过程和临界现象等；在化学工业方面，利用 NMR 可以研究有机材料的反应过程等；在生物医学方面，利用 NMR 可以研究生物组织甚至活体组织和生化过程，可以结合 NMR 谱与 NMR 成像做生理分析及医学诊断等；此外，还广泛应用于工业、农业、考古等领域。磁共振是指磁矩不为零的原子或原子核在稳恒磁场作用下对电磁辐射能的共振吸收现象。如果共振是由原子核磁矩引起的，则该粒子系统产生的磁共振现象称核磁共振（NMR）；如果磁共振是由物质原子中的电子自旋磁矩产生的，则称电子自旋共振（ESR），亦称顺磁共振（EPR）；而由铁磁物质中的磁畴磁矩所产生的磁共振现象，则称铁磁共振（FMR）。

核磁共振现象是原子核磁矩在外加恒定磁场作用下，核磁矩绕此磁场做拉莫尔进动，若在垂直于外磁场的方向上是加一交变电磁场，当此交变频率等于核磁矩绕外场拉莫尔进动频率时，原子核吸收射频场的能量，跃迁到高能级，即发生所谓的共振吸收现象。

由量子力学知识可知，原子核的角动量大小由下式决定：

$$P = \sqrt{I(I+1)}\hbar \quad \left(I=0,\ \frac{1}{2},\ 1,\ \frac{3}{2},\ \cdots\right) \tag{5-7}$$

式中，$\hbar = h/(2\pi)$，h 为普朗克常数；I 为核的自旋量子数，对于氢核、氟核 $I=1/2$。

图 5-14 是氢核能级在磁场中的分裂，其中 g_N 为朗德因子，$\mu_N = 5.05 \times 10^{-27}$ J/T，是核磁矩的单位，称为核磁子。根据量子力学中的选择定则，只有 $\Delta m = \pm 1$ 的两个能级之间才能发生跃迁，这两个跃迁能级之间的能量差为：

$$\Delta E = g_N \mu_N B \tag{5-8}$$

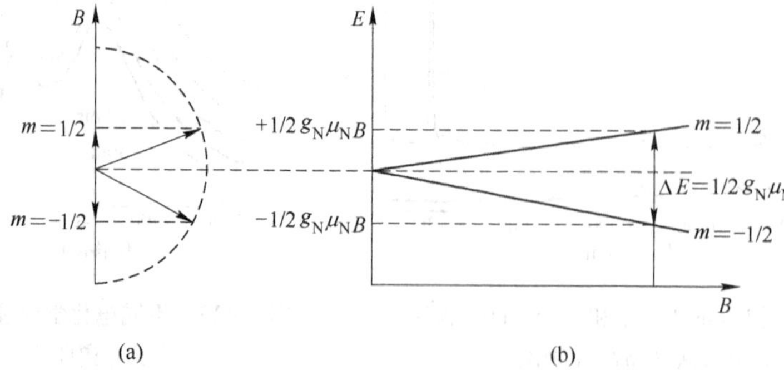

图 5-14　氢核能级在磁场中的分裂

由这个公式可知，相邻两个能级之间的能量差 ΔE 与外磁场 B 的大小成正比，磁场越强，则两个能级分裂也越大。

如果实验时外磁场为 B_0，在该稳恒磁场区域又叠加一个电磁波作用于氢核，如果电磁波的能量 $h\nu_0$ 恰好等于这时氢核两能级的能量差 $g_N\mu_N B_0$，即：

$$h\nu_0 = g_N\mu_N B_0 \tag{5-9}$$

则氢核就会吸收电磁波的能量，由 $m = 1/2$ 的能级跃迁到 $m = -1/2$ 的能级，这就是核磁共振吸收现象。

上面讨论的是单个的核放在外磁场中的核磁共振理论。但实验中所用的样品是大量同类核的集合。如果处于高能级上的核数目与处于低能级上的核数目没有差别，则在电磁波的激发下，上下能级上的核都要发生跃迁，并且跃迁几率是相等的，吸收能量等于辐射能量，我们就观察不到任何核磁共振信号。只有当低能级上的原子核数目大于高能级上的核数目，吸收能量比辐射能量多，这样才能观察到核磁共振信号。

另外，要想观察到核磁共振信号，仅仅磁场强一些还不够，磁场在样品范围内还应高度均匀，否则磁场多么强也观察不到核磁共振信号。同时，随着共振跃迁的进行，下能级的原子核不断地被激发到高能级，最终使得上下相邻能级分布的原子核数目相等，导致共振现象消失。为了共振能持续进行，需要被激发的原子核以快速通过无辐射方式弛豫回下能级。原子核弛豫的速度与原子之间的相互作用有关。为了加速某些弛豫时间比较长的系统（如水）的弛豫，通常在样品中加入顺磁性盐（如氯化亚铁）。

5.4.2　核磁共振波谱仪及实验要求

核磁共振实验仪主要包括磁铁及扫场线圈、探头与样品、边限振荡器、磁场扫描电源、频率计及示波器。实验装置图见图 5-15。

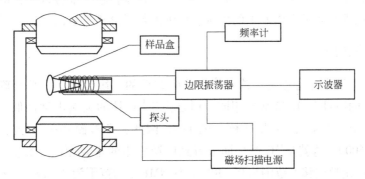

图 5-15　核磁共振实验装置示意图

核磁共振谱图的三大要素是：化学位移（δ）、峰形和峰面积（积分）。常见的测试方法是将适量的被测物溶解在氘代试剂或者不含质子的试剂中配置成液体样品进行测试，常用的内标物是四甲基硅（TMS）。常见的活泼氢，如—OH、—NH—、—SH、—COOH 等基团的质子，在溶剂中交换很快，并受测定条件如浓度、温度、溶剂的影响。δ 值不固定在某一数值上，而在一个较宽的范围内变化。活泼氢的峰形有一定特征，一般而言，酰胺、羧酸类缔合峰为宽峰，醇、酚类的峰形较钝，而氨基、巯基的峰形较尖。用重水交换法可以鉴别出活泼氢的吸收峰，因为加入重水后活泼氢的吸收峰消失。

氢键对化学位移有影响：绝大多数氢键形成后，质子化学位移移向低场，表现出相当大的去屏蔽效应，提高温度和降低浓度都可以破坏氢键。

由化合物 NMR 谱图解析结构的一般步骤是：

（1）获取试样的各种信息和基本数据。如试样来源或合成途径、纯度及各种物理常数、化学分析结果、其他仪器分析方法的谱图。需了解元素分析结果和相对分子质量数据或质谱数据，以获得正确的化学式。

（2）对所得的 NMR 谱图进行初步观察，如谱图基线是否平整，TMS 峰是否正常，化学位移是否合理，是否有溶剂峰、杂质峰，峰形是否对称，积分曲线在无信号处是否平坦等。

（3）根据被测物化学式计算该化合物的不饱和度。

（4）根据积分曲线计算各峰所代表的氢核数。若不知化学式，可以从谱图中明显的甲基质子或其他孤立质子信号推测各峰代表的质子数。

（5）根据化学位移，先解析比较特征的强峰、单峰。

（6）以重水对试样进行交换，比较交换前后的 NMR 谱图，以判断活泼氢（—OH、—NH—、—SH、—COOH）的存在。

（7）解析符合 $n+1$ 规律的一级谱图，读出耦合常数（J）值，找到与 J 值相等的耦合关系。

（8）合理组合解析所得的结构单元，推出结构式。一般来说，核磁的结果需要结合 UV、IR、MS 等结果检查推导的结构式是否合理，并查阅有关文献和标准谱图予以验证。

5.4.3 核磁共振氢谱

氢的核磁共振谱提供了三类极其有用的信息：化学位移、耦合常数、积分曲线。应用这些信息，可以推测质子在碳胳上的位置。详细的例子分析见后面应用实例。

5.4.4 核磁共振碳谱

^{13}C 核磁共振波谱的特点是：首先，^{13}C 核磁共振的灵敏度低。^{13}C 核自旋量子数 $I=1/2$，其核磁共振的原理与 ^1H 核基本相同。但是由于 ^{13}C 核的天然丰度甚低，仅 1.1%，磁旋比 $\gamma = 6.73 \times 10^7 T^{-1} \cdot s^{-1}$，约为 ^1H 核 γ 的 1/4，因此，^{13}C 核磁共振信号的灵敏度约为 ^1H 核灵敏度的 1/6000，这就是 ^{13}C 谱长期未得到广泛应用的重要原因。其次，分辨能力高。由于 ^{13}C-NMR 的化学位移 δ 范围为 0～300（^1H-NMR δ 的范围为 0～12），比 ^1H-NMR 大 20 多倍，因此图谱分辨能力高，几乎所有的碳核都能够被观测到。另外，氢谱广泛存在着自旋 – 自旋耦合，对大多数 ^1H 核导致共振吸收带加宽和重峰裂分现象。碳谱中，自旋 – 自旋裂分实际上不存在，虽然和 ^1H 有耦合，却易于控制。再者，弛豫时间可以作为结构鉴定的波谱参数。^{13}C 核弛豫时间可以判断结构归属，进行构象测定。在液体条件下，^{13}C 核的弛豫时间在 10^{-2}～$10^2 s$ 内，即使在同一化合物中，处于不同环境的 ^{13}C 核，它们的弛豫时间值可以相差两个数量级，因此弛豫时间可以作为结构鉴定的波谱参数。而且，从 ^{13}C – NMR 谱中还可以直接观测不带氢的含碳官能团的信息，如羰基、腈基和季碳原子。

5.4.5 固体核磁共振波谱

对于一些样品不溶解或者样品溶解后结构改变，或者需要了解样品从液体到固体的结构变化则需要进行固体核磁的测试，故固体核磁共振技术是以固态样品为研究对象的分析技术。固态样品分子的快速运动受到限制，化学位移各向异性等各种作用的存在使谱线增宽严重，因此固体核磁共振技术分辨率相对于液体的较低。固体核磁共振技术的应用领域主要包括：固体催化剂、玻璃、陶瓷等；高分子、膜白质等；生物材料如骨修复材料、羟基磷灰石等。

传统的结构研究方法，如 X 射线衍射等，表征的是固体物质中的长程有序，给出的是平均化的结构信息。然而，多数材料包括许多新型功能材料，在长程结构上都有或多或少的无序性，此时，这些结构表征方法就显示出其局限性。然而即便是最"无序"的物质也总是包含着短程上的"有序"。近年来固体核磁共振方面的研究是国际上的一个新的热点，正是因为它考察的是固体中某种特定核的局部环境，观测的是短程有序，因而成为研究这些部分"无序"材料的理想方法。通过探索详尽的原子周围局部结构的信息，我们可以从根本上掌握材料的结构和功能的联系，从而为新材料的设计提供指导意见。

5.4.6 核磁共振波谱在材料研究中的应用

例1：有机化合物的结构分析。

图 5-16 是有机化合物对苯二甲酸乙二醇酯（BHET）的核磁氢谱，溶剂是 DMSO，四甲基硅烷标定。对苯二甲酸乙二醇酯的结构如下所示：

$$HOCH_2CH_2O-\overset{\overset{O}{\|}}{C}-\underset{}{\bigcirc}-\overset{\overset{O}{\|}}{C}-OCH_2CH_2OH$$

化合物 BHET 是一种重要的合成中间体，是制备聚酯的原料之一。从其分子结构上可以看出 BHET 中有四种氢，分别是苯环上的四个氢，亚甲基上的两种氢和羟基氢。分析图 5-16，化学位移在 $\delta 8.13$ 的单峰归属苯环上的四个氢（s，4H，C_6H_6）；化学位移 $\delta 4.93$

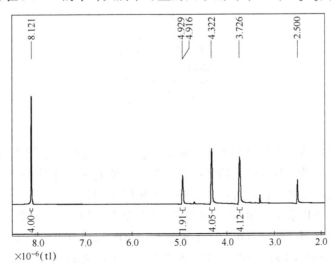

图 5-16 有机化合物对苯二甲酸乙二醇酯（BHET）^{1}H-NMR 图谱（DMSO）

的单峰归属于羟基氢（s，1H，OH）；化学位移 δ 4.33 的三重峰归属于亚甲基上的氢（t，2H，COOCH$_2$），化学位移 δ 3.73 的多重峰归属于与羟基相连的亚甲基上的氢（m，2H，CH$_2$OH），而化学位移 δ 2.50 的信号则是溶剂的信号（t，1H，DMSO）。

在制备核磁测试样品时，溶剂的选择会影响一些氢化学位移的变化，例如图 5-17 所示的是化合物 BHET 以氘带氯仿为溶剂的核磁氢谱，其中苯环上的氢，亚甲基上氢的化学位移与图 5-16 所示的化学位移类似，但是羟基上的氢所归属的化学位移是 δ 2.20。

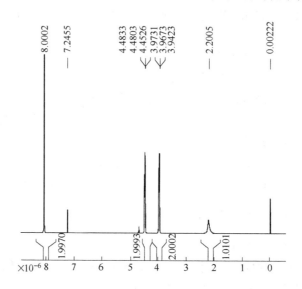

图 5-17　有机化合物对苯二甲酸乙二醇酯（BHET）^{1}H-NMR 图谱（CCl$_3$D）

例 2：复杂化合物的结构分析。

杂环肽化合物在肽类家族中具有重要的作用，由于没有碳端和氮端，不仅保留了原有的生物活性和稳定性，还增强了生物利用度，使其在生命体中具有高生物活性和药理专一性，因而广泛受到化学家和生物学家的重视。例如下列杂环化合物：

上述环状化合物的一个羰基碳为手性碳原子，并与手性碳原子相连的碳上的两个氢出现磁不等价现象，另外环状化合物特殊结构也会使同碳上的氢磁不等价，因此在核磁共振谱图中会出现两组双重峰。该化合物的核磁氢谱见图 5-18。

从图 5-18 中可以看到，化学位移在 δ 4.65 和 δ 5.40 之间出现了两组双峰，其中 δ 4.71，δ 4.86 对应 H$_a$ 的^{1}H-NMR 信息（J_a = 14.8Hz），δ 5.04 和 δ 5.154 对应 H$_b$ 的 ^{1}H-NMR 信息（J_b = 17.6Hz），其中单峰 δ 5.035 是由于旋转异构引起的。图 5-19 是该化合物的核磁碳谱。可发现在化学位移 δ 94.55，δ 95.36 两处出现手性碳特征峰，这说明有

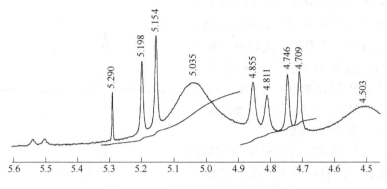

图 5 - 18 环状化合物的核磁氢谱

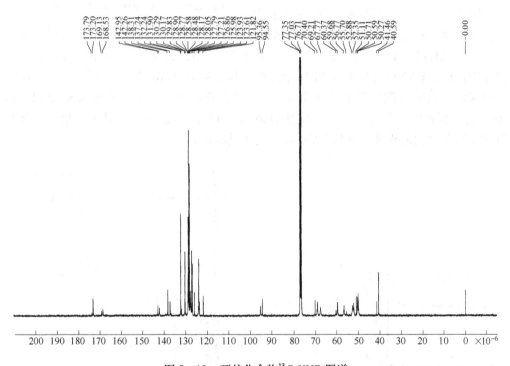

图 5 - 19 环状化合物 ^{13}C-NMR 图谱

手性碳原子生成，并且由于旋转异构使得此处不是单峰。

例 3：固体核磁在高性能陶瓷中的研究。

固体核磁共振（NMR）是探测固体物质结构与化学的有力手段。在研究有机固体化合物、聚合物、树脂等材料的结构问题中，上述材料若制备成溶液则很难获得其固态的相结构和组成等信息。Si_3N_4 是一类耐高温的高强度陶瓷材料，其结构类型有两种：即 α-Si_3N_4 和 β-Si_3N_4。图 5 - 20 是 Si_3N_4 的 ^{29}Si 固体核磁图谱。从图中可以看到，α 相有两个强度相同的 ^{29}Si 谱峰，而 β 相中仅有一个峰。在 Si_3N_4 结构中，Si 原子是以四配位与 4 个 N 原子配位，而每个 N 原子侧键连 3 个 Si 原子。在形成结构网络时，堆积序列的不同，形成不同的晶体类型。其中，Si α_1 和 Si β 位置在 0.38nm 范围内有 8 个临近的 Si 原子，而 Si α_2 位置的共振峰有几乎相同的化学位移值 -48.9×10^{-6}，而 Si α_2 位的共振峰则在 -46.8×10^{-6}。由于 ^{15}N 自然丰度较低，Si_3N_4 中 ^{15}N 信号的观测是困难的，但富集的 ^{15}N 样品可以获得信噪比较好的 ^{15}N 共振谱，并且 -306×10^{-6} 和 -317×10^{-6} 的信号分别来自于 βSi_3N_4 和 Si_3N_2O 中的 ^{15}N 共振。

图 5 - 21（a）是 SiC 粉末样品与烧结体的 ^{29}Si NMR 谱，可以看到粉末样品的谱线宽度约为 60 Hz，而烧结体的谱线半高宽为 20 Hz，表明烧结后的 SiC 中，原子的有序度大大提高。图 5 - 21（b）是各种 Si_3N_4 粉末样品

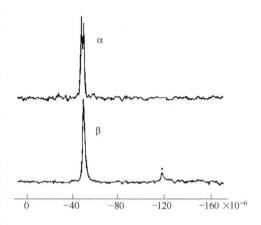

图 5 - 20 Si_3N_4 陶瓷的 ^{29}Si 固体核磁图谱

的 ^{29}Si NMR 谱，通过不同化学位移谱线强度的积分，对各样品的物相组成进行了定量分析，分别给出样品中 α-Si_3N_4、β-Si_3N_4、无定形相、氮氧化合物以及硅酸盐相的含量。在本例子中固体核磁的研究方法与 XRD 方法相比较，固体 NMR 方法更为可靠，因为 XRD 方法对无定形相的检测经常是不可靠的，一般有 30% 的无定形相不能被检测到，而且 XRD 方法检测到的 α 相与 β 相的比值明显地比 NMR 方法低 10%。对于含量少，且有序度低的氮氧化合物的检测，固体 NMR 方法更加灵敏可靠。

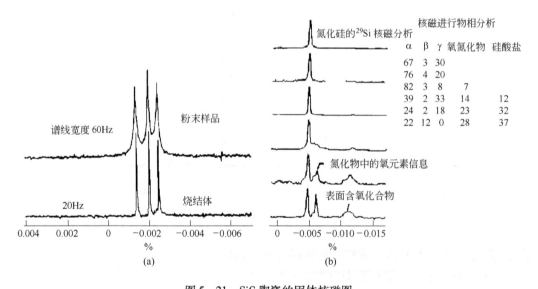

图 5 - 21   SiC 陶瓷的固体核磁图

（a）SiC 粉末样品与烧结体的 ^{29}Si NMR 谱；（b）各种 Si_3N_4 粉末样品的 ^{29}Si NMR 谱

思 考 题

5 - 1   试比较原子发射光谱中几种常用激发光源的工作原理、特性及适用范围。

5 - 2   原子发射光谱的主要干扰源有哪些？

5 - 3   光谱定量分析为何经常采用内标法，其基本公式及各项的物理意义是什么？

5-4　拉曼光谱的峰强度与哪些因素有关?

5-5　从图 5-22 推断化合物 $C_4H_{10}O$ 的结构。

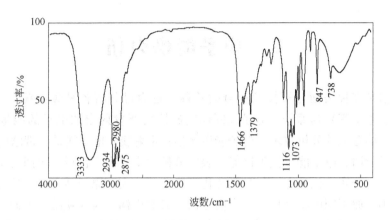

图 5-22　思考题 5-5 图

5-6　拉曼光谱与红外光谱的原理有什么联系和区别?

5-7　固体核磁和液体核磁仅仅是制样上的区别吗,还有什么不同,各自的优势在哪个方面?

参 考 文 献

[1] 邓勃. 原子吸收光谱分析的原理、技术和应用 [M]. 北京:清华大学出版社,2004.

[2] 郑国经,计子华,余兴. 原子发射光谱分析技术及应用 [M]. 北京:化学工业出版社,2010.

[3] 钟志光,陈佩玲,刘崇华,等. 高压消解-电感耦合等离子体原子发射光谱法测定电子电气产品塑料中的铅、镉、铬和汞 [J]. 中国塑料,2006,20 (1):83.

[4] 谢华林. ICP-AES 法同时测定陶瓷样品中镁钙铁铝钛锆的研究 [J]. 山东陶瓷,2003,26 (5):20.

[5] 张敏,朱波,王成国,等. 碳纤维在电化处理中的拉曼光谱研究 [J]. 光谱学与光谱分析,2010,30 (1):105.

[6] 金英学,王家昌,岳群峰,等. N-(末端三甲基硅苄基甘氨酸肽链)-2,3-萘二甲酰亚胺的光诱导单电子转移成环反应 [J]. 有机化学,2012,32:1290.

[7] 岳勇. 固体 NMR 在高性能陶瓷研究中的应用 [J]. 波谱学杂志,1995,12 (5):473.

6 电子能谱分析

电子能谱是多种表面分析技术集合的总称，是通过分析各种轰击粒子（单能光子、电子、离子、原子等）与原子、分子或固体间碰撞后所发射出的电子的能量来测定原子或分子中电子结合能的分析技术。电子能谱包括：X 射线光电子能谱、俄歇电子能谱、真空紫外光电子能谱、电子能量损失谱等。表面分析的主要内容包括：表面化学组成，包括表面元素组成、分布、化学态、化学键和化学反应等；表面原子结构，包括表面层原子的几何配置、确定原子间的精确位置、表面弛豫、表面再构、表面缺陷和表面形貌；表面原子态，包括表面原子振动状态、表面吸附（吸附能、吸附位）、表面扩散等；表面电子态，包括表面电荷密度分布及能量分布（DOS）、表面能级性质、表面态密度分布、价带结构、功函数等。在本章中，重点介绍 X 射线光电子能谱、俄歇电子能谱、真空紫外光电子能谱三种表面分析技术的相关理论以及这三种材料表面分析方法在金属、高分子、纳米材料中分析的实例。

6.1 X 射线光电子能谱法

6.1.1 X 射线光电子能谱法的基本原理

X 射线光电子能谱（X-ray photoelectron spectroscopy，XPS）亦称为 ESCA（electron spectroscopy for chemical analysis）。X 射线光电子能谱法是指所用激发源（探针）是单色 X 射线，探测从表面射出的光电子的能量分布。由于 X 射线的能量较高，所以得到的主要是原子内壳层轨道上电离出来的电子。进行表面分析时，用特征波长的 X 射线（如 $MgK_\alpha - 1253.6eV$ 或 $AlK_\alpha - 1486.6eV$）辐照固体样品，然后按动能收集从样品中发射的光电子，给出光电子能谱图。光电子能谱图的横坐标为结合能（eV），纵坐标为与结合能对应的光电子计数(s)。上述软 X 射线在固体中的穿透距离不小于 $1\mu m$，在 X 射线路径途中，通过光电效应使固体原子发射出光电子。这些光电子在穿越固体向真空发射过程中经历一系列弹性和非弹性碰撞，因而只有表面下一个很短距离（约为 2nm）的光电子才能逃逸出来。因此可以说 XPS 是一种灵敏的表面分析技术。入射的软 X 射线能电离出内层电子，并且这些内层电子的能量是高度特征性的，因此 XPS 可以用于元素分析。同时，由于这种能量受"化学位移"的影响，XPS 也可以进行某种元素的化学态分析和分子环境的分析；另外，从谱峰强度（峰高或峰面积，常用后者）还可以进行定量分析。光电子动能由下式给出：

$$K_E = h\nu - BE - \phi_s \qquad (6-1)$$

式中，$h\nu$ 为入射光子能量；BE 为发射电子在原子轨道中的结合能（Fermi 能级处的 $BE = 0$）；ϕ_s 为能谱仪功函数。

6.1.2 X射线光电子能谱的仪器结构

图6-1为表面分析仪器的基本构造示意图。表面分析仪器主要由五部分组成，分别是：激发源、样品架与分析室、分析器、检测器和数据处理系统，除数据处理系统外，都需要处于超高真空状态下。分析前，样品必须去除易挥发的污染物。首先，用合适的溶剂如正己烷、无水乙醇等低碳氢溶剂，清洗表面或者在另外的真空系统中除气，若待分析的样品易氧化，则需要在 N_2 保护下进行；然后，Ar^+ 刻蚀（Ar^+ 刻蚀可能会改变表面化学性质，例如常发生还原反应的效果，以及产生择优溅射效应以致不能正确反映表面初始状态和组分）。最后打磨：用指定粗糙度的碳化硅砂纸打磨表面，也可以去除样品表面明显的沾污物。但打磨的时候会局部生热，使表面与周围气体可能发生反应（如空气中会氧化，氮气中生成氮化物等）。有些能谱仪，带有合适的装置，能在超高真空下对许多材料进行真空断裂或刮削，这样得到新鲜的清洁表面。根据测试的需要，还可以将样品研磨成粉末进行分析：用氧化铝（刚玉）研钵，把样品研磨成粉末，可以测得体相组分。但是在研磨时会局部升温，为避免研磨时升温带来的表面反应必须缓慢研磨，以减少新鲜样品的化学变化。研磨前后，应保持研钵的清洁，可以用硝酸擦洗、砂纸打磨、无水乙醇清洗、干燥等操作。粉末样品在测试时候需要"安装"在能谱仪上，常用的方法有：用双面胶带粘上粉末样品，轻轻抖落多余部分。在粘粉末样品时，样品台不能在粉末上平移，只能上、下触压，以免把胶带上的胶性物质（多数情况是高分子化合物）翻滚到样品表面，妨碍测试。注意选用适宜超高真空工作的胶带。需求尽可能不要在真空中放气，并且组分尽量简单（如只含 C、H 等）；或者将粉末样品直接压在 In 箔上（借助清洁的 Ni 片压板等）。还可以以金属栅网做骨架压片或者直接对粉末样品压片处理。

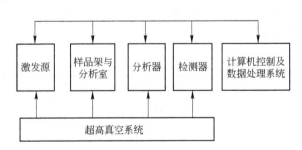

图6-1 表面分析仪器的基本构造示意图

测试前必须对仪器进行校正：首先接收宽扫描谱峰信息，以确定未知样品中存在的元素组分（XPS检测量，一般为1%（质量分数）），然后接收窄扫描谱，包括所确定的各元素峰以确定化学态和进行定量分析。常用 Au、Ag 和 Cu（纯度在99.8%以上）作为标样校正谱议的能量标尺，采用窄扫描（不大于20eV）以及高分辨率的收谱方式。目前国际上公认的清洁 Au、Ag 和 Cu 的谱峰位置见表6-1。由于 $Cu2p_{3/2}$、CuL_3MM 和 $Cu3p$ 三条谱线的能量位置几乎覆盖常用的能量标尺 0~1000eV，所以 Cu 样品可提供较快和简单的对能谱仪能量标尺的检验。应用表6-1标准数据，可以建立能谱仪能量标尺的线性，确定 E_F 位置。

表6-1　清洁 Au、Ag 和 Cu 各谱线结合能（*BE*）　　　　　　　　eV

项　　目	AlKα	MgKα
Cu3p	75.14	75.13
Au4f$_{7/2}$	83.98	84.00
Ag3d$_{5/2}$	368.26	368.27
CuL3MM	567.96	334.94
Cu2p$_{3/2}$	932.67	932.66
AgM$_4$NN	1128.78	895.75

6.1.3　X 射线光电子能谱法的分析方法

　　常见的光电子能谱图有三类：一类为技术上的基本谱线（如 C、O 等污染线）；二类为与样品物理和化学本质有关的谱线；三类为仪器影响的谱线（例如 X 射线非单色化产生的卫星伴线等）。在能谱图中最强的光电子谱线对称且窄。不过金属的光电子谱线因与传导电子的耦合，故存在相当的不对称现象。高结合能侧的光电子峰要比低结合能侧的宽1~4eV，而绝缘样品光电子峰要比低结合能侧的宽约0.5eV。从样品发射的光电子，若没有经历能量损失，在电子能谱图中，就以峰的形式出现。若经历随机的多重能量损失，就会在峰的高结合能侧，以连续的升高的背景形式出现。因此在 XPS 谱图中会在主峰的低结合能侧出现半峰。偶尔不是来自阳极靶材的一些 X 射线也会辐照到样品上，在谱图上会出现一些小的强峰，但与标准峰有一定能量间隔。这些谱线被称为"鬼线"，来自 Al 靶中的杂质 Mg，或相反的情况，或阳极 Cu 基底，或阳极氧化物，或 X 射线窗口的 Al 箔等。这些线会搅乱对谱线的分析，尽管非单色化的谱图很少出现或单色化源的谱图不可能出现，但在排除所有其他可能性后，应考虑这些表观结合能与真实结合能之差，即"鬼线"。常见"鬼线"的位置见表6-2。

表6-2　X 射线中"鬼线"的位置

污染物辐射	阳极材料 Mg	阳极材料 Al
O(K$_α$)	728.7	961.7
Cu(L$_α$)	323.9	556.9
Mg(K$_α$)	—	233.0
Al(K$_α$)	-233.0	—

　　在光电离过程中，若离子不处在基态，而处在比基态高出几个电子伏特的激发态，则这部分原子发射的光电子动能将有所减小，其减小量恰为基态与激发态间的能量差。这种效应就会在谱图上比主峰结合能高几个电子伏特处出现伴峰，这种伴峰就是携上峰。对顺磁化合物而言，携上峰的强度可接近主光电子峰。有时携上峰还不止一个，有时也会在 Auger 线的轮廓中出现携上峰。可以通过对携上峰间距与相对强度的测量来鉴别化学态。

　　从 s 轨道电离发射一个电子后，余下的未配对电子与原子中其他未配对电子的耦合，会产生不同终态构型，因而是不同能量的离子。这种变化在光电子能谱信号中会引起一个光电子峰不对称地裂分成几个组分，即多重裂分。多重裂分也可发生在 p-能级的电离，发生在 p - 能级的电离则会产生更复杂的结果。在合适情况下，会增加自旋双线间距，如在第一排过渡金属中 $2p_{3/2}$ 和 $2p_{1/2}$ 谱线间隔所表明的那样，会产生组分峰形不明显的不对称性，不过这种对 p 双线的影响常被携上峰弄模糊。

某些材料由于光电子和样品表面区电子间的相互作用会引起特定的能量损失，表现为在主峰高结合能侧 20~25eV 处出现明显的驼峰。对金属这种显现非常明显，而在绝缘体中这种现象弱得多。因为出现等离子体激元源自传导电子的集团振荡，它们分为体相等离子体激元（较强）和表面等离子体激元（较弱），并且 $E_{sp} = (E_{bp}/2)^{1/2}$（$E_{sp}$ 为表面等离子体激元能量，E_{bp} 为体相等离子体激元能量），这点在绝缘体中不易看到。但不是所有的导体都很明显，只在ⅠA和ⅡA族金属中才能有明显的等离子体激元线。

E_F 以下 10~20eV 区间内强度较低的谱图是价电子线和谱带，这些谱线是由分子轨道、固体分子轨道和固体能带发射的光电子产生的。当内层电子的 XPS 在形状和位置十分类似时，可应用价带及价电子谱线来鉴别化学态和不同材料。

对光电子能谱信号，也就是谱线的识别首先要识别存在于任一谱图中 C1s、O1s、C(KLL) 和 O(KLL) 谱线，有时这些谱线还较强。识别与样品所含元素有关的次强谱线，同时注意有些谱线会受其他较强谱线的干扰，尤其是 C 和 O 谱线的干扰。如 Ru3d 的谱线会受到污染碳的 C1s 谱线的干扰，以及钒元素的 V2p 谱线的干扰；再如 Sb3d 谱线会受到氧元素 O1s 谱线的干扰；Cr(LMM) 的信号会受到 O(KLL) 和 Rn（MNN）的信号干扰等。待测未知元素的特征谱线有时会弱于干扰谱线，因此要注意可能的元素之间的谱线干扰。对自旋裂分的双重谱线，应检查其强度比以及裂分间距是否符合标准值，一般对 p线，双重裂分之比为 1:2；对 d 线，应为 2:3，对 f 线，应为 3:4；也有例外，尤其是4p 线可能小于 1:2。在谱图中，明确存在的峰均由来自样品中出射的未经非弹性能量损失的光电子组成的，而经能量损失的那些电子就在结合能比峰高的一侧增加背底。由于能量损失是随机和多重散射，故背景是连续的，并且非单色化谱中的背底要高于单色化的，这是由于韧致辐射所致。谱中的噪声主要不是仪器造成的，在任何通道上收集的计算标准偏差等于计数平方根的倒数，因而百分标准偏差 $=100/(计数)^{1/2}$，$S/N \propto t^{1/2}$（t 为计数时间），故峰叠加其上的背底表示样品、激发源和仪器传输性能的特性。

被测元素化学态的鉴别主要取决于正确测定谱线位置。首先仪器的能量标尺必须精确校正（标准物的结合能见表 6-1）。窄扫描时谱线的强度必须大于 10^3cps。对绝缘样品，还必须进行正确的荷电校正。XPS 分析时，由于不断发射出光电子，以及只能从真空中接受部分慢电子，致使样品带几个电子伏特到十几个电子伏特的正电，荷电位移使峰向高结合能方向位移。可用中和电子枪来减小这种电荷以及减少微分电荷，使谱线变窄。但要掌握严格的"中和"，"中和"过度会使谱峰仍在过高结合能处。下述几种方法可用来判别"中和"是否正好：

（1）监测未溅射的惰性金属如 Cu 或 Au 表面的污染 C1s 峰，"中和"时使其出现在284.8eV 处。

（2）在样品表面蒸镀痕量 Au，"中和"时，使 $Au4f_{7/2}$ 结合能位于 84.0eV 处。

（3）若导体衬底上的绝缘薄层不太影响衬底物的峰强度，并在"中和"时，衬底物的峰位不变，则可判别衬底物上的薄层并不绝缘。

（4）对负载型催化剂材料，可用载体的某组成作为标线，"中和"时使该组成峰位于正确位置。

（5）对绝缘高聚物薄层，C 基团的结合能可用样品表面加少量甲基硅氧烷溶液（10^{-6} mol/L），"中和"时，参考 Si2p 的 $BE=102.1$ eV 来校准。若样品非均质，会使谱图复杂化（表现为宽化，严重时会产生 2 重或多重峰）。但应用低能电子中和枪，可大大减少不均匀荷电，表现为峰变窄。

除此之外，常用蒸金法进行荷电校准，操作时要注意适当控制蒸金量。蒸金量大，会影响待测样品表面的检测量，使待测信号减弱甚至测不出来；而蒸金量少又会使金信号过弱测不准而影响校准。蒸上的金在样品表面成网络状，使样品表面荷电均匀，并要认识到所蒸金粒的大小会有微粒（及原子团簇）尺寸效应，即 Au4f$_{7/2}$ 结合能与其微粒尺寸有关。可先经测试求的蒸金量和 Au4f$_{7/2}$ 结合能的关系曲线，然后再应用蒸金法进行荷电校准。用蒸金法进行荷电校准时可使结合能不确定度小于 ±0.3 eV，若再配合中和电子枪，可使测量不确定度提高为小于 ±0.2 eV。还有常用的更简单的荷电校准方法是应用污染 C1s（284.8eV）峰，但实际工作中发现，在不同类样品上污染 C1s 的结合能会有明显差别。因此若用污染 C1s 来校正荷电位移进行绝对测量，则测量误差可达几个电子伏特。但对同一类或同一系列样品，进行相对测量，则测量误差在 ±0.3 eV 以下。另外还有 Ar$^+$ 注入荷电校准法等，但它们的测量准确度都不甚理想。

做定量分析时应经常校准核谱议的状态，保证谱仪分析器的响应稳定且最佳。常用的测试就是记录 Cu 的三条大间距的谱线。用 20eV 窄扫描记录 Cu2p$_{3/2}$ 峰，CuLMM 峰和 Cu3p 峰，并测量强峰（cps）和记录 Cu2p$_{3/2}$ 峰宽，保存好这些记录，以便经常对照和及时发现仪器的工作状态，否则将影响定量分析工作。

样品元素分布测试中深度分布的测试有四种方法：

（1）从有无能量损失峰来鉴别体相原子或表面原子。表面原子的测试峰（基线以上）两侧应对称且无能量损失峰。均匀样品则是来自所有同一元素的峰，应有类似的非弹性损失结构。

（2）对表面物种而言，低动能的峰相对地要比纯材料中高动能的峰要强。因为在大于 100eV 以上时，对体相物种而言，动能较低的峰的减弱要大于动能较大的峰的减弱。用此分析法的元素为 Na 和 Mg（1S 和 2S）；Ga、Zn、Ge 和 As（2p$_{3/2}$ 和 3d）；Cd、Sn、In、Te、Sb、I、Cs 和 Ba（2p$_{3/2}$ 和 4d 或 3p$_{5/2}$ 和 4d）。观察这些谱线的强度比并与纯体相元素的值比较，有可能推断出所观察的来自表层、次表层或均匀分布的材料。

（3）Ar$^+$ 溅射进行深度剖析。校正后可用于有机样品的分析。在离子溅射时，样品的化学态会常常发生改变（常发生还原效应），但是有关元素深度分析的信息还是可以获得的。

（4）改变样品表面和分析器入射缝之间的角度。在相对于样品表面 90° 时，来自体相原子的光电子信号要大大强于来自表面原子的光电信号。而小于这个角度时，来自表面层的光电子信号会大大增强。在改变样品取向（或转动角度）时，注意谱峰强度的变化，就可以推定不同元素的深度分布。

前两种方法利用谱图只能提供有限的深度信息；第三种方法刻蚀样品表面以得到深度剖面可提供较详细的信息；第四种方法在不同的电子逃逸角度下记录谱线进行测量。

如果要测试样品表面一定范围内表面不均匀分布的情况，可采用切换分析器前不同入射狭缝尺寸的方式来进行，随着小束斑 XPS 的出现分析区域达 5μm。

综上所述，XPS 分析材料表面具有以下优点：可测除 H、He 以外的所有元素，无强矩阵效应；亚单层灵敏度；探测深度为 1~20 单层；定量元素分析；优异的化学信息，化学位移和卫星结构与完整的标准化合物数据库的联合使用；分析过程不破坏材料原有结构；X 射线束损伤通常微不足道；获得详细的电子结构和某些几何信息。其缺点在于：典型的数据采集与典型的 AES 相比较慢，部分原因是由于 XPS 通常采集了更多的细节信息；使用 Ar^+ 溅射作深度剖析时，不容易在实际溅射的同时采集 XPS 数据；横向分辨率较低。

例1：XPS 研究高分子胶黏剂黏结行为。

本例是用 XPS 研究了尼龙作为胶黏剂黏结的聚偏氟乙烯（PVDF）所形成的接头处。图 6-2 和图 6-3 分别是 PVDF 和尼龙在胶接前的 C1s 谱图。

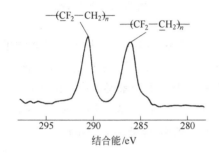

图6-2　聚偏氟乙烯（PVDF）的高分辨 C1s 谱

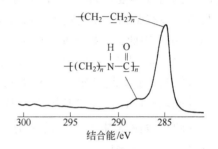

图6-3　尼龙的高分辨 C1s 谱

图 6-2 的 286.3eV、290.8eV 的谱峰对应于 $\overline{\text{（CF}_2-\text{CH}_2\text{）}}_n$、$\overline{\text{（CF}_2-\text{CH}_2\text{）}}_n$ 中的碳原子。图 6-3 为尼龙的高分辨 C1s 谱，285.0eV 的—CH_2—碳原子，主峰左侧的小峰对应的是—NH—CO$\overline{\text{（CH}_2\text{）}}_n$碳原子。用尼龙胶黏剂将两片 PVDF 在 200℃ 热压 5min 的接头在液氮下断裂，对断裂后的 PVDF 和尼龙表面进行 XPS 分析，C1s 谱如图 6-4 所示。

图 6-4 中出现的 285.0eV 峰是 PVDF 出现的新峰，对应于 $\overline{\text{（CH}_2-\text{CH}_2\text{）}}_n$ 的碳原子，而尼龙表面的新峰，对应于 $\overline{\text{（CF}_2-\text{CF}_2\text{）}}_n$ 碳原子，而且与 PVDF 碳有关的 C1s 谱峰强度都大大降低。由上述 XPS 结果可以得出断裂发生在由 $\overline{\text{（CF}_2-\text{CF}_2\text{）}}_n$ 和 $\overline{\text{（CH}_2-\text{CH}_2\text{）}}_n$ 结构单元组成的弱边界层这一结论。

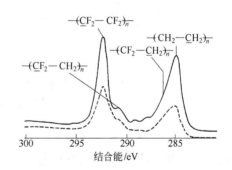

图6-4　断裂胶接头的尼龙表面（实线）和 PVDF 表面（虚线）的高分辨 C1s 谱

刮去 PVDF 断裂表面层后用 XPS 分析被刮去后的表面，其 C1s 谱示于图 6-5。将断裂的 PVDF 和刮去的 PVDF 表面的 C1s 谱比较可以发现，刮去后的表面的主要特征是"清洁"的 PVDF 表面，结果说明图 6-5 中的断裂表面的 C1s 谱是真实的。弱边界有可能是由亚表面的污染形成的，或者是在 PVDF 聚合时就形成了。正常条件下单体聚合以头-尾相连方式排列。然而头-头或者尾-尾排列也会发生，生成 $\overline{\text{（CH}_2-\text{CH}_2\text{）}}_n$ 和 $\overline{\text{（CF}_2-\text{CF}_2\text{）}}_n$ 结构单元为杂质。因此，可能性最大的是，弱边界层是聚合中生成的上述杂质而造成的，而且弱边界层出现在胶接头的界面。

例2：生物医用材料聚醚氨酯的表面XPS表征。

嵌段聚醚氨酯高分子是一类重要的生物医用材料，它的表面性质如何往往决定它的应用。聚醚氨酯的合成，通常采用相对分子质量为 400~2000 的聚醚作为软段，二异氰酸酯加上扩链剂（二元胺或二元醇）构成聚醚氨酯的硬段。硬段和软段的组成以及相对含量的不同将使聚醚氨酯具有不同的性质，而且材料本体有微相分离的趋势，形成 10~

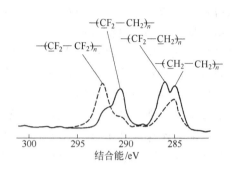

图 6-5　断裂胶接头 PVDF 表面（虚线）和断裂胶接头的 PVDF 表面在机械除去后的 C1s 谱（实线）

20nm 的微畴，因此，掌握聚醚氨酯的表面结构对于了解材料的生物相容性是非常重要的。

图 6-6（a）是以聚丙二醇（PPG），MDI 和扩链剂丁二醇为原料制备的聚醚氨酯 C1s谱，只含氨基甲酸酯基（NH—CO—O），而图 6-6（b）中的聚醚氨酯，除扩链剂为乙二胺外，其他均相同，含有氨基甲酸酯基（NH—CO—O）和脲基（NH—CO—NH）。总体上看，这两种聚醚氨酯的 C1s 谱差别不大，主要是高结合能端的小峰（ $\rangle$ C＝O ）在（b）中更宽，而且能拟合成两个小峰。

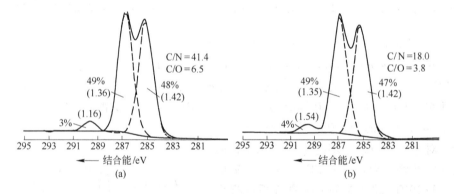

图 6-6　以 PPG/MDI/丁二醇为基的聚醚氨酯的 C1s 谱（a）和以 PPG/MDI/乙二胺为基的聚醚氨酯的 C1s 谱（b）

高分辨的 XPS 对这一聚醚氨酯的表面偏析作了研究，主要取决于对硬段中氮的定量分析。当 PPG 基聚醚氨酯的软段与硬段摩尔比为 3:5 时，取最大的取样浓度，氮的原子浓度约为 2%。当取样浓度减小时，氮的原子浓度也随之减小。目前大多数的 XPS 谱仪在光电子出射角很小时，信噪比大大降低，而且氮的控制极限约为 0.3%（原子浓度）。因此，从低出射角数据可以得出聚醚氨酯表面层完全由软段组成的结论。但是静态 SIMS 对硬段检测的灵敏度大于 XPS，结果表明情况并非完全如此。

例3：XPS 在文物鉴定中的应用。

采用光电子能谱（XPS）法分析了成都金沙遗址出土铜条和方孔型器两种青铜表面锈层膜的元素及其化学状态。首先用金相砂纸对样品表面进行打磨处理，然后采用 Ar^+ 刻蚀样品表面约 5min。图 6-7 是对样品的锈层进行了 XPS 全扫描。分析图 6-7 发现两种青铜的锈层膜中都存在纯铜晶粒和 $PbCO_3/PbO$，在方孔型器锈层膜中发现有 S^{2-}/SO_4^{2-}。铜条和方孔型器夹层锈层膜中的 Sn 完全以 SnO_2 形式存在，从而使青铜合金免遭进一步腐蚀。利用 XPS 对文物表层的白色锈蚀物进行了分析可知此文物样品的表面锈层的元素分布情况，其分析结果见表 6-3。样品表面锈层膜中 Cu 元素的 XPS 扫描图见图 6-8。由图 6-8 可知，文物样品残片及其夹层的 Cu2p 峰对应的结合能分别为 933.15eV，932.48 eV 和 933.04 eV，而且都只有 2 个峰，均与纯铜 Cu2p 的两个峰的结合能 932.70eV 接近，表明 Cu 主要以纯铜形式存在于锈层膜表面。

表 6-3　文物表面锈层的元素分布

样　品	表面锈层膜元素组成
铜条残片	O、Sn、C、Pb、Cu、Mg
方孔型器残片	Cu、O、Pb、S、Mg、C
方孔型器残片夹层	Pb、Cu、Sn、O、C、Ca

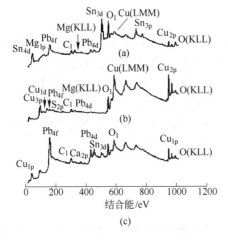

图 6-7　样品表面锈层 XPS 全扫描图
（a）铜条残片；（b）方孔型器残片；
（c）方孔型器残片夹层

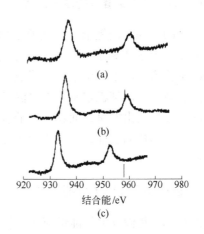

图 6-8　样品表面锈层中 Cu2p XPS 扫描图
（a）铜条残片；（b）方孔型器残片；
（c）方孔型器残片夹层

6.2　俄歇电子能谱法

1923 年法国科学家 Pierre Auger 发现，当 X 射线或者高能电子打到物质上以后，能以一种特殊的物理过程（俄歇过程）释放出二次电子，即俄歇电子，其能量只决定于原子中的相关电子能级，而与激发源无关，因而它具有"指纹"特征，可用来鉴定元素种类。俄歇电子能谱（auger electron spectroscopy，AES）可以分析除氢氦以外的所有元素，现已发展成为表面元素定性、半定量分析、元素深度分布分析和微区分析的重要手段。30 多年来，俄歇电子能谱在理论上和实验技术上都已获得了较大的发展。俄歇电子能谱的应用领域已不再局限于传统的金属和合金，而扩展到现代迅猛发展的纳米薄膜技术和微电子技术，并大力推动了这些新兴学科的发展。在俄歇电子能谱仪的技术方面也取得了巨大的发展，在真空系统方面已淘汰会产生大量碳污染的油扩散泵系统，而广泛采用基本无有机物污染的分子泵和离子泵系统，分析室的极限真空也从 10^{-8} Pa 提高到 10^{-9} Pa 量级。在电子束激发源方面，已完全淘汰了钨灯丝，发展到使用六硼化铼灯丝和肖特基场发射电子源，使得电子束的亮度更强，能量分辨率和空间分辨率都有了大幅度的提高，使得 AES 的微区分析能力和图像分辨率都得到了很大的提高。

AES 具有很高的表面灵敏度，其检测极限约为 10^{-3} 原子单层，其采样深度为 1 ~ 2nm，比 XPS 还要浅，因此更适合于表面元素定性和定量分析，并可应用于表面元素化学价态的研究。配合离子束剥离技术，AES 还具有很强的深度分析和界面分析能力，其深度分析的速度比 XPS 的要快得多，深度分析的分辨率也比 XPS 的深度分析高得多，常用来进行薄膜材料的深度剥析和界面分析。此外，AES 还可以用来进行微区分析，且由于电子束束斑非常小，具有很高的空间分辨率，可以进行扫描和在微区上进行元素的选点分析以及线扫描分析和面分布分析。因此，AES 方法在材料、机械、微电子等领域具有广泛的应用，尤其是纳米薄膜材料。

6.2.1 俄歇电子能谱法的基本原理

AES 的原理比较复杂，涉及原子轨道上三个电子的跃迁过程。当具有足够能量的粒子（光子、电子或离子）与一个原子碰撞时，原子内层轨道上的电子被激发出后，在原子的内层轨道上产生一个空穴，形成了激发态正离子。这种激发态正离子是不稳定的，必须通过退激发而回到稳定态。在这激发态离子的退激发过程中，外层轨道的电子可以向该空穴跃迁并释放出能量，而释放出的能量又可以激发同一轨道层或更外层轨道的电子，使之电离而逃离样品表面，这种出射电子就是俄歇电子。俄歇电子的跃迁过程可用图 6 - 9 来描述。

6.2.2 俄歇电子能谱的仪器装置

图 6 - 10 是俄歇电子能谱仪的结构示意图，俄歇电子能谱仪主要由快速进样系统、电子枪、能量分析系统以及计算机数据采集和处理系统等组成。由于俄歇电子能谱仪的许多部件与 XPS 的相同，下面仅对电子枪进行简单的介绍。在俄歇电子能谱仪中，通常采用的有三种电子束源，包括钨丝、六硼化铼灯丝以及场发射电子枪，其中目前最常用的是六硼化铼灯丝的电子束源。该灯丝具有电子束束流密度高，单色性好以及高温耐氧化等特性。

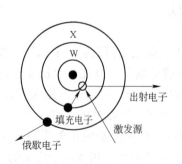

图 6 - 9   俄歇电子跃迁过程

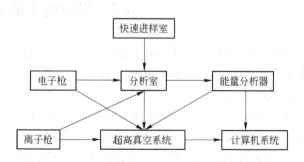

图 6 - 10   俄歇电子能谱仪结构示意图

现在新一代的俄歇电子能谱仪较多地采用场发射电子枪,其优点是空间分辨率高,束流密度大,缺点是价格贵,维护复杂,对真空要求高。而电子枪又可分为固定式电子枪和扫描式电子枪两种。扫描式电子枪适合于俄歇电子能谱的微区分析。

6.2.3 俄歇电子能谱法的分析方法

俄歇电子能谱仪对分析样品有特定的要求,在通常情况下只能分析固体导电样品,绝缘体固体样品需经过特殊处理,粉体样品原则上不能进行俄歇电子能谱分析,但经特殊制样处理也可以进行一定的分析。由于涉及样品在真空中的传递和放置,待分析的样品一般都需要经过一定的大小规范,以利于真空系统的快速进样。对于块状样品和薄膜样品,其长宽最好小于10mm,高度小于5mm。对于体积较大的样品则必须通过适当方法制备成大小合适的样品。但在制备过程中,必须考虑处理过程可能对表面成分和化学状态所产生的影响。由于俄歇电子能谱具有较高的空间分辨率,因此,在样品固定方便的前提下,样品面积应尽可能小,这样可以在样品台上多固定一些样品。

对于粉体样品有两种常用的制样方法:一是用导电胶带直接把粉体固定在样品台上;另一种是把粉体样品压成薄片后固定在样品台上。前者的优点是制样方便,样品用量少,预抽到高真空的时间较短,缺点是胶带的成分可能会干扰样品的分析。此外,核电效应也会影响俄歇电子能谱的采集。后者的优点是可以在真空中对样品进行处理,如加热、表面反应等,其信号强度也要比胶带法高得多。缺点是样品用量太大,抽到超高真空的时间太长,并且对于绝缘体样品,核电效应会直接影响俄歇电子能谱的录谱。目前比较有效的方法是把粉体样品或小颗粒样品直接压到金属铟或锡的基材表面,这样可以很方便地固定样品和解决样品的荷电问题。对于需要离子束溅射的样品,建议使用锡作为基材,因为在溅射过程中金属铟经常会扩散到样品表面而影响样品的分析结果。

测试含有挥发性物质的样品,在样品进入真空系统前必须清除掉挥发性物质。可以通过对样品进行加热或用溶剂清洗等方法,如含有油性物质的样品,一般依次用正己烷、丙酮和乙醇超声清洗,然后红外烘干,才可以进入真空系统。

对于表面有油等有机物污染的样品,在进入真空系统前必须用油性溶剂如环己烷、丙酮等清洗样品表面油污,最后再用乙醇清洗有机溶剂。为了保证样品表面不被氧化,一般采用自然干燥。而对于一些样品,可以进行表面打磨等处理。

由于俄歇电子带有负电荷,在微弱的磁场作用下,也可以发生偏转。当样品具有磁性时,由样品表面出射的俄歇电子就会在磁场的作用下偏离接收角,最后不能到达分析器,得不到正确的 AES 谱。此外,禁止带有强磁性的样品进入分析室。对于具有弱磁性的样品,一般可以通过退磁的方法去掉样品的微弱磁性,然后就可以像正常样品一样分析。

在俄歇电子能谱分析中,为了清洁被污染的固体表面和进行离子束剥离深度分析,常常利用离子束对样品表面进行溅射剥离。利用离子束可定量控制剥离一定厚度的表面层,然后再用俄歇电子能谱分析表面成分,这样就可以获得元素成分沿深度方向的分布图。作为深度分析用的离子枪,一般使用 $0.5 \sim 5\mathrm{keV}$ 的 Ar 离子源,离子束的束斑直径在 $1 \sim 10\mathrm{nm}$ 范围内,并可扫描。

俄歇电子能谱的采样深度与出射的俄歇电子的能量材料的性质有关。一般定义俄歇电子能谱的采样深度为俄歇电子平均自由程的 3 倍。根据俄歇电子的平均自由程的数据可以估计出各种材料的采样深度。一般对于金属为 0.5 ~ 2nm，对于无机物为 1 ~ 3nm，对于有机物为 1 ~ 3nm。从总体上来看，俄歇电子能谱的采样深度比 XPS 的要浅，更具有表面灵敏性。

由于俄歇电子的能量仅与原子本身的轨道能级有关，与入射电子的能量无关，也就是说与激发源无关。对于特定的元素及特定的俄歇跃迁过程，其俄歇电子的能量是特征的。据此，我们可以根据俄歇电子的动能来定性分析样品表面物质的元素种类。该定性分析方法可以适用于除氢氦以外的所有元素，且由于每个元素会有多个俄歇峰，定性分析的准确度很高。因此，AESA 技术是适用于对所有元素进行一次全分析的有效定性分析方法，这对于未知样品的定性鉴定是非常有效的。通常在进行定性分析时，主要是利用与标准谱对比的方法：

（1）首先找出最强的俄歇峰。利用"主要俄歇电子能量图表"，可以把对应于此峰的可能元素降低到 2 ~ 3 种，然后通过与这几种可能元素的标准谱进行对比分析，确定元素种类。考虑到元素化学状态不同所产生的化学位移，测得的峰的能量与标准谱上的峰的能量相差几个电子伏特是很正常的。

（2）在确定主峰元素后，利用标准谱图，在俄歇电子能谱图上标注所有属于此元素的峰。

（3）重复（1）和（2）的过程，标识更弱的峰。含量少的元素，有可能只有主峰才能在俄歇谱上观测到。

（4）如果还有峰未能标识，则它们有可能是一次电子所产生的能量损失峰。改变入射电子能量，观察该峰是否移动，如移动就不是俄歇峰。

一般利用 AES 谱仪的宽扫描程序，收集从 20 ~ 1700eV 动能区域的俄歇谱。为了增加谱图的信背比，通常采用微分谱来进行定性鉴定。对于大部分元素，其俄歇峰主要集中在 20 ~ 1200eV 的范围内，对于有些元素则需利用高能端的俄歇峰来辅助进行定性分析。此外，为了提高高能端俄歇峰的信号强度，可以通过提高激发源电子能量的方法来获得。在进行定性分析时，通常采取俄歇谱的微分谱的负峰能量作为俄歇动能，进行元素的定性标定。在分析俄歇电子能谱图时，有时还必须考虑样品的荷电位移问题。一般来说，金属和半导体样品几乎不会荷电，因此不用校准。但对于绝缘体薄膜样品，有时必须进行校准，通常以 C KLL 峰的俄歇动能为 278.0eV 来校准。在判断元素是否存在时，应用其所有的次强峰进行佐证，否则应考虑是否为其他元素的干扰峰。

综上所述，可以总结出俄歇电子能谱的优缺点。优点是可测除 H、He 以外的所有元素；当涉及价能级时矩阵效应大，并且某些电子背散射效应总是存在的；分析多层膜的成分和各元素分布，计算各元素扩散系数。探测深度 1 ~ 20 单层，依赖材料和实验参数；快速半定量元素分析（精度比 XPS 低）；可从化学位移、线形等得到某些化学信息，并可完全解释；优异的横向分辨率（小于 20nm），具有很高的微区分析能力，并可进行表面成像。俄歇电子能谱的缺点是：在许多情况下产生较严重的电子束诱导损伤；化学位移等较难理解，缺乏提供化学信息的广泛数据库；谱峰偶然重叠的机会比 XPS 大，这使得元素分析更不确定。

例 1：金刚石表面的 Ti 薄膜的俄歇定性分析。

图 6 - 11 是金刚石表面的 Ti 薄膜的俄歇定性分析图，谱图的横坐标为俄歇电子动能，

纵坐标为俄歇电子计数的一次微分。激发出来的俄歇电子由其俄歇过程所涉及的轨道名称标记。由于俄歇跃迁过程涉及多个能级，可以同时激发出多种俄歇电子，因此在 AES 谱图上可以发现 Ti LMM 俄歇跃迁有两个峰。由于大部分元素都可以激发出多组俄歇电子峰，因此非常有利于元素的定性标定，排除能量相近峰的干扰。如 N KLL 俄歇峰的动能为 379eV，与 Ti LMM 俄歇峰的动能很接近，但 N KLL 仅有一个峰，而 Ti LMM 有两个峰，因此俄歇电子能谱可以很容易地区分 N 元素和 Ti 元素。由于相近原子序数激发出的俄歇电子的动能有较大的差异，因此相邻元素间的干扰作用很小。

　　例 2：Si_3N_4 薄膜微区分析。

　　对材料表面进行微区分析也是俄歇电子能谱分析的一个重要功能，可以分为选点分析、线扫描分析和面扫描分析三个方面。俄歇电子能谱由于采用电子束作为激发源，其束斑面积可以聚焦到非常小。因此，利用俄歇电子能谱可以在很微小的区域内进行选点分析，当然也可以在一个大面积的宏观空间范围内进行选点分析。图 6–12 为 Si_3N_4 薄膜经 850℃快速热退火处理后表面不同点的俄歇定性分析图。从表面定性分析图上可见，在正常样品区，表面主

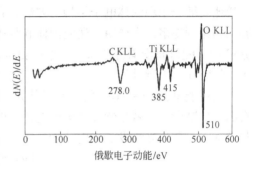

图 6–11　金刚石表面的 Ti 薄膜的俄歇定性分析图

要有 Si、N 以及 C 和 O 元素存在，而在损伤点表面的 C、O 含量很高，而 Si、N 元素的含量却比较低。这结果说明在损伤区发生了 Si_3N_4 薄膜的分解。

　　例 3：SiO_2/Si 薄膜界面不同深度处的 Si LVV 俄歇谱。

　　图 6–13 为 SiO_2/Si 薄膜界面不同深度处的 Si LVV 俄歇谱。从图上可见，Si LVV 俄歇谱的动能与 Si 原子所处的化学环境有关。在 SiO_2 物种中，Si LVV 俄歇谱的动能为 72.5eV，而在单质硅中，其 Si LVV 俄歇谱的动能则为 88.5eV。我们可以根据硅元素的这种化学位移效应研究 SiO_2/Si 的界面化学状态。由图可见，随着界面的深入，SiO_2 物种的量不断减少，单质硅的量则不断增加。

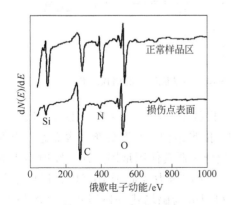

图 6–12　Si_3N_4 薄膜表面
损伤点的俄歇定性分析

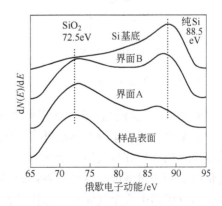

图 6–13　SiO_2/Si 薄膜界面不同
深度处的 Si LVV 俄歇谱

6.3　紫外光电子能谱法

6.3.1　紫外光电子能谱法的基本原理

真空紫外光电子能谱（USP）以真空紫外光（$h\nu < 45\text{eV}$）作为电离源，发射的光电子来自原子的价层。英国伦敦帝国学院 David Turner 于 20 世纪 60 年代首先提出并成功应用于气体分子的价电子结构的研究中。真空紫外光电子能谱为研究者们提供了简单直观和广泛地表征分子和固体电子结构的方法，它比以前由光学光谱所建立的分子轨道理论的实验基础深刻得多，主要用于研究固体和气体分子的价电子和能带结构以及表面态情况。角分辨 UPS 配以同步辐射光源，可直接测定能带结构。紫外光电子谱的基本原理是光电效应，如图 6 – 14 所示。

利用能量在 $16 \sim 41\text{eV}$ 的真空紫外光子照射被测样品，测量由此引起的光电子能量分布的一种谱学方法就是紫外光电子能谱。图 6 – 14 光电效应示意图忽略分子、离子的平动与转动能，紫外光激发的光电子能量满足如下公式：

$$h\nu = Eb + Ek + Er \qquad (6-2)$$

式中，Eb 为电子结合能；Ek 为电子动能，Er 为原子的反冲能量。

6.3.2　紫外光电子能谱的仪器装置

紫外光电子能谱仪包括以下几个主要部分：单色紫外光源、电子能量分析器、真空系统、溅射离子枪源或电子源、样品室、信息放大、记录和数据处理系统。多功能电子能谱仪如图 6 – 15 所示。

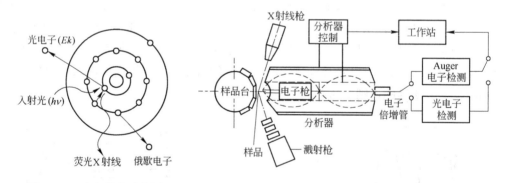

图 6 – 14　光电效应示意图　　　　图 6 – 15　多功能电子能谱仪示意图

紫外光电子能谱的激发源常用稀有气体的共振线如 He Ⅰ、He Ⅱ，其优点是单色性好，分辨率高，可用于分析样品外壳层轨道结构、能带结构、空态分布和表面态，以及离子的振动结构、自旋分裂等方面的信息。电子能量分析器其作用是探测样品发射出来的不同能量电子的相对强度。它必须在高真空条件下工作即压力要低于 10^{-3}Pa，以便尽量减少电子与分析器中残余气体分子碰撞的几率。它可以分为磁场式分析器和静电式分析器，而静电式分析器又可以分为半球形电子能量分析器（图 6 – 16（a））和筒镜式电子能量分析器（CMA）（图 6 – 16（b））。半球形电子能量分析器主要是通过改变两球面间的电位差，使不同能量的电子依次通过分析器，它的分辨率很高，可以较精确地测量电子的能量。筒镜式电子能量分析器是同轴圆筒，外筒接负电压、内筒接地，两筒之间形成静电场，以使不同能量的电子依次通过分析器，它的灵敏度很高，但是分辨率低。所以现在经常使用的是半球形电子能量分析器。

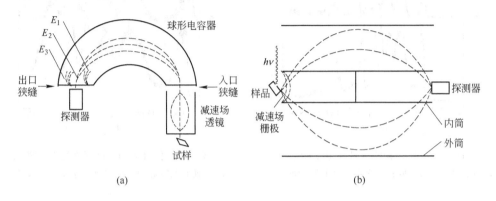

图 6 - 16　紫外光电子能谱装置

(a) 半球形电子能量分析器示意图；(b) 筒镜式电子能量分析器示意图

由于被激发的电子产生的光电流很小，在 $10^{-3} \sim 10^{-9}$ A 范围内，这样微弱的信号很难检测，因此采用电子倍增器作为检测器。另外光电子能谱要研究的是微观的内容，任何微小的东西都会对它产生很大影响，因此光源、样品室、电子能量分析器、检测器都必须在高真空条件下工作，且真空度应在 10^{-3} Pa 以下。电子能谱仪的真空系统有两个基本功能：使样品室和分析器保持一定的真空度，以便使样品发射出来的电子的平均自由程相对于谱仪的内部尺寸足够大，减少电子在运动过程中同残留气体分子发生碰撞而损失信号强度；降低活性残余气体的分压。因在记录谱图所必需的时间内，残留气体会吸附到样品表面上，甚至有可能和样品发生化学反应，从而影响电子从样品表面上发射并产生外来干扰谱线。

6.3.3　紫外光电子能谱法的应用

随着材料科学技术的发展，应用电子能谱探索固体表面的组成、形貌、结构、化学状态、电子结构和表面键合等信息将会越来越广泛。

例 1：噻二唑衍生物电子结构的紫外光电子能谱分析。

分子内具有硫-氮键的 1,2,5-噻二唑类化合物具有抗真菌、抗糖尿和防燃剂等生物活性，同时发现这些化合物是某些星际间瞬变物种，因而对 1,2,5-噻二唑类化合物的研究有着促进人们对生命起源的了解的重大意义。对此类化合物分子的电子结构的研究可以采用紫外光电子能谱进行。例如图 6 - 17 是 3-氯-1,2,5-噻二唑(a)和 3,4-二氯-1,2,5-噻二唑(b) 的紫外光电子能谱研究，图 6 - 18 是噻二唑衍生物分子扩展紫外光电子能谱的宽扫描谱。

分析 1,2,5-噻二唑衍生物 3-氯-1,2,5-噻二唑(a)和 3,4-二氯-1,2,5-噻二唑(b)化合物分子结构发现 a 和 b 化合物的 UPS 谱应当具有大体相似的谱带结构（图 6 - 17）。可以看出它们具有相同的 UPS 谱带结构，而这种相似性在它们扩展的宽扫描谱中表现得更明显，

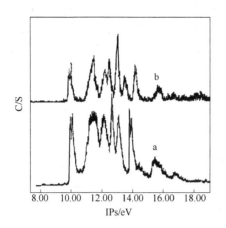

图6-17　化合物的紫外光电子能谱

a—3-氯-1,2,5-噻二唑；b—3,4-二氯-1,2,5-噻二唑

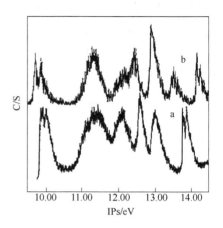

图6-18　化合物的扩展紫外光电子能谱

a—3-氯-1,2,5-噻二唑；b—3,4-二氯-1,2,5-噻二唑

亦即有相同的谱带数目，相近的谱带相对强度以及反应在个别谱带上的分裂峰间距。而谱带对应电离能间的差异来自于 b 化合物分子中 3 位或 4 位的 Cl 原子取代后的电子拥挤效应和 b 分子中两个 Cl 原子孤对电子间（n-n）相互作用。被研究分子中两个等价孤对电子用其原子轨道波函数 ψ_1 和 ψ_2 表示，那么由其原子轨道形成两个对称性允许的分子轨道：对称性的组合包含有正的重叠 $2^{-1/2}(\psi_1+\psi_2)$；反对称性的组合包含有负的重叠，$2^{-1/2}(\psi_1-\psi_2)$，考虑到原子轨道间相互作用的对称性组合有较低的能量（见图 6-19），这就反映为由 n-n 相互作用所导致的 UPS 谱上的分裂峰。

S 原子孤对电子往往导致最低的 UPS 谱带电离能，而共轭双键也导致较 Cl 原子孤对电子低的 UPS 实验电离能。因而对图中 a 化合物 UPS 谱带分析认为：具有最低电离能（9.92eV）的尖峰被指认为分子中 S 原子孤对（n）电子电离，而具有 10.06eV 电离能的尖峰被认为是分子环中 C ═N 共轭 π 键轨道电子电离所致，其

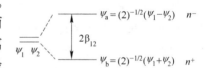

图6-19　噻二唑衍生物原子
轨道波函数

间距 0.14eV，是 n-π 轨道相互作用大小的判据。位于 11.45eV 和 12.13eV 电离能的谱带较宽，且未有振动精细结构，这应认为是体现分子整体特性的强键合轨道电子电离的结果，即体现分子中五元环（1,2,5-噻二唑）的特性。分子环中的原子或基团比 Cl 原子基团有较低的实验电离能，而 11.45eV 电离能谱带又较 12.13eV 电离能谱带宽，被认为是分子中多个轨道电子电离所致。电离能为 12.60eV 和 12.97eV 处的两个峰较窄，被认为分子中更多 Cl 原子特性的轨道电子电离的结果。由于构成分子环的原子基团轨道有较 Cl 原子低的 UPS 实验电离能，而 13.81eV 电离能的分裂峰被认为是研究分子中 Cl 原子孤对电子自旋-轨道分裂的结果，其分裂间距（约 0.14eV）与由 Cl 原子参与的小分子中 Cl 原子的自旋-轨道相互作用分裂相一致。高电离能（大于 15.00eV）区域的谱带应与分子内较深层轨道电子电离谱带是关联的，其低强度来自于 He I 辐射源对较深层轨道电子电离小的光电离截面效应。

图 6-18 中 b 分子和 a 分子有相似的谱带结构，因而上述对 a 谱带的分析可应用于对

b 分子 UPS 谱带的分析。b 化合物 UPS 谱带中具最低电离能 9.75eV 和次低电离能 9.92eV 处的尖峰分别被指认为分子中 S 孤对电子和 C══N 共轭 π 键轨道电子电离所致。其间距 0.17eV 较在 a 分子中的 0.14eV 为大，似说明在 b 分子内 n-π 轨道相互作用的强度比在 a 分子中为大。11.37eV 电离谱带较宽被指认为主要体现分子整体特性的多个轨道电子电离的结果，因为谱带的强度比例于电离轨道的简并度和数目；12.10eV 处的谱带也应与体现分子整体特性的分子轨道电离相关联。而分别位于 12.43eV 和 12.93eV 处的尖峰也被认为是主要体现分子中 Cl 原子特性的轨道电子电离的结果。与上述 b 分子 UPS 谱带指认的相应电离能均较 a 分子相应谱带电离能低，这来自于分子 3 和 4 位两个氢原子被取代后 Cl 原子导致的电子拥挤效应。图 6-18b 中扩展的宽扫描谱在 14.21eV 处有分裂峰，其分裂峰间距为 0.14eV，这表明与此峰相应的电离轨道来自分子中 Cl 原子孤对电子的电离，间距为其自旋-轨道相互作用分裂。而在 13.44eV 处出现的新峰也应当与分子中 Cl 原子的取代相关联。

思 考 题

6-1 表面分析方法有哪几种，表面分析可以得到哪些信息？

6-2 试阐述用光电子能谱如何进行定性和定量分析。

6-3 发射俄歇电子的原理是什么，发射过程涉及几个轨道，如何表示？

6-4 俄歇电子能谱的面分布像与扫描电镜及透射电镜的照片是否相同，为什么？

参 考 文 献

[1] Chan C N. Polymer Surface Modification and Characterization [M]. Munich：Hanser Publisher, 1994：77.

[2] 黄慧忠. 论表面分子及其在材料研究中的应用 [M]. 北京：科学技术文献出版社，2002.

[3] 陈善，刘思维，孙杰. 青铜文物的光电子能谱分析 [J]. 材料保护，2007，4 (2)：67.

[4] 郁向荣. X-光电子能谱学及其在分析化学中的应用 [J]. 分析化学，1973，1 (3)：99.

[5] 吴正龙，刘洁. 现代 X 光电子能谱 (XPS) 分析技术 [J]. 现代仪器，2006 (1)：50.

[6] 曹晓燕，吴伟，王东，等. 1，2，5-噻二唑衍生物电子结构的紫外光电子能谱研究 [J]. 物理化学学报，2000，16 (6)：491.

7 热 分 析

热分析技术是研究物质的性质随温度的变化，这些性质如质量、温度、热量以及力学、光学、磁学量等。相应的有热重分析法（thermo gravimetry，TG），差热分析法（differential thermal analysis，DTA），差示扫描量热法（differential scanning calorimetry，DSC），热机械分析法（thermal mechanical analysis，TMA）等各种分析方法。目前，热分析技术广泛用于研究物质的各种转变与反应，如玻璃化转变，结晶 – 熔融，脱水，热氧化裂解，交联，环化等，并可以用于物质的鉴定及测定物质的组成以及特征参数等。热分析动力学在探讨反应的内在规律和阐明反应机理方面是不可缺少的一种研究方法，可以更深入地分析和表达实验数据。

7.1 热分析的物理基础与分类

物质在加热或冷却过程中，随着其物理状态或化学状态的变化，通常伴有热力学性质或其他性质的变化，因而通过对某些性质的测定可以分析研究物质的物理变化或化学变化的过程。

7.1.1 热量传递的一般规律

7.1.1.1 热传导

热传导可以定义为完全接触的两个物体之间或一个物体的不同部分之间由于温度梯度而引起的内能的交换。热传导遵循傅里叶定律：

$$q^n = -k \frac{\mathrm{d}T}{\mathrm{d}x} \qquad (7-1)$$

式中，q^n 为热流密度，W/m^2；k 为导热系数，$W/(m \cdot ℃)$；"–"表示热量流向温度降低的方向。

7.1.1.2 热对流

热对流是指固体的表面与它周围接触的流体之间，由于温差的存在引起的热量的交换。热对流可以分为两类：自然对流和强制对流。热对流用牛顿冷却方程来描述：$q^n = h(T_s - T_B)$，式中 h 为对流换热系数（或称膜传热系数、给热系数、膜系数等），T_s 为固体表面的温度，T_B 为周围流体的温度。

7.1.1.3 热辐射

热辐射指物体发射的电磁能，并被其他物体吸收转变为热的热量交换过程。物体温度越高，单位时间辐射的热量越多。热传导和热对流都需要有传热介质，而热辐射无须任何介质。实质上，在真空中的热辐射效率最高。在工程中通常考虑两个或两个以上物体之间的辐射，系统中每个物体同时辐射并吸收热量。它们之间的净热量传递可以用斯蒂芬 – 玻耳兹曼方程来计算：

$$q = \varepsilon \sigma A_1 F_{12}(T_1^4 - T_2^4) \tag{7-2}$$

式中，q 为热流率；ε 为辐射率（黑度）；σ 为斯蒂芬 – 玻耳兹曼常数，约为 5.67×10^{-8} W/($m^2 \cdot K^4$)；A_1 为辐射面 1 的面积；F_{12} 为由辐射面 1 到辐射面 2 的形状系数；T_1 为辐射面 1 的绝对温度；T_2 为辐射面 2 的绝对温度。由上式可以看出，包含热辐射的热分析是高度非线性的。

7.1.1.4　稳态传热

如果系统的净热流率为 0，即流入系统的热量加上系统自身产生的热量等于流出系统的热量：q。流入为正：$+q$；生成为负：$-q$，流出系统热量 $q = 0$，则系统处于热稳态。在稳态热分析中任一节点的温度不随时间变化。稳态热分析的能量平衡方程为（以矩阵形式表示）

$$[K]\{T\} = \{Q\} \tag{7-3}$$

式中，$[K]$ 为传导矩阵，包含导热系数、对流系数及辐射率和形状系数；$\{T\}$ 为节点温度向量；$\{Q\}$ 为节点热流率向量，包含热生成。

7.1.1.5　瞬态传热

瞬态传热过程是指一个系统的加热或冷却过程。在这个过程中系统的温度、热流率、热边界条件以及系统内能随时间都有明显变化。根据能量守恒原理，瞬态热平衡可以表达为（以矩阵形式表示）：

$$[C]\{\dot{T}\} + [K]\{T\} = \{Q\} \tag{7-4}$$

式中，$[K]$ 为传导矩阵，包含导热系数、对流系数及辐射率和形状系数；$[C]$ 为比热容矩阵，考虑系统内能的增加；$\{T\}$ 为节点温度向量；$\{\dot{T}\}$ 为温度对时间的导数；$\{Q\}$ 为节点热流率向量，包含热生成。

7.1.1.6　线性与非线性

如果有下列情况产生，则为非线性热分析：

（1）材料热性能随温度变化，如 $K(T)$、$C(T)$ 等。

（2）边界条件随温度变化，如 $h(T)$ 等。

（3）含有非线性单元。

（4）考虑辐射传热。

非线性热分析的热平衡矩阵方程为：

$$[C(T)]\{\dot{T}\} + [K(T)]\{T\} = [Q(T)] \tag{7-5}$$

7.1.1.7　边界条件、初始条件

ANSYS 热分析的边界条件或初始条件可分为七种：温度、热流率、热流密度、对流、辐射、绝热、生热。

7.1.2　物质受热过程中发生的变化

物质以一定方式受热后，会使物质的温度升高或发生结构的变化和化学反应。物质被加热后，其性质（部分或全部）发生了改变，达到某一温度时，其状态发生改变。当物质发生化学反应或相变时，往往伴随着质量的变化（增重或失重）、热量的变化（吸热或

放热)。如脱水、汽化、升华往往伴有吸热效应,而氧化裂解、化学分解往往伴有放热效应。某些物质的氧化过程会导致质量增加。(1)运输性质变化:其热物理性质包括运输性质,如导热系数、线膨胀系数、热辐射性质等变化。(2)热力学性质(比热容等)变化。(3)熔融(固相转变为液相)。(4)凝固(液相转变为固相)。(5)升华(固态直接转变为气态)。(6)凝华(气态直接转变为固态)。(7)相变:对于晶体,往往在一定条件下发生晶型的转变。对于某些铁磁体和铁电体,当受热到一定温度时会发生铁磁性和顺磁性之间或铁电性和顺电性之间的转变。(8)热释电效应。(9)热分解和热裂解:固体物质在加热时除了自身有可能发生化学反应外,还可以和其他与之混合或接触的固体发生反应。(10)热稳定:某些物质受热后,在某一温度区间不发生化学变化和聚集态、相态的变化,通常保持相对的热稳定,如 Al_2O_3 具有很宽的热稳定温度范围,常在差热分析中用作参比物质。

7.1.3 热分析的分类

目前,热分析的种类有很多,根据不同的分类方式,有如下一些方法。

(1)通过检测材料质量变化:热重法,等压质量变化测定,逸出气检测,逸出气分析,放射热分析,热微粒分析。

(2)通过检测材料温度变化:升温曲线测定,差热分析。

(3)通过检测材料热量变化:差示扫描量热法,调制式差示扫描量热法。

(4)通过检测材料尺寸变化:热膨胀法。

(5)通过检测材料力学特性变化:热机械分析,动态热机械法。

(6)通过检测材料声学特性变化:热发声法,热传声法。

(7)通过检测材料光学特性变化:热光学法。

热分析技术应用的领域广泛,应用类型大致有以下几方面:

(1)成分分析:无机物、有机物、药物和高聚物的鉴别以及它们的相图研究。

(2)稳定性测定:物质的热稳定性、抗氧化性能的测定等。

(3)化学反应研究:固体物质与气体反应的研究、催化剂性能测定、反应动力学研究、反应热测定、相变和结晶过程研究。

(4)材料质量检定:纯度测定,固体脂肪指数测定,高聚物质量检验,液晶的相变、物质的玻璃化转变和居里点、材料的使用寿命等的测定。

(5)材料力学性质测定:抗冲击性能、黏弹性、弹性模量、损耗模数和剪切模量等的测定。

(6)环境监测:研究蒸气压、沸点、易燃性和易爆物的安全储存条件等。

7.2 热重分析

热重分析法(thermogravimetric analysis,TG)是在程序控制温度下,测量物质质量与温度关系的一种技术。

7.2.1 热重分析的原理

许多物质在加热过程中常伴随质量的变化,这种变化过程有助于研究晶体性质的变化，如熔化、蒸发、升华和吸附等物质的物理现象；也有助于研究物质的脱水、解离、氧化、还原等物质的化学现象。热重法是在程序控温下，测量物质的质量与温度的关系，通常分为非等温热重法和等温热重法。它具有操作简便、准确度高、灵敏快速以及试样微量化等优点。热重法是在程序控温下，测量物质的质量随温度（或时间）的变化关系。检测质量的变化最常用的办法就是用热天平，测量的原理有两种，可分为变位法和零位法。变位法：根据天平梁倾斜度与质量变化成比例的关系，用差动变压器等检知倾斜度，并自动记录。零位法：由质量变化引起天平梁的倾斜，靠电磁作用力使天平恢复到原来的平衡位置。所施加的力与质量变化成正比，而这个力是与通过转换机构线圈中的电流量成正比。天平梁的倾斜可采用差动变压器或光电系统检测，并自动调节输至线圈中的电流大小和方向。天平梁倾斜（平衡状态被破坏）由光电元件检出，经电子放大后反馈到安装在天平梁上的感应线圈，使天平梁又返回到原点。

7.2.2 热重分析仪

进行热重分析的基本仪器为热天平。热天平一般包括天平、炉子、程序控温系统、记录系统等部分。有的热天平还配有通入气氛或真空装置。典型的热天平示意图见图7-1。除热天平外，还有弹簧秤。国内已有 TG 和 DTG 联用的示差天平。

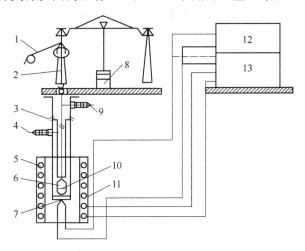

图 7-1 典型热天平原理示意图

1—机械砝码；2—吊挂系统；3—密封管；4—出气口；5—加热丝；6—样品盘；7—热电偶；8—光学读数；
9—进气口；10—样品；11—管状电阻炉；12—温度读数表头；13—温控加热单元

热重分析法通常可分为两大类：静态法和动态法。静态法是等压质量变化的测定，是指一物质的挥发性产物在恒定分压下，物质平衡与温度 T 的函数关系。以失重为纵坐标，温度 T 为横坐标作等压质量变化曲线图。等温质量变化的测定是指一物质在恒温下，物质质量变化与时间 t 的关系，以质量变化为纵坐标，以时间为横坐标，获得等温质量变化曲线图。动态法是在程序升温的情况下，测量物质质量的变化对时间的函数关系。

在控制温度下，样品受热后质量减轻，天平（或弹簧秤）向上移动，使变压器内磁场移动，输电功能改变；另外加热电炉温度缓慢升高时热电偶所产生的电位差输入温度控制器，经放大后由信号接收系统绘出 TG 热分析图谱。热重法实验得到的曲线称为热重曲线（TG 曲线），如图 7 - 2a 所示。TG 曲线以质量作纵坐标，从上向下表示质量减少；以温度（或时间）作横坐标，自左至右表示温度（或时间）增加。从热重法可派生出微商热重法（DTG），它是 TG 曲线对温度（或时间）的一阶导数。以物质质量变化速率 dm/dt 对温度 T（或时间 t）作图，即得微商热重（DTG）曲线，如图 7 - 2b 所示。DTG 曲线上的峰代替 TG 曲线上的阶梯，峰面积正比于试样质量。DTG 曲线可以微分 TG 曲线得到，也可以用适当的仪器直接测得，DTG 曲线比 TG 曲线优越性大，它提高了 TG 曲线的分辨力。

7.2.3 热重曲线分析

热重曲线分析常见的有热重曲线（TG 曲线）与微商热重曲线（DTG 曲线）。

7.2.3.1 TG 曲线

固体的热分解反应为：

$$A \longrightarrow B + C \tag{7-6}$$

其热重曲线见图 7 - 3：

平台：TG 曲线上，质量基本不变的部分，如图 7 - 3 中的 ab 和 cd 部分所示。

T_i——起始温度，即累计质量变化达到热天平可以检测时的温度。

T_f——终止温度，即累计质量变化达到最大值时的温度。

$T_i - T_f$——反应区间，起始温度与终止的温度间隔。

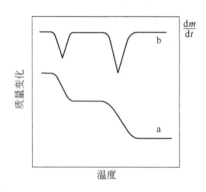

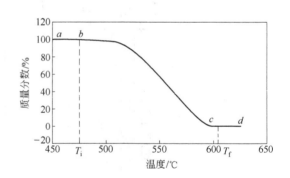

图 7 - 2 TG 和 DTG 曲线示意图
a—TG 曲线；b—DTG 曲线

图 7 - 3 固体热分解反应的典型热重曲线

实际上的 TG 曲线并非是一些理想的平台和迅速下降的区间连续而成，常常在平台部分也有下降的趋势，是由于这个化合物通过重结晶或用其他溶剂进行过处理，本身含有吸附水或溶剂，因此减重；高分子试样中的溶剂，未聚合的单体和低沸点的增塑剂的挥发等，也造成减重。可用如下方法消除影响：无机化合物在较低温度下干燥，采用硅胶、五氧化二磷等干燥剂，把吸湿水去掉。或者可控温下的真空抽吸，把单体及低沸点的增塑剂、挥发物分离出来。

为了更好地表述材料的分解过程，常常使用外推起始温度 T_{ei} 和外推终止温度 T_{ef} 来对该过程进行描述。

外推起始温度 T_{ei}：失重前的基线的延长线与 TG 曲线拐点（最大失重速率）处的切

线的交点所对应的温度，见图 7-4 中的 T_{ei} 点。

外推终止温度 T_{ef}：失重后的基线的延长线与 TG 曲线拐点（最大失重速率）处的切线的交点所对应的温度，见图 7-4 中的 T_{ef} 点。

7.2.3.2 DTG 曲线

TG 曲线对温度或时间的一阶导数而得到的曲线，即 DTG 曲线。它表示质量随时间的变化率（失重速率）与温度（或时间）的关系（图 7-5）。微商热重曲线（DTG）与热重曲线的对应关系是：微商曲线上的峰顶点为失重速率最大值点，与热重曲线的拐点相对应。微商热重曲线上的峰数与热重曲线的台阶数相等，微商热重曲线峰面积则与失重量成正比。

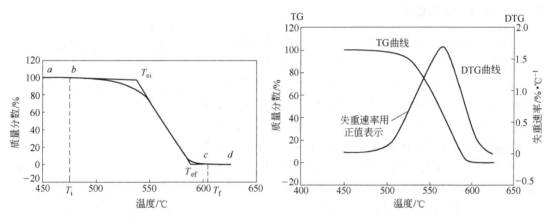

图 7-4　热重曲线的外推点求法　　　　　图 7-5　微商热重曲线

与 TG 曲线比较，DTG 曲线的优点在于：

（1）当某一步失重很小时，可以很容易看到该步的失重来。

（2）当相邻的两步反应紧靠在一起，从 TG 曲线上无法分得出来时，可从 DTG 曲线上很清楚地看出来。

（3）可以很容易得到最大失重速率以及此时的温度。

7.2.4　影响热重曲线分析的因素

热重分析的实验结果受到许多因素的影响，基本可分两类：一是仪器因素，包括升温速率、炉内气氛、炉子的几何形状、坩埚的材料等；二是样品因素，包括样品的质量、粒度、装样的紧密程度、样品的导热性等。

在热重的测定中，升温速率增大会使样品分解温度明显升高。如升温太快，试样来不及达到平衡，就会进入下一步分解过程，因此从 TG 曲线上很难使反应各阶段分开。合适的升温速率为 5～10℃/min。样品在升温过程中，往往会有吸热或放热现象，这样使温度偏离线性程序升温，从而改变了 TG 曲线位置。样品量越多，这种影响越大。用热重法测定时，试样量要求少，一般 2～5mg。一方面是因为仪器天平灵敏度很高（可达 0.1μg）能检测微量样品的质量变化；另一方面如果试样量多，则传质阻力越大，试样内部温度梯度变大，甚至试样产生热效应会使试样温度偏离线性程序升温，使 TG 曲线发生变化。总之操作时应根据天平的灵敏度，尽量减小样品量。样品的粒度也不宜太大，否则将影响热量的传递；粒度也不能太小，否则开始分解的温度和分解完毕的温度都会降低。

7.3 差 热 分 析

物质在物理变化和化学变化过程中，往往伴随着热效应，放热或吸热现象反映物质热焓发生了变化，记录试样温度随时间的变化曲线，可直观地反映出试样是否发生了物理（或化学）变化，这就是经典的热分析法。但该种方法很难显示热效应很小的变化，为此逐步发展形成了差热分析法（differential thermal analysis，DTA）。

7.3.1 差热分析的原理

差热分析是在程序控制温度下，测量物质与参比物之间的温度差与温度关系的一种技术。DTA 曲线是描述样品与参比物之间的温差（ΔT）随温度或时间的变化关系。在差热分析实验中，样品温度的变化是由于相转变、反应的吸热或放热效应引起的。如相转变、熔化、结晶结构的转变、升华、蒸发、脱氢反应、断裂或分解反应、氧化或还原反应、晶格结构的破坏和其他化学反应。一般来说,相转变、脱氢还原和一些分解反应产生吸热效应；而结晶、氧化等反应产生放热效应。DTA 的原理如图 7–6 所示。

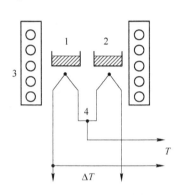

图 7–6 差热分析的原理图
1—参比物；2—试样；3—炉体；
4—热电偶（包括吸热转变）

将试样和参比物分别放入坩埚，置于炉中以一定速率 $\nu = \mathrm{d}T/\mathrm{d}t$ 进行程序升温，以 T_s、T_r 表示各自的温度，设试样和参比物（包括容器、温差电偶等）的热容 c_s、c 不随温度而变，则它们的升温曲线如图 7–7 所示。

若以 $\Delta T = T_s - T_r$ 对 t 作图，所得 DTA 曲线如图 7–8 所示。

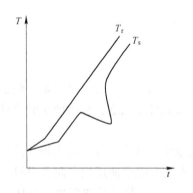

图 7–7 试样和参比物的升温曲线

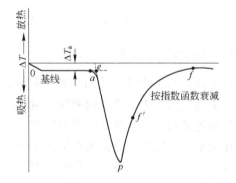

图 7–8 DTA 吸热转变曲线

在 $0 \sim a$ 区间，ΔT 大体上是一致的，形成 DTA 曲线的基线。随着温度的增加，试样产生了热效应（例如相转变），则与参比物间的温差变大，在 DTA 曲线中表现为峰。实际上，DTA 曲线的纵坐标往往不是直接用温度差 ΔT 来表示，而是用电动势电压单位 V 或

μV 来代替。DTA 曲线上，试样温度低于参比物温度的峰，ΔT 为负值即为吸热。试样温度高于参比物温度的峰，ΔT 为正值，即为放热。显然，温差越大，峰也越大，试样发生变化的次数多，峰的数目也多，所以各种吸热和放热峰的个数、形状和位置与相应的温度可用来定性地鉴定所研究的物质，而峰面积与热量的变化有关。

DTA 曲线所包围的面积 S 可用下式表示：

$$\Delta H = \frac{gC}{m}\int_{t_2}^{t_1}\Delta T \mathrm{d}t = \frac{gC}{m}S \qquad (7-7)$$

式中，ΔH 是反应热；m 是反应物的质量；g 是仪器的几何形态常数；C 是样品的热传导率；ΔT 是温差；t_1、t_2 是 DTA 曲线的积分限。这是一种最简单的表达式，它是通过运用比例或近似常数 g 和 C 来说明样品反应热与峰面积的关系。这里忽略了微分项和样品的温度梯度，并假设峰面积与样品的比热容无关，所以它是一个近似关系式。

7.3.2 差热分析仪

DTA 分析仪种类很多，但 DTA 分析仪内部结构装置大致相同，如图 7-9 所示。

DTA 仪器一般由下面几个部分组成：温度程序控制单元、可控硅加热单元、差热信号放大单元、信号记录单元（记录仪或微机）等部分组成。

（1）温度程序控制单元和可控硅加热单元。温度控制系统由程序信号发生器、微伏放大器、PID 调节器和可控硅执行元件等几部分组成。程序信号发生器按给定的程序方式（升温、降温、恒温、循环）给出毫伏信号。若温控热电偶的热电势与程序信号发生器给出的毫伏值有差别，说明炉温偏离给定值，此偏差值经微伏放大器放大，送入 PID 调节器，再经可控硅触发器导通可控硅执行元件，调整电炉的加热电流，

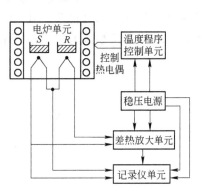

图 7-9　DTA 分析仪装置示意图

从而使偏差消除，达到使炉温按一定的速度上升、下降或恒定的目的。

（2）差热放大单元，用以放大温差电势。由于记录仪量程为毫伏级，而差热分析中温差信号很小，一般只有几微伏到几十微伏，因此差热信号须经放大后再送入记录仪（或微机）中记录。

（3）信号记录单元。由双笔自动记录仪（或微机）将测温信号和温差信号同时记录下来。

7.3.3 差热曲线分析

对差热曲线的分析一般包括对起止温度与峰面积的确定。

（1）DTA 曲线起止点温度的确定。如图 7-8 所示，DTA 曲线的起始温度可取下列任一点温度：曲线偏离基线之点 T_a；曲线的峰值温度 T_p；曲线陡峭部分切线和基线延长线的交点 T_e。其中 T_a 与仪器的灵敏度有关，灵敏度越高则出现得越早，即 T_a 值越低，故一般重复性较差，T_p 和 T_e 的重复性较好，其中 T_e 最为接近热力学的平衡温度。从外观上看，曲线回复到基线的温度是 T_f（终止温度），而反应的真正终点温度是 $T_{f'}$。由于整个体

系的热惰性，即使反应终了，热量仍有一个散失过程，使曲线不能立即回到基线。T_f 可以通过作图的方法来确定，T_f 之后，ΔT 即以指数函数降低，因而如以 $\Delta T - \Delta T_a$ 的对数对时间作图，可得一条直线。当从峰的高温侧的底沿逆查这张图时，则偏离直线的那点，即表示终点 T_f。

（2）DTA 峰面积的确定。DTA 的峰面积为反应前后基线所包围的面积，其测量方法有以下几种：1）使用积分仪，可以直接读数或自动记录下差热峰的面积。2）如果差热峰的对称性好，可作等腰三角形处理，用峰高乘以半峰宽（峰高 1/2 处的宽度）的方法求面积。3）剪纸称重法，若记录纸厚薄均匀，可将差热峰剪下来，在分析天平上称其质量，其数值可以代表峰面积。对于反应前后基线没有偏移的情况，只要联结基线就可求得峰面积，这是不言而喻的。对于基线有偏移的情况，下面两种方法是经常采用的。

1）分别作反应开始前和反应终止后的基线延长线，它们离开基线的点分别是 T_a 和 T_f，联结 T_a、T_p、T_f 各点，便得峰面积，这就是 ICTA（国际热分析联合会）所规定的方法（图 7 – 10（a））。

2）由基线延长线和通过峰顶 T_p 作垂线，与 DTA 曲线的两个半侧所构成的两个近似三角形面积 S_1、S_2（图 7 – 10（b）中以阴影表示）之和（$S = S_1 + S_2$）表示峰面积，这种求面积的方法是认为在 S_1 中丢掉的部分与 S_2 中多余的部分可以得到一定程度的抵消。

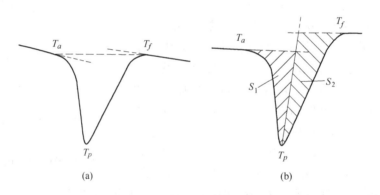

图 7 – 10　峰面积求法

7.3.4　影响差热曲线分析的因素

在进行 DTA 测试过程中，如果升温时试样没有热效应，则温差电势应为常数，DTA 曲线为一条直线，即基线。但是由于两个热电偶的热电势和热容量以及坩埚形态、位置等不可能完全对称，在温度变化时仍有不对称电势产生。此电势随温度升高而变化，造成基线不直，这时可以用斜率调整线路加以调整。在升温过程中如果基线偏离原来的位置，则主要是由于热电偶不对称电势引起基线漂移。待炉温升到 750℃ 时，通过斜率调整旋钮校正到原来位置即可。此外，基线漂移还和样品杆的位置、坩埚位置、坩埚的几何尺寸等因素有关。

7.4　差示扫描量热分析法

在差示扫描量热分析（differential scanning clorimetry，DSC）测量试样的过程中，当试

样产生热效应（熔化、分解、相变等）时，由于试样内的热传导，试样的实际温度已不是程序所控制的温度（如在升温时）。由于试样的吸热或放热，促使温度升高或降低，因而进行试样热量的定量测定是困难的。要获得较准确的热效应，可采用差示扫描量热法。

7.4.1 差示扫描量热分析法的原理

DSC 是在程序控制温度下，测量输给物质和参比物的功率差与温度关系的一种技术。经典 DTA 常用一金属块作为样品保持器以确保样品和参比物处于相同的加热条件下。而 DSC 的主要特点是试样和参比物分别各有独立的加热元件和测温元件，并由两个系统进行监控。其中一个用于控制升温速率，另一个用于补偿试样和惰性参比物之间的温差。图 7 – 11 显示了 DTA 和 DSC 加热部分的不同。

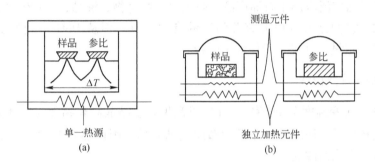

图 7 – 11 DTA（a）和 DSC（b）加热元件示意图

试样在加热过程中由于热效应与参比物之间出现温差 ΔT 时，通过差热放大电路和差动热量补偿放大器，使流入补偿电热丝的电流发生变化：当试样吸热时，补偿放大器使试样一边的电流立即增大；反之，当试样放热时则使参比物一边的电流增大，直到两边热量平衡，温差 ΔT 消失为止。换句话说，试样在热反应时发生的热量变化，由于及时输入电功率而得到补偿，所以实际记录的是试样和参比物下面两电热补偿的热功率之差随时间 t 的变化，即 $dH/dt - t$ 关系。如果升温速率恒定，记录的也就是热功率之差随温度 T 的变化 $dH/dt - T$ 关系，

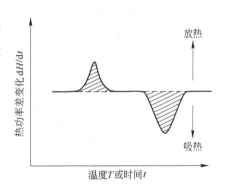

图 7 – 12 DSC 曲线

如图 7 – 12 所示。峰向上表示吸热，向下表示放热。在整个表观上，除纵坐标轴的单位之外，DSC 曲线看上去非常像 DTA 曲线。像在 DTA 的情形一样，其峰面积 S 正比于热熔的变化：$\Delta H_m = KS$，式中 K 为与温度无关的仪器常数。如果事先用已知相变热的试样标定仪器常数，再根据待测样品的峰面积，就可得到 ΔH 的绝对值。仪器常数的标定，常利用测定锡、铅、铟等纯金属的熔化来测定。

因此，用差示扫描量热法可以直接测量热量，这是与差热分析的一个重要区别。此外，DSC 与 DTA 相比，另一个突出的优点是 DTA 在试样发生热效应时，试样的实际温度已不是程序升温时所控制的温度（如在升温时试样由于放热而使温度加速升高）。而 DSC

由于试样的热量变化随时可得到补偿，试样与参比物的温度始终相等，避免了参比物与试样之间的热传递，故仪器的反应灵敏，分辨率高，重现性好。

DTA 和 DSC 的共同特点是峰的位置、形状和峰的数目与物质的性质有关，故可以定性地用来鉴定物质；从原则上讲，物质的所有转变和反应都应有热效应，因而可以采用 DTA 和 DSC 检测这些热效应，不过有时由于灵敏度等种种原因的限制，不一定都能观测得出；而峰面积的大小与反应热焓有关，即 $\Delta H = KS$。对 DTA 曲线，K 是与温度、仪器和操作条件有关的比例常数。而对 DSC 曲线，K 是与温度无关的比例常数。这说明在定量分析中 DSC 优于 DTA。为了提高灵敏度，DSC 所用样品容器与电热丝紧密接触。但由于制造技术上的问题，目前 DSC 仪测定温度可达到 750℃ 左右，温度再高，只能用 DTA 仪了。DTA 则一般可用到 1600℃ 的高温，最高可达到 2400℃。

热分析技术已广泛应用于石油产品、高聚物、配合物、液晶、生物体系、医药等有机和无机化合物，它们已成为研究有关问题的有力工具。但从 DSC 得到的实验数据比从 DTA 得到的更为定量，并更易于作理论解释。

7.4.2　差示扫描量热曲线

（1）玻璃化转变温度 T_g 的测定。无定形高聚物或结晶高聚物无定形部分在升温达到它们的玻璃化转变时，被冻结的分子微布朗运动开始，因而热容变大，用 DSC 可测定出其热容随温度的变化而改变。

在无定形聚合物由玻璃态转变为高弹态的过程中伴随着热容变化，在 DSC 曲线上体现为基线高度的变化（曲线的拐折）。由此进行分析，即可得到材料的玻璃化转变温度。

1）取基线及曲线弯曲部的外延线的交点（图 7-13（a））。

2）取曲线的拐点（图 7-13（b））。

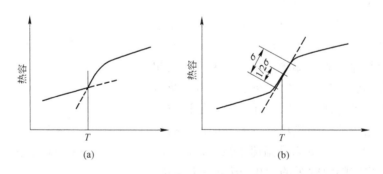

图 7-13　从 DSC 曲线中测定 T_g 的两种方法

（2）混合物和共聚物的成分检测。脆性的聚丙烯往往与聚乙烯共混或共聚增加它的柔性。因为在聚丙烯和聚乙烯共混物中它们各自保持本身的熔融特性，因此该共混物中各组分的混合比例可分别根据它们的熔融峰面积计算（图 7-14）。

（3）结晶度的测定。高分子材料的许多重要物理性能是与其结晶度密切相关的，所以百分结晶度成为高聚物的特征参数之一。由于结晶度与熔融热焓值成正比，因此可利用 DSC 测定高聚物的百分结晶度，先根据高聚物的 DSC 熔融峰面积计算熔融热焓 ΔH_f，再按下式求出百分结晶度。

$$结晶度（\%）=\frac{\Delta H_{\mathrm{f}}}{\Delta H_{\mathrm{f}}^{*}}\times100\%\qquad(7-8)$$

式中，$\Delta H_{\mathrm{f}}^{*}$ 为 100% 结晶度的熔融热熔。

$\Delta H_{\mathrm{f}}^{*}$ 的测定：用一组已知结晶度的样品作出结晶度 ΔH_{f} 图，然后外推求出 100% 结晶度 $\Delta H_{\mathrm{f}}^{*}$。

7.4.3 影响差示扫描量热曲线分析的因素

试样用量大，易使相邻两峰重叠，降低了分辨力。一般尽可能减少用量，最多大至毫克。样品的颗粒度在 $0.147\sim0.074\mathrm{mm}$（$100\sim200$ 目）左右，颗粒小可以改善导热条件，但太细可能会破坏样品的结晶度。对易分解产生气体的样品，颗粒应大一些。参比物的颗粒、装填情况及紧密程度应与试样一致，以减少基线的漂移。

如图 7-15 所示，样品量小有利于气体产物扩散，相邻峰（平台）分离能力增强，DSC 峰形也较小。样品量大能增大 DSC 检测信号，峰形加宽，峰值温度向高温漂移，峰分离能力下降，气体产物扩散亦稍差。

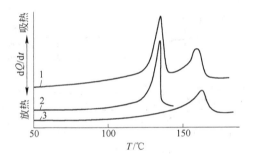

图 7-14 聚丙烯、聚乙烯及其共混物的 DSC 图
1—共混物；2—聚乙烯；3—聚丙烯

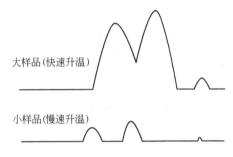

图 7-15 样品颗粒度与升温速度
对 DSC 曲线的影响

升温速率不仅影响峰温的位置，而且影响峰面积的大小，一般来说，在较快的升温速率下峰面积变大，峰变尖锐。但是快的升温速率使试样分解偏离平衡条件的程度也大，因而易使基线漂移。更主要的可能导致相邻两个峰重叠，分辨力下降。较慢的升温速率，基线漂移小，使体系接近平衡条件，得到宽而浅的峰，也能使相邻两峰更好地分离，因而分辨力高。但测定时间长，需要仪器的灵敏度高。一般情况下选择 $8\sim12{}^{\circ}\mathrm{C}/\min$ 为宜。

快速升温使 DSC 峰形变大；特征温度向高温漂移；相邻峰或失重台阶的分离能力下降。慢速升温有利于相邻峰或相邻失重平台的分离；DSC/DTA 峰形较小。

7.5 热分析技术的应用

TG 分析法的重要特点是定量性强，能准确地测量物质的质量变化及变化的速率，可以说，只要物质受热时发生质量的变化，就可以用 TG 法来研究其变化过程。DTA 与 DSC 主要是通过监测材料在加热过程中的吸热与放热变化，证明期间可能发生的一些物理或化学变化，都有很广泛的应用（见附录13）。

例 1：无定形碳与石墨碳的 TG 分析。

图 7 – 16 是无定形碳材料与石墨碳材料的差热曲线。测试条件为空气氛围，10℃/min。从曲线可知，无定形碳材料 a 分解分为两个阶段，第一阶段从 337℃ 到 391℃，质量损失为 6.98%；第二阶段从 391℃ 到 612℃，质量损失为 87.01%。第一阶段可能为没有完全碳化的有机前驱物的热损失，后阶段为碳材料的热损失。主体碳材料的氧化温度为 391℃。从曲线 b 可知，该石墨材料的分解也可以分为两个阶段，第一阶段从 551℃ 到 575℃，质量损失为 6.38%；第二阶段从 575℃ 到 733℃，质量损失为 87.31%。由于石墨材料的石墨化结晶程度使得材料的氧化分解温度明显高于无定形碳，同时也可知道主体碳材料在该材料中所占的组分。

例 2：高岭土的热分析。

样品 1 为纯高岭土，可见到典型的热效应（图 7 – 17）：在 500℃ 附近的脱羟基反应（TG 失重台阶，DSC 吸热峰）以及在 985℃ 附近的 DSC 放热峰。相比之下可见，样品 2 含有一定数量的伊利石（体现在 260℃ 附近的 TG 失重台阶）以及有机物（体现在 426℃ 附近的 DSC 放热峰）。

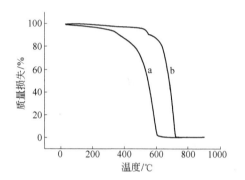

图 7 – 16　碳材料的热重分析

　　a—无定形碳；b—石墨碳

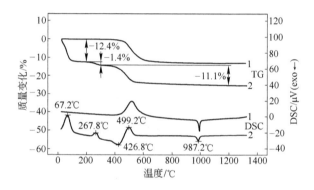

图 7 – 17　高岭土热分析

例 3：超高分子量聚乙烯及其复合材料的热分析。

图 7 – 18 为纯超高分子量聚乙烯（Ultra-High-Molecular-Weight-Polyethylene，UHMWPE）、UHMWPE 与铜的复合物（UHMWPE/ Cu）、UHMWPE/ Cu 与聚乙烯接枝马来酸

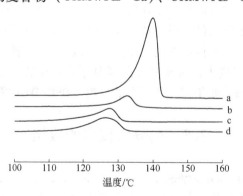

图 7 – 18　UHMWPE 及 UHMWPE/ Cu 复合材料的 DSC 曲线

a—UHMWPE；b—UHMWPE/25%（体积分数）Cu；c—UHMWPE/5%（体积分数）PE-g-MAH/Cu；

d—UHMWPE/10%（体积分数）PE-g-MAH/Cu

酐（PE-g-MAH）复合材料（UHMWPE/ PE-g-MAH /Cu）的 DSC 曲线。从图 7 – 18 可以看出，纯的 UHMWPE，UHMWPE/Cu 复合材料和 UHMWPE/PE-g-MAH/Cu 复合材料的差热曲线只出现一个熔融峰，这主要是因为 UHMWPE 和 PE-g-MAH 具有相同的主链结构，这同时也说明了 UHMWPE 和 PE-g-MAH 完全相容，以上几种聚乙烯基的复合材料的结晶度可用下式计算：

$$X_C(\%) = \Delta H_m / \Delta H_m^0 \times 100\% \tag{7-9}$$

式中，X_C 为结晶度；ΔH_m 为复合材料中聚乙烯的熔融热熔；ΔH_m^0 为 100% 结晶的聚乙烯的熔融热熔（289J/g）。

思 考 题

7 – 1 有哪些实验条件对热重曲线有重要影响，是如何影响的？

7 – 2 影响 DTA 曲线的有哪些主要因素，如何影响的？试从 DTA 曲线方程加以说明。

7 – 3 TG 分析可以得到什么信息？

7 – 4 DSC 一般可以得到材料什么信息？

7 – 5 用 DSC 的方法如何算取高分子聚合物的结晶度？

参 考 文 献

[1] 刘振海. 热分析与能热仪及其应用 [M]. 北京：化学工业出版社，2011.

[2] 何坤萍，杨志杰，员亭阁，等. 热分析中常见异常图谱浅析 [J]. 河南化工，2003 (7)：36.

[3] 蔡正千. 热分析 [M]. 北京：高等教育出版社，1993.

[4] 陈镜泓，李传儒. 热分析及其应用 [M]. 北京：科学出版社，1985.

[5] 王仲军，刘大成. 样品粒度对差热分析影响的研究 [J]. 唐山高等专科学报，2001 (8)：26.

[6] 沈清，杨长安. 差热分析结果的影响因素研究 [J]. 陕西科技大学学报，2005 (23)：59.

[7] 胡荣祖. 热分析动力学 [M]. 北京：科学出版社，2001.

[8] 陆立明. 热分析应用基础 [M]. 上海：东华大学出版社，2011.

[9] 德布尔. 热分析应用手册 [M]. 陆立明，译. 上海：东华大学出版社，2011.

[10] 曹国喜，冯际田，胡和方，等. 差热分析若干影响因素探讨 [J]. 玻璃与搪瓷，2002 (30)：33.

8　颗粒度分析

在材料、能源、医药、冶金、化工、电子、机械、建筑及环保等很多领域中，大多数的固体材料均是由各种形状不同的颗粒组成，颗粒形状和大小对材料结构和性能具有重要的影响。随着科学技术的发展，有关于材料颗粒的粒度分析技术已经受到人们的重视，逐渐成为分析测量学中的一个重要分支。

固体材料颗粒大小可以用颗粒粒度概念来描述。但由于粉体材料颗粒的形状不可能都是均匀球形的，有各种各样的形状，一般很难直接用一个尺度来描述一个颗粒大小。因此，在大多数情况下粒度测量的粒径是一种等效意义上的粒径。在粒度大小的描述过程中广泛采用等效粒度的概念。等效粒径（D）和颗粒体积（V）的关系可以用表达式 $D = 1.24V^{1/3}$ 表示。被测颗粒为球形时，其等效粒径就是它的实际直径。但等效粒径和实际的颗粒大小分布会有一定的差异，因此只具有相对比较的意义。

由于材料的颗粒大小分布范围较广，颗粒可以从纳米级到毫米级，因此描述材料颗粒粒度大小的时候，可以按大小分为纳米颗粒、超微颗粒、微粒、细粒、粗粒等。可以根据这些颗粒的大小、种类采用不同的粒度分析方法，如光衍射（0.05~8000μm）；光子相关谱（0.002~10μm）；X 光小角散射（0.003~0.5μm）；离心沉降法（0.05~5μm）；流体动力色谱（0.02~50μm）；声谱（0.01~100μm）；静电分级（0.005~1μm）；场流分级（0.001~500μm）；浊度法（0.003~30μm）；穆斯堡尔谱（0.01μm 以下铁磁性颗粒）；扫描电子显微电镜和透射电子显微镜等。因为各种不同粒度分析方法的原理不同，获得的粒径大小和分布数据相差很大，不能进行相互印证或绝对的横向比较。

8.1　粒度的概念及表述

8.1.1　粒度的概念

颗粒的大小也称为"粒径"，又称为"粒度"或者"直径"。如果颗粒是圆球形的那么粒径就是颗粒的直径，如图 8-1（a）所示。然而由于绝大多数材料的颗粒形状是不规则的，如图 8-1（b）所示。在这种情况下，粒径不能简单用单一的直径来表示，只能用所有粒径的统计平均值来代替。

常见的几种统计平均方法如下：

（1）直径的几何平均值

$$D = \left(\sum_{D_i = D_{\min}}^{D_{\max}} D_i \right)^{1/n} \qquad (8-1)$$

（2）直径的算术平均值

$$D = \frac{1}{n} \sum_{D_i = D_{\min}}^{D_{\max}} D_i \qquad (8-2)$$

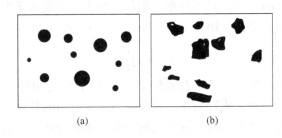

图 8 - 1　颗粒的显微图像

（a）理想的圆形颗粒（b）碳化硅微粉显微图像

（3）直径的调和平均值　　$D = \left(\dfrac{1}{n} \sum_{D_i = D_{\min}}^{D_{\max}} \dfrac{1}{D_i} \right)^{-1}$ 　　　　　（8 - 3）

根据现有的各种粒度测量仪器的工作原理，可将"粒径"定义为当被测颗粒的某种物理特性或物理行为与某一直径的同质球体（或其组合）最相近时，就把该球体的直径（或其组合）作为被测颗粒的等效粒径（或粒度分布）。不同原理的仪器采用不同的物理特性或物理行为作为比较的参考量。

通过某种等效的方法测量颗粒的大小，测得的粒径是等效粒径。如在筛分方法中，认为能通过筛孔的颗粒，其粒径都小于筛孔的尺度。如果颗粒是圆球形的，结论是正确的。但是对于不规则颗粒，颗粒也能通过筛孔，这只能表明颗粒能够通过筛孔，颗粒在筛网上的投影正好在相应筛孔尺寸之内。沉降法中，粒径是根据颗粒的沉降速度测得的，称为斯托克斯直径，也可称为等效沉降速度粒径。仪器依据斯托克斯（Stokes）公式设计的，只能给出球形颗粒的沉降速度同粒径之间的关系，但当颗粒是不规则物体时，沉降速度与粒径之间的关系是未知的。此时沉降仪给出的粒径是被测颗粒相对沉降速度而言的一个球体的大小。同样激光粒度仪给出的粒径称为等效散射光粒径；电阻法给出的粒径称为等效电阻粒径等等。

现有的粒度测量手段给出的粒径都是等效粒径。除了球形颗粒以外，测试结果均同仪器原理有关。不同类型仪器依据的原理不同，一般来说测试结果也是不同的。只有当颗粒是球形时，不同类型仪器结果才可能相同。

8.1.2　粒径分布的表达

粉体样品是由成万上亿个颗粒组成的，颗粒之间大小互不相同，其大小可用粒度分布来描述。所谓粒度分布，就是粉体样品中各种大小的颗粒占颗粒总数的比例。按一定的规则（从小到大或从大到小）选多个代表粒径 x_0，x_1，x_2，$\cdots$，x_n 组成相应的粒径区间：

$$[x_0, x_1], [x_1, x_2], [x_2, x_3], \cdots, [x_{n-1}, x_n]$$

各区间内的颗粒的相对质量为：

$$w_1, w_2, w_3, \cdots, w_n$$

粒度的质量分布为：

$$\sum_{i=1}^{n} w_i = 1 \qquad\qquad (8 - 4)$$

用各粒径区间上的颗粒质量表示的粒度分布称为粒度的微分分布或频度分布。也有用累积值来表示粒度分布的，称为累积分布。累积分布表示粒度从无限小到某粒径之间的所有颗粒质量占总质量的百分比，用 w_1，w_2，w_3，$\cdots$，w_n 表示

$$W_i = \sum_{j=1}^{i} w_j \qquad (8-5)$$

式中，$i=1$，2，$\cdots$，n。式（8-5）表示粒径小于 W_i 的所有颗粒的质量占总质量的百分比。一般累积方式是从小到大进行累积。以质量为单位表示的粒度分布称为质量分布。由于样品中的所有颗粒的密度都相同，这样质量分布与体积分布是一致，故质量分布又称体积分布。在没有特别说明时，仪器给出的粒度分布是质量分布或体积分布。

也有用颗粒个数表示粒度分布，即

$$n_1, n_2, n_3, \cdots, n_i$$

在不考虑归一化问题时

$$w_i = n_i \overline{x}_i^3 \qquad (i=1, 2, \cdots, m) \qquad (8-6)$$

其中

$$\overline{x}_i = \sqrt{x_{i-1} x_i} \qquad (8-7)$$

通常，x_i 代表粒径，是相邻代表粒径按对数等间隔等比例选取的，即：

$$x_1/x_0 = x_2/x_1 = \cdots = x_i/x_{i-1} \qquad (8-8)$$

对粒度分布范围较小的情况，例如 $x_m/x_0 \leqslant 20$，也可以取简单等间隔，即：

$$x_1 - x_0 = x_2 - x_1 = \cdots = x_i - x_{i-1} \qquad (8-9)$$

8.1.2.1 图示法与列表法

粒度分布最常见的表达方式是曲线和表格，分别称为粒度分布曲线和粒度分布表。图 8-2 为粒度分布曲线示例图。图中微分分布曲线上可以看到两个峰值，而累积分布曲线则是逐渐递增，从分布曲线可以形象、直观地显示出粒度分布情况。表 8-1 是图 8-2 对应的粒度分布表。在表 8-1 中 1、4 列为粒径，2、5 列是微分分布，3、6 列是累积分布。从表中可以看出，全部粒子的尺寸均分布在 4.15 ~ 37.1μm 之间。表中在 4.91μm 到 5.81μm 之间的颗粒质量占总质量的 6.08%，小于 5.81μm 的颗粒占总数的 7.84%。

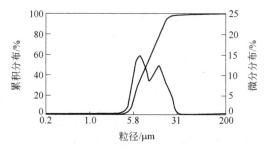

图 8-2 粒度分布曲线示例

表 8-1 粒度分布表

粒径/μm	微分分布/%	累积分布/%	粒径/μm	微分分布/%	累积分布/%
0.20			6.88	13.25	21.09
0.24	0.00	0.00	8.14	14.63	35.72
0.28	0.00	0.00	9.64	11.75	47.47
0.33	0.00	0.00	11.41	8.28	55.75
0.39	0.00	0.00	13.50	9.54	65.29
0.46	0.00	0.00	15.98	12.77	78.06
0.55	0.00	0.00	18.91	9.87	87.94

粒径/μm	微分分布/%	累积分布/%	粒径/μm	微分分布/%	累积分布/%
0.65	0.00	0.00	22.4	7.23	95.17
0.77	0.00	0.00	26.5	4.07	99.24
0.91	0.00	0.00	31.3	0.76	100.00
1.08	0.00	0.00	37.1	0.00	100.00
1.28	0.00	0.00	43.9	0.00	100.00
1.51	0.00	0.00	52.0	0.00	100.00
1.79	0.00	0.00	61.5	0.00	100.00
2.21	0.00	0.00	72.8	0.00	100.00
2.50	0.00	0.00	86.1	0.00	100.00
2.96	0.00	0.00	101.9	0.00	100.00
3.51	0.00	0.00	120.6	0.00	100.00
4.15	0.00	0.00	142.8	0.00	100.00
4.91	1.76	1.76	169.0	0.00	100.00
5.81	6.08	7.84	200.0	0.00	100.00

8.1.2.2 公式法

从理论上说，粒度分布也可以用数学函数来表示，假定 $W(x)$ 和 $w(x)$ 分别表示粒度的累积分布和微分分布，则有

$$W(x) = \int_0^x w(v)\,\mathrm{d}v \tag{8-10}$$

式中，$0 \leqslant W(x) \leqslant 1$，$W(0) = 0$，$W(\infty) = 1$。

大部分固体材料，经机械方法粉碎后，其粒度分布呈单峰形式分布，可用 Rosin-Rammler 公式描述，其式如下：

$$W(x) = 1 - \exp\left[-\left(\frac{x}{D_e}\right)^N\right] \tag{8-11}$$

式中，D_e 为与 x_{50}（中位径）成正比的常数，N 取决于粒度分布的范围。N 值越大，则表示粒度分布范围越窄。图 8-3 是 $D_e = 30\mu m$，$N = 3.5$ 时粒度的微分分布和累积分布曲线。

8.1.2.3 粉体粒度的简约表征——特征粒径

在实际中，只要确定了样品的平均粒度和粒度分布范围，样品的粒度分布情况也就基本确定了。在此把用来描述平均粒度和粒度分布范围的参数称为特征粒径。特征粒径有平均粒径、中位径和边界粒径三种。

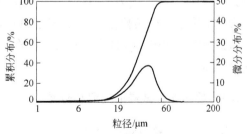

图 8-3 粒度的微分分布和累积分布曲线

（1）平均粒径。平均粒径 $x(p, q)$ 的定义如下：

$$x(p,q) = \left(\sum_{i=1}^{m} n_i \bar{x}_i^{p} \right) \Big/ \left(\sum_{i=1}^{m} n_i \bar{x}_i^{q} \right) \tag{8-12}$$

式中，n_1，n_2，…，n_m 为粒度的颗粒个数；$\bar{x}_i$ 代表在第 i 粒径区间上颗粒的平均粒径大小，$\bar{x}_i = \sqrt{x_{i-1} x_i}$；$p$，$q$ 在不同的情况下，取不同的数值。平均粒径中主要有体积（质量）平均直径、颗粒数平均粒径和表面积平均粒径三种。

1）体积（或质量）平均直径 $x(4,3)$，其中的 p 为 4，q 为 3。

$$x(p,q) = x(4,3) = \left(\sum_{i=1}^{m} n_i \bar{x}_i^{3} \bar{x}_i \right) \Big/ \left(\sum_{i=1}^{m} n_i \bar{x}_i^{3} \right) \tag{8-13}$$

因为 $n_i \bar{x}_i^3$ 正比于第 i 粒径区间中颗粒的总体积（或质量），所以 $x(4,3)$ 表示粒径对体积（质量）的加权平均，称为体积（或质量）平均粒径。

2）颗粒数平均粒径 $x(1,0)$，其中的 p 为 1，q 为 0。

$$x(p,q) = x(1,0) = \left(\sum_{i=1}^{m} n_i \bar{x}_i \right) \Big/ \left(\sum_{i=1}^{m} n_i \right) \tag{8-14}$$

式（8-14）表示粒径对颗粒个数的加权平均，因此称为颗粒数平均粒径。

3）表面积平均粒径 $x(3,2)$，其中 p 为 3，q 为 2。

$$x(p,q) = x(3,2) = \left(\sum_{i=1}^{m} n_i \bar{x}_i^{2} \bar{x}_i \right) \Big/ \left(\sum_{i=1}^{m} n_i \bar{x}_i^{2} \right) \tag{8-15}$$

此处 $n_i \bar{x}_i^2$ 正比于第 i 粒径区间上颗粒的表面积，因此将 $x(3,2)$ 称为表面积平均粒径。

（2）中位径。将样品中颗粒数小于或大于总颗粒数的 50% 时的数值称为中位径（D_{50}）。图 8-4 为粒度的微分分布和累积分布曲线。从图中可知，D_{50} 等于 25.78μm，粒径颗粒尺寸小于 25.78μm 的颗粒占颗粒总数的 50%。同理 $D_{10} = 3.83$μm 和 $D_{90} = 76.14$μm 分别代表粒径颗粒尺寸小于 3.83μm 和 76.14μm 的颗粒占颗粒总数的 10% 和 90%。

（3）边界粒径。边界粒径是用来表示样品粒度分布的范围，由一对特征粒径组成，例如：[D_{10}，D_{50}]、[D_{10}，D_{90}] 等。边界粒

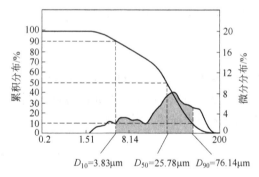

图 8-4　粒度的微分分布和累积分布曲线

径大体上表示出样品粒度的分布情况。以 [D_{10}，D_{50}] 为例，表示小于 D_{10} 的颗粒占颗粒总数的 10%，小于 D_{50} 的颗粒占颗粒总数的 50%，就表明有 40% 的颗粒分布在区间 [D_{10}，D_{50}] 之间。

8.1.3　粉体颗粒试样的提取和分散

8.1.3.1　颗粒试样的提取

试样的提取是否科学，直接关系到测量结果的准确性。提取的试样必须具有代表性和准确的统计规律，通常采用四分法和介质分散法两种方法取样。

四分法是从分散均匀的粉体中随意称取大约 0.5g 的试样，均匀分成四份，接着将其中一份均匀分成四份，直至将其均匀地分到剩余约 0.01g 为止，将其作为分析的试样。

介质分散法是在均匀的粉体料中随意取少许样品放入分散介质，激烈搅拌，在搅拌过程中倒掉其中一半，然后加入分散介质至原体积，再激烈搅拌，再倒掉其中一半，直至稀释到所需浓度为止。因为介质分散法对较粗颗粒容易产生误差，必须进行激烈搅拌才能保证试样具有代表性。

8.1.3.2 粉体颗粒的分散

样品的分散是粒度分析过程中一个关键步骤。测试时如果颗粒团聚或者黏结都会影响测试结果。对于干样品在测试时要保证样品能自由流动，不黏结，若出现结块现象，需经干燥后再进行测试；对于易吸潮的样品应保存在干燥器中。而对湿状态下测试的试样需要选择合适的分散介质、分散剂和分散方法并控制好配制溶液的浓度。

分散介质是指用于分散样品颗粒的溶剂。要求分散介质对样品颗粒具有很好的浸润。分散介质不能与被测样品发生物理变化，如不发生溶解，也不会使颗粒膨胀。同时也不能与样品颗粒发生化学反应。分散介质要具有高的纯度。常用的分散介质有水、酒精、乙二醇、丙酮等。

分散剂是能使分散介质表面张力显著降低，从而使颗粒能得到良好浸润的物质。加入少量的分散剂可以改变颗粒表面与液体之间的亲和性，使颗粒保持良好的分散状态。分散剂有两个作用，一是加快团粒的分散，二是阻止或者延缓颗粒的团聚。常用的分散剂有六偏磷酸钠、焦磷酸钠、氨水、水玻璃、氯化钠等，一般分散剂浓度为 0.005% ~ 0.05%（质量分数）。

有些颗粒物质特别容易发生团聚，而且形成的团聚颗粒之间具有一定的结合强度，要将团聚的颗粒分散开，除了使用分散介质和分散剂外，还需要借助其他的分散技术，常用磁力搅拌器和超声来辅助分散。

8.2 激光粒度分析法

材料粒度分析的方法有很多，基于各种工作原理研制并生产的分析测量装置就有 200 多种。虽然粒度分析的方法多种多样，基本上可归纳为以下几种方法：筛分法、显微镜法、沉降法、电感应法、激光衍射法、激光散射法、光子相干光谱法、电子显微镜图像分析法和基于颗粒布朗运动的粒度测量法，以及质谱法等。其中激光散射法具有用量少、测量范围宽、数据可靠、重复性好、自动化程度高和速度快等优势而被广泛采用。

当激光照射在颗粒上时，会发生衍射和散射两种现象，通常当颗粒粒径大于 10 倍光波波长时，以衍射现象为主；当粒径小于 10 倍光波波长时，则以散射现象为主。激光粒度分析法针对不同测量颗粒体系，又分为激光衍射式和激光动态光散射式粒度分析方法两种。一般，激光衍射式粒度仪仅对粒度在 $5\mu m$ 以上的样品分析比较准确；而动态光散射粒度仪则对粒度在 $5\mu m$ 以下的纳米、亚微米颗粒样品分析准确。

光散射法的研究分为静态和动态两种。静态光散射法是测量散射光的空间分布规律；动态光散射法研究散射光在某固定空间位置的强度随时间变化的规律。成熟的光散射理论主要有夫朗和费衍射理论、菲涅耳衍射理论、米氏散射理论和瑞利散射理论等。

8.2.1   激光粒度分析法的原理

激光光散射法粒度测量范围宽，可以在 20～3500nm 范围内获得等效球体积分布，用量少，测量准确，重复性好，速度快，适合混合试样的测量。激光粒度测试仪的测量原理有静态光散射法和动态光散射法两种。

（1）静态光散射法。在静态光散射粒度分析法中，当颗粒尺寸大于光波波长时，用夫朗和费衍射测量前向小角区域的角度和光强度分布来确定颗粒粒度；当颗粒尺寸与光波波长相近时，需用米氏散射理论加以修正。依据这两种理论原理的激光粒度分析仪已经应用于生产实际中。夫朗和费衍射理论的激光颗粒测量方法是当激光通过被测颗粒时会发生夫朗和费衍射，由于不同粒径的颗粒产生的衍射光是不同的，这样根据激光通过颗粒后的衍射能量分布及其相应的衍射角可以计算出颗粒样品的粒径分布。依据夫朗和费衍射理论设计的激光粒度仪可测量 3～1000μm 范围颗粒粒度。

（2）动态光散射法。当颗粒尺寸小于光波波长时，散射光相对强度的角分布与粒子尺寸无关，不能够通过散射光强度的空间分布来确定颗粒尺寸。需要用到动态光散射法，其原理就是当光束通过小颗粒时，会产生一定频移的散射光，这些散射光在空间某点会发生干涉，该点光强的时间相关函数的衰减与颗粒大小有相互的对应关系。可以通过测量散射光光强随时间的变化，经过相关运算就可以得到颗粒尺寸。动态光散射只能获得颗粒的平均粒径，难以得到粒径分布参数。动态光散射法适用于测量 1nm～5μm 范围的颗粒。

8.2.1.1   光的散射（衍射）现象

当光照射到颗粒时，会有一部分光偏离原来的传播方向，这种现象称为光的散射或衍射。散射光的传播方向将与入射光束的传播方向形成一个夹角。散射角度与颗粒尺寸相关，颗粒越大，产生的散射光的散射角就越小；颗粒越小，产生的散射光的散射角就越大。图 8－5 为光的散射现象示意图。散射光的强度代表该粒径颗粒的数量。这样根据在不同的角度上测量散射光的强度，就可以得到样品的粒度分布情况。激光粒度仪就是根据光的散射现象测量颗粒大小及分布。

众所周知，光是一种电磁波。散射现象的物理本质是电磁波和物质的相互作用。一般当颗粒尺寸大于光波波长时，产生的现象称为衍射，应用衍射理论描述这一现象；而当颗粒尺寸小于光波波长时，产生的称为散射，用米氏散射理论描述这一现象。

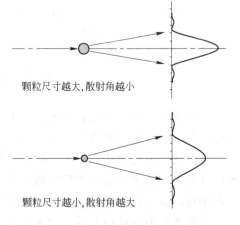

颗粒尺寸越大，散射角越小

颗粒尺寸越小，散射角越大

图 8－5   光的散射现象示意图

8.2.1.2   米氏散射理论

假定颗粒是均匀、各向同性的圆球，则可根据 Maxwell 电磁波方程严格地推导出散射光场的强度分布（称为米氏散射理论）：

$$I(\theta) = \frac{\lambda^2}{4\pi^2 r^2} [I_a(\theta)\sin^2\varphi + I_b(\theta)\cos^2\varphi] I_0 \qquad (8-16)$$

式中，φ 为入射光振动面与散射面的夹角；r 为观察点与散射体间的距离；I_a 和 I_b 分别表示垂直偏振光和水平偏振光的散射光强分布：

$$I_a(\theta) = \left| \sum_{l=1}^{\infty} \frac{2l+1}{l(l+1)} [a_l \pi_l(\cos\theta) + b_l \tau_l(\cos\theta)] \right|^2 \qquad (8-17)$$

$$I_b(\theta) = \left| \sum_{l=1}^{\infty} \frac{2l+1}{l(l+1)} [b_l \pi_l(\cos\theta) + a_l \tau_l(\cos\theta)] \right|^2 \qquad (8-18)$$

式中，θ 为散射角；a_l，b_l 为米氏系数，其表达式分别如下：

$$a_l = \frac{\hat{n}\varphi_l'(q)\varphi_l(\hat{n}q) - \varphi_l(q)\varphi_l'(\hat{n}q)}{\hat{n}\xi_l^{(l)'}(q)\varphi_l(\hat{n}q) - \xi_l^{(l)}(q)\varphi_l'(\hat{n}q)} \qquad (8-19)$$

$$b_l = \frac{\hat{n}\varphi_l(q)\varphi_l'(\hat{n}q) - \varphi_l'(q)\varphi_l(\hat{n}q)}{\hat{n}\xi_l^{(l)}(q)\varphi_l'(\hat{n}q) - \xi_l^{(l)'}(q)\varphi_l(\hat{n}q)} \qquad (8-20)$$

式中，$q = \dfrac{2\pi}{\lambda_{介}}r$；$\hat{n} = \sqrt{\dfrac{1}{\varepsilon_{介}}\left(\varepsilon + i\dfrac{4\pi\sigma}{\omega}\right)}$；$\omega = \dfrac{c}{\lambda_0}$；$\varepsilon_{介}$ 为介质的介电常数；ε 为粒子的介电常数；σ 为电导率；$\lambda_{介}$ 和 λ_0 分别为介质和真空中光的波长；r 为粒子半径。其中

$$\varphi_l(q) = \sqrt{\frac{\pi q}{2}J_{1+\frac{1}{2}}(q)} \qquad (8-21)$$

$$\xi_l^{(l)}(q) = \varphi_l(q) + i\chi_l(q) \qquad (8-22)$$

式中，$\chi_l(q) = -\sqrt{\dfrac{\pi q}{2}N_{1+\frac{1}{2}}(q)}$；$J_{1+\frac{1}{2}}(q)$ 和 $N_{1+\frac{1}{2}}(q)$ 分别是半整数阶贝塞尔函数和第二类汉克尔函数。

而式（8-17）和式（8-18）中的 π_l 和 τ_l 与散射角 θ 有关，其表达式分别为：

$$\pi_l(\cos\theta) = \sum_{m=0}^{l/2} (-1)^m \frac{(2l-2m)(l-2m)}{2^l m(l-m)(l-2m)}(\cos\theta)^{l-2m-1} = \frac{1}{\sin\theta}p^{(l)}(\cos\theta)$$
$$(8-23)$$

$$\tau_l(\cos\theta) = \cos\theta\pi_l(\cos\theta) - \sin^2\theta\frac{d\pi_l(\cos\theta)}{d\cos\theta} = \frac{d}{d\theta}p_l^{(l)}(\cos\theta) \qquad (8-24)$$

式中，$p_l^{(l)}$ 为一阶缔合勒让德函数。

由米氏理论可以得到不同尺寸颗粒的散射光强度随散射角的分布情况，当选择适当的反演算法，就能得到样品的粒径分布。求粒径分布函数的方法主要有两种：非独立模式法（也称分布函数限制解法）和独立模式法。非独立模式法是先假设被测微粒试样的粒径分布服从某个特定的分布函数，通常采用的是双参数分布函数，如 Rosin-Rammler 分布函数、对数正态分布函数和正态分布函数等，再通过确定函数的参数获得样品粒径分布。而独立模式则对被测微粒试样的尺寸分布不做任何假定，尽管处理过程复杂，但理论上可以对任意分布的粒径试样进行求解。

对米氏理论可以进行两种近似简化处理：（1）当颗粒尺寸远大于入射波长时，可简化为夫朗和费衍射；（2）当颗粒尺寸远小于入射光波长时，可简化为瑞利散射。一般可根据 Van de Hulst 参数 P 来判定使用哪种近似计算。$P \gg 30$，适用夫朗和费衍射理论；$P < 0.3$ 时，可作为瑞利散射处理；P 近似等于 1 时，则必须采用米氏理论分析（其中 $P = 2\pi d |m-1|/\lambda$）。

8.2.1.3 仪器的基本结构和工作原理

图 8−6 是激光粒度仪的原理结构示意图。激光粒度仪主要由激光器、扩束系统、样品池、聚光系统、光电检测器、数据采集和计算机等构成。激光器发出的激光束经扩束系统准直后，变成直径约 10mm 的平行光束。平行光束通过样品池时，照射到试样颗粒上，一部分光被散射。散射光经聚光系统聚光后，照射到光电检测器阵列上。光电检测器阵列由一系列同心环带组成，每个环带是一个独立的探测器，检测器上的任一点都对应于某一确定的散射角。检测器阵列将接收到的散射光转换成电压，再将电信号放大，通过 A/D 转换后送入计算机。

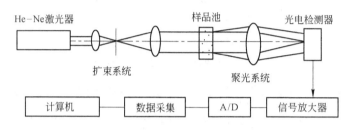

图 8−6 激光粒度仪的原理结构示意图

首先计算机在仪器测量范围内取 n 个代表粒径，x_1，x_2，$\cdots$，x_n。如果第 j 个代表粒径尺寸为 x_j，这个粒径尺寸为 x_j 的单位质量的颗粒个数正比于 $1/x_j^3$。

检测器上第 i 单元接收到的光能量为

$$m_{ij} = \frac{1}{x_j^3}\int_{\theta_i}^{\theta_i+\Delta\theta_i} I(\theta)\,\mathrm{d}\theta \tag{8-25}$$

式中，θ_i 和 $\Delta\theta_i$ 分别代表第 i 探测单元对应的散射角下限和相应的角范围。测量范围内所有代表粒径的单位质量的颗粒散射在所有探测单元（n 个）上的光能，就组成了光能矩阵 $\boldsymbol{M}$，即：

$$\boldsymbol{M} = \begin{bmatrix} m_{11} & m_{12} & m_{13} & \cdots & m_{1n} \\ m_{21} & m_{22} & m_{23} & \cdots & m_{2n} \\ \vdots & \vdots & \vdots & & \vdots \\ m_{n1} & m_{n2} & m_{n3} & \cdots & m_{nn} \end{bmatrix} \tag{8-26}$$

矩阵中每一列代表一个代表粒径，即单位质量的颗粒产生的散射光能分布。散射能量分布 s_1，s_2，$\cdots$，s_n 与代表颗粒的质量分布的 w_1，w_2，$\cdots$，w_n 存在如下关系：

$$\begin{bmatrix} s_1 \\ s_2 \\ \vdots \\ s_n \end{bmatrix} = \begin{bmatrix} m_{11} & m_{12} & m_{13} & \cdots & m_{1n} \\ m_{21} & m_{22} & m_{23} & \cdots & m_{2n} \\ \vdots & \vdots & \vdots & & \vdots \\ m_{n1} & m_{n2} & m_{n3} & \cdots & m_{nn} \end{bmatrix}\begin{bmatrix} w_1 \\ w_2 \\ \vdots \\ w_n \end{bmatrix} \tag{8-27}$$

根据上式，只要测量试样散射光能分布 s_1，s_2，$\cdots$，s_n，通过适当的理论方法就可以计算出与之相应的粒度分布。

8.2.2 激光粒度分析法的应用

采用激光粒度分析法研究颗粒体系，影响粒度分析数据的因素主要来自分析条件。在得到粒度分析结果时，应同时结合具体分析条件来判断，才能得到合理的结果。以下介绍影响粒度结果的几个主要条件。

（1）分散介质对粒度测定结果的影响。进行粉体的粒度测试时，选择的分散介质非常重要，不但要考虑分散介质对粉体有浸润作用，而且要成本低、无毒、无腐蚀性。通常使用的分散介质有水、乙醇、乙醇＋水、乙醇＋甘油、水＋甘油、环己醇等。对大多数粉体而言，乙醇的浸润作用比水强，因而更容易使颗粒得到充分分散。表8-2是对玻璃粉体及矿渣粉体使用不同的分散介质而得到的实验结果。表8-2中数据进一步说明了乙醇对玻璃粉体和矿渣粉体的分散效果明显好于蒸馏水。

表8-2　不同分散介质中样品的 D_{50} 值

分散介质	矿渣粉	玻璃粉	分散介质	矿渣粉	玻璃粉
100%水	10.22	3.606	20%水+80%乙醇	9.498	2.357
80%水+20%乙醇	10.09	3.551	100%乙醇	9.466	2.292
50%水+50%乙醇	9.721	2.896			

（2）粉体试样溶液浓度的影响。当浓度小到一定程度时，样品中的颗粒数太少，会产生较大的取样及测量随机误差，致使样品不具有代表性。当粉体试样分散液中单位体积溶液的颗粒数相对较少，光线大都畅通无阻地通过样品池，这样产生的散射角较小，将得到粒径比较小、分布范围比较窄的结果。当粉体试样溶液浓度较大时，颗粒在溶液中分散比较困难，容易造成颗粒间相互吸附团聚，同时颗粒间容易发生复散射，造成测试结果的平均粒径偏大、粒度分布范围较宽、测试结果误差较大。不同样品的性质存在差异，因此对于不同样品的最佳检测浓度也有所不同，需通过具体实验确定。

例1：测量金属锌粉颗粒用乙醇作为分散剂，分别配成不同质量浓度的100mL悬浮液的试样，用超声波分散10 min，然后进行粒度测量。实验结果列于表8-3中。

表8-3　不同试样质量浓度下的 D_{50} 值

试样质量浓度/g·L^{-1}	0.25	0.5	1.00	1.50	1.75
D_{50}/μm	21.1	23.9	24.3	28.3	31.1

从表8-3可以看出，试样质量浓度为0.25g/L时，颗粒的 D_{50} 为21.1μm，所测得的粒径数值最小；随着浓度的增加，粒子粒径数值逐渐增大。图8-7给出粒径变化幅度与试样质量浓度间的关系曲线。图8-7的结果表明，试样质量浓度在0.25~0.5g/L，平均粒径变化幅度最大，而试样质量浓度在1.5g/L以上时，尽管平均粒径变化幅度随试样质量浓度的增大而增大，但增加的幅度不大。由图中曲线可知，试样质量浓度在0.25~0.5g/L时曲线变化幅度很大。原因可能是由于测试过程中样品量太少导致测量的随机误差造成的。而由1.5g/L以后曲线上升可知，主要是在测量过程中存在颗粒的多次散射和粒子团聚导致测定结果偏大，所以样品质量浓度在1~1.5g/L为最佳值。

（3）分散剂种类及浓度对粒度测定结果的影响。选择合适的分散剂是非常重要的，分散剂中使用最多的是表面活性剂。粉体在水中通常是带电的，加入具有同种电荷的表面活性剂后，利用电荷之间的相互排斥作用来阻碍表面吸附，从而可达到分散粉体的目的。

例2：分别研究以乙醇、六偏磷酸钠和乙醇与六偏磷酸钠混合溶液作分散剂测定纳米碳酸镁铝粉体粒度。图8-8和表8-4给出4种不同的分散剂对结果的影响。由图8-8可以看出，当不添加任何分散剂时，碳酸镁铝的粒径分布非常宽，出现了多个大粒径分布的峰，说明碳酸镁铝在水中易发生团聚。

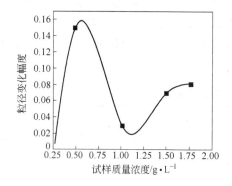

图8-7 粒径变化幅度与试样质量浓度间（$\Delta D_{50}/\Delta c$）的关系曲线

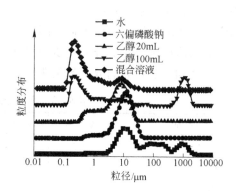

图8-8 不同分散剂对粒径的影响

表8-4 采用不同的分散剂测试粒径分布结果

分散剂	用量/mL	超声时间/min	$D(0.5)$/μm	$D(0.9)$/μm	残差/%
去离子水	10	3	22.855	798.642	2.45
六偏磷酸钠	10	3	11.076	23.620	1.8
无水乙醇	20	3	6.156	14.951	2.1
	100	3	1.751	1295.328	2.4
无水乙醇 六偏磷酸钠	20 10	3	0.374	7.982	1.1

从图8-8可以明显看出，当以乙醇作分散剂时，粒度分布曲线明显向粒径小的方向移动，当添加20mL乙醇时，碳酸镁铝颗粒分布在0.2~30μm之间。当乙醇使用量较少时，样品仍然有团聚现象。增加乙醇的用量后，粒度明显减小，0.1~1μm时出现了明显的粒径分布峰，纳米颗粒的含量显著增大。但同时由于乙醇用量加大后，在搅拌过程中出现气泡，在1000μm附近出现了一个很大的分布峰，导致测量结果偏大。

六偏磷酸钠作分散剂，能够改变颗粒的表面电位值，使得颗粒在液相中分布较好。从图8-8还可见，大部分的粒径集中在3~30μm内呈现单峰颗粒分布状态，说明六偏磷酸钠的加入可以改善团聚效应，但分散效果不显著。

采用乙醇和六偏磷酸钠的混合溶液，粒径分布主要集中在0.1~1μm之间，而且没有观察到单独大量添加乙醇出现的气泡干扰现象，在几种分散剂中，颗粒粒度最小，而且残差值也最小。这说明以乙醇和六偏磷酸钠混合作为分散剂，分散效果最佳。

（4）颗粒分散条件。粒度分析结果是反映体系分散性优劣的一项重要指标。分散条件对颗粒粒度分布影响非常大，良好的分散条件是准确测量粒度的前提；激光粒度分析的试样通常采用不同的转速和超声分散，如果颗粒结构比较松散，增加转速可以将其分散开，如果效果不理想，可以使用超声波振动击碎，但超声分散时间不宜过长，以免造成粉体试样颗粒经超声波分散后再次破碎，颗粒变小，导致测量误差。一般情况下，超声波振荡的时间以 2 ~ 5min 比较合适。具体情况应根据被测试的试样而定。

例3：将少量超细氢氧化铝粉加入到蒸馏水中，制成两份样品。一个在 750W 的超声波下分散 20min，另一个在 50W 超声波分散 20min，然后测定粒度分布。测试结果如图 8 - 9 所示。

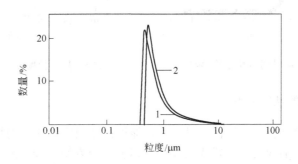

图 8 - 9　经功率不同超声波分散后氢氧化铝的粒度分布
1—750W；2—50W

图 8 - 9 的实验结果表明，在不同条件下，二者的粒度分布曲线的峰形尖锐，峰高差别不大，半峰宽相当。但在 50W 超声分散下，粒径稍变大，D_{50} 为 $0.725\mu m$。但在 750W 超声波分散下，测定的粒子的平均直径小，D_{50} 为 $0.641\mu m$。这说明在不同分散条件下，粒径大小有一定的差别。

例4：以乙醇和六偏磷酸钠混合溶液作分散剂，将 0.5g 左右的碳酸镁铝放入 10mL 乙醇，搅拌，然后加入 10mL 质量分数为 2% 的六偏磷酸钠，搅拌均匀后全部转移至装有 800mL 去离子水中，在一定的超声强度进行分散测量。考察了不同超声时间对粒径的影响，如图 8 - 10 所示。当超声时间为 1min 时，在 $9\mu m$ 附近区域的粒径分布峰较高，增加超声时间后，$9\mu m$ 处的峰高逐渐降低，而 $0.2\mu m$ 附近分布峰逐渐升高，证明增加超声时间有利于颗粒的分散。

（5）粉体试样溶液温度的影响。温度低时，粉体颗粒不易分散，增大测量误差。温度升高后，颗粒的内能增大，振动加剧，尽管有利于颗粒的分散，但容易使颗粒粒径进一步变小。在准备试样的过程中，温度过低或过高对测试结果都是不利的。一般粉体试样的测试温度应控制在 20 ~ 35℃ 范围内。以蒸馏水作分散介质，不加表面活性剂，配制相同浓度的矿渣粉体 6 份，经 5min 超声分散后，分别在不同温度下测试粒度，测定结果如图 8 - 11 所示。从图中可以看出，随温度增加，颗粒粒度减小明显，但当温度超过 20℃ 后，尽管颗粒粒度仍然有所减小，但变化幅度不大。

（6）试样溶液在样品池中停留时间的影响。随着粉体试样溶液在样品池中滞留的时间增长，颗粒粒径会有不断增大的趋势，而且粒度分布范围亦有加宽。溶液中颗粒间的相互吸引作用，使部分分散的颗粒又团聚在一起，形成粒径较大的颗粒。另外，如果颗粒在溶液中静止状态时间增长，颗粒会沉淀形成粗颗粒，使测量结果偏大。因此试样溶液配制好后，力求减少测试时间，以减小误差。

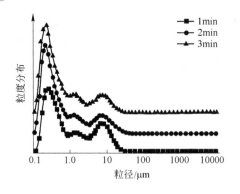

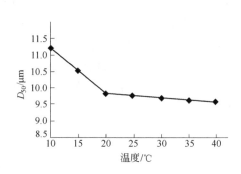

图 8 - 10　超声时间对粒径的影响　　　　图 8 - 11　粒度随温度变化曲线

8.2.3　激光粒度仪的性能特点

　　激光粒度仪自 20 世纪 70 年代问世以来，能迅速地成为最流行的粒度测量仪器，是与它特有的优异性能分不开的。主要优点如下：（1）操作方便。（2）测量速度快：从完成分散后进样开始，到输出测试结果只需大约 1min 的时间。（3）测量的动态范围大：是指仪器同时能测量的最小颗粒与最大颗粒之比。动态范围越大使用时就越方便。（4）重复性好，平均粒径的典型精度可达 1% 以内。主要缺点是分辨率较低，不宜测量粒度分布范围很窄的样品，同时要求样品要处于良好的分散状态。

8.3　其他常见粒度分析仪简介

8.3.1　颗粒图像处理仪

　　图像分析技术因其测量的直观性被公认为是测定结果与实际粒度分布吻合最好的测试技术。根据材料颗粒度的不同，既可采用光学显微镜，也可以采用电子显微镜。光学显微镜测定范围为 $0.8 \sim 150\mu m$。扫描电子显微镜和透射电子显微镜可以观察 $1nm \sim 5\mu m$ 范围内的颗粒。由于颗粒极易团聚，需要选用分散剂或适当的操作方法（如搅拌、超声）对颗粒进行分散。传统的图像分析技术在测定颗粒粒度分布时，需对大量的颗粒试样照相，然后采用人工的方法进行颗粒粒度的分析，其测量结果受主观因素影响大。目前采用综合性图像分析系统可以快速而准确地完成显微镜法中的测量和分析统计工作。通过相应的软件对这些图像进行边缘识别处理，计算出每个颗粒的投影面积，根据等效投影面积原理计算出每个颗粒的长度平均粒径，再统计出所设定的粒径区间的颗粒的数量，就可以得到粒度分布。由于这种方法单次所测到的颗粒个数较少，也需要对同一个样品通过更换不同视场的方法进行多次测量来提高测试结果的真实性。图像分析技术可以直接观察颗粒形状，而且可以观察到颗粒是否团聚。但是图像分析技术存在取样的代表性差，观察结果的重复性差，测量速度慢等不足。

8.3.2　电阻法颗粒计数器

8.3.2.1　小孔电阻原理

　　电阻法颗粒计数器，又称库尔特计数器。当颗粒通过一个小微孔的瞬间，颗粒占据了小微孔中的部分空间，使得小微孔中的导电液体减少，导致小微孔两端的电阻发生变化，通过电阻的改变来测试粒度分布。图 8 - 12 给出小孔电阻原理示意图，设小孔内充满电解液，其电阻率为 ρ，小孔横截面积为 S，长度为 L，当小孔内没有颗粒进入时，小孔两端的电阻为：

$$R_0 = \rho \frac{L}{S} \tag{8-28}$$

当有颗粒进入小孔，占去一部分导电空间时，电阻将变大。经推导小孔两端的电阻的大小与颗粒的体积成正比。当不同大小的粒径颗粒连续通过小微孔时，小微孔的两端将连续产生不同大小的电阻信号，通过对这些电阻信号进行处理就可以得到粒度分布了。

8.3.2.2　仪器结构和工作原理

图 8 - 13 是电阻法颗粒计数器原理示意图。小孔管浸泡在介质中，用库尔特法进行粒度测试所用的介质通常是导电性能较好的生理盐水。小孔管内外分别安置一个电极。小孔管内部处于低压状态，因此管外的液体将不断地流进管内。分散在介质中的颗粒跟着介质一起流动。在恒流下，当颗粒经过小孔时，两电极之间的电阻将增大，在两极之间会产生一个电压脉冲，其峰值正比于小孔电阻的增量，即正比于颗粒体积；假设颗粒是圆球状，脉冲峰值电压可换算成等效电阻粒径。通过测量每一个颗粒通过小孔时产生的脉冲电压的峰值，就可以得出各颗粒的大小，得到粒度的统计分布。

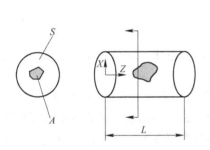

图 8 - 12　小孔电阻原理示意图

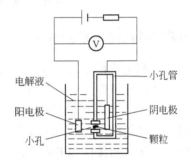

图 8 - 13　电阻法颗粒计数器原理示意图

电阻法适合于测量粒度均匀的粉体样品，也适用于测量水中稀少的固体颗粒的大小和个数。电阻法操作简便，可测颗粒总数，统计出粒度分布，速度快，准确性好。但电阻法的测试范围较小，小孔容易被颗粒堵塞，介质要具备好的导电特性。

8.3.3　沉降仪

沉降法是基于颗粒在悬浮体系时，颗粒本身重力（或所受离心力）、所受浮力和黏滞阻力三者平衡，并且黏滞力服从斯托克斯原理来实施测定的，此时颗粒在悬浮体系中以恒定速率沉降，且沉降速率与粒度大小的平方成正比。Stokes 定律如下：

$$v = \frac{(\rho_s - \rho_f) D^2 g}{18\eta} \tag{8-29}$$

式中，v 表示颗粒的沉降速率；D 表示颗粒的直径；ρ_s 和 ρ_f 分别表示颗粒和沉降介质的密度；g 表示重力加速度；η 表示液体的黏度系数。沉降法得到的是一种等效球粒径，粒度分布为等效球重平均粒度分布。但要注意的是，采用沉降法测定颗粒粒度需满足下述条件：颗粒形状接近于球形，完全被液体润湿；颗粒在沉降介质中的沉降速率是缓慢而恒定的，并且达到恒定速率的时间很短；颗粒的沉降速率不受沉降介质中的布朗运动的干扰；颗粒的沉降过程不受颗粒间相互作用的影响。

为了加快细颗粒的沉降速率，缩短测量时间，可以采用离心沉降方式。Stokes 定律在离心状态下的表达式如下：

$$v_c = \frac{(\rho_s - \rho_f)\omega^2 r D^2}{18\eta} \tag{8-30}$$

由于离心转速很高，离心加速度 $\omega^2 r$ 远远大于重力加速度 g，$v_c \gg v$，所以在粒径相同情况下，离心沉降的测试时间被大大缩短。重力沉降法适于粒度为 $2 \sim 100\mu m$ 的颗粒，而离心沉降法适于粒度为 $10nm \sim 20\mu m$ 的颗粒。

由于不同粒度的颗粒在沉降介质中沉降速率不同，同一时间颗粒沉降的深度也就不同，因此，在不同深度处沉降液的密度将表现出不同变化，根据测量光束通过沉降体系的光密度变化便可计算出颗粒粒度分布。

其优点是操作简便，测试范围较大，代表性强，价格低。缺点是对于小颗粒的测试速度慢，重复性差，对非球形粒子的误差大，不适合测量不同密度的混合物。

8.4   粒度仪的正确使用

8.4.1   全面评价粒度仪性能的指标

人们在比较和选购粒度仪器时，最关心的是性能价格比。测量范围、重复性、真实性和操作性等性能指标非常重要。下面分别加以论述：

（1）量程和动态范围。量程和动态范围是两个相互关联的重要指标。量程是指仪器能测量的总的粒径范围。大多数粒度仪的量程是分挡的，一挡能测量的粒度范围称为动态范围。沉降仪、颗粒图像仪和电阻法计数器的动态范围都在 1∶20 左右，激光粒度仪则大于 1∶100，高的可达 1∶1000。动态范围越大，使用越方便。

（2）重复性。其又称再现性或精度，是指仪器对同一样品进行多次测量所得结果的误差；误差越小，表示重复性越好。粒度仪可以用 D_{50}、D_{10} 和 D_{90}，即平均粒径、下限粒径和上限粒径的重复性来衡量仪器的整体重复性。一般情况下，样品的分布宽度越宽，则重复性越差。如果分布宽度小于 10（即最大粒与最小粒之比）或分布的离散度小于 50%，且粒度处于仪器量程的中段的样品作检验样品，只要 D_{50} 的重复误差小于 ±3%，D_{10} 和 D_{90} 的重复误差小于 5%，那么仪器就是合格。另外还需指出，如果粒径小于 $10\mu m$，那么上述指标可以翻倍。

（3）真实性。前面谈到粒度测量不宜引用"准确性"这一指标，但不意味着测量结果可以漫无边际地乱给，如果这样就失去了测量的真实性。不同仪器之间测量结果的差别，应在合理的范围之内。目前还没有系统的研究，但一些零星的结论，例如：各种原理的粒度仪对标准球形颗粒的粒度测量结果都应该一致；激光粒度仪测量的结果有一个合理的分布展宽等。也有一些测量结果不真实的例子，比如针状颗粒过筛后测得的粒径上限，比筛孔宽度大得多；测量 $10\mu m$ 单分散的球形标准粒子时，在 $1\mu m$ 附近出现一个分布峰；测量下限为 0.1μm 的仪器不采用米氏散射理论等。

（4）易操作性。仪器是否便于操作，是其性能好坏的重要指标之一。

8.4.2 测试结果可靠性的判断

不论是科学仪器还是医学仪器，任何一种仪器都不是绝对可靠的。实际上不可以轻率地把一个测试结果作为最终结果。得到测试结果之后，还应作可靠性判断。具体应考虑以下几个因素：

（1）确认仪器性能及状态的适宜性。在判断测量结果的可靠性时，首先应确保仪器的工作状态正常，同时要考虑仪器性能是否能满足测试要求。

（2）严格遵守测量规程及操作条件。每种仪器都有特定的操作规程（如测量开始前的预热、背景（空白）的测量）、适用的环境条件（如温度、湿度、电压）和测试条件（如样品浓度）等。一定要根据具体的实验仪器操作进行。

（3）确保高的重复性。重复性既是衡量仪器自身性能的重要指标，也是衡量测量结果可靠性的重要参数。如果重复性不好，结果是不可靠的，必须找出影响重复性的因素并加以排除。测量参数（如折射率、数学模型）、样品的分散、浓度、仪器状态、环境等因素都会反映到结果的重复性上。

（4）合理的分散处理。测量之前样品要经过充分的分散处理。样品分散不好时，导致测量结果出现较大的误差。

（5）标准样的合理使用。标准样是指在一定的条件下其粒度分布有公认的数值的样品。在测量使用前应用标准样校正仪器的状态，以保证测试结果的真实和可靠。

8.4.3 对粒度仪器及其测量结果的正确认识

在对不同仪器使用过程中，常存在对仪器性能认识的几个误区，现分别叙述如下：

（1）"谁更准"的误区。准确性是指测量值相对真值的偏差；偏差的绝对值越小，说明测量的准确性越高。实际颗粒的形状多为非正规球形，因此，造成分析困难，分析数据与实际情况有一定的差异。当颗粒形状为片状、棒状和条状等极不规则的形状时，不同方法分析得到的数据结果差异也非常大。这种情况在实际过程中经常遇见，容易造成误解，分析数据时应当参考不同方法的结果来进行合理分析。由于不同的分析仪器其分析原理不同，因此，一种仪器仅能得出一种最准确的原始数据，即不同原理的仪器仅能够对最直接的信息进行准确处理。仪器通过理论模型及软件程序分析、运算，提供合理的结果，可作为其他方法得到的粒度及粒度分布数据的参考，这些数据结果都是间接结果，不同仪器、不同数学模型给出的结果往往差别很大。我们不能说其中的哪个结果"准确"，其余的不准确。

（2）"先入为准"的误区。粒度测量中比较典型的例子是用沉降仪测量碳酸钙，小于 2μm 的颗粒要多于 90%。在正常条件下（合适的遮光），激光粒度仪测量结果达不到 90%，不能说激光粒度仪不准。原因在于实际上 2μm 左右的颗粒受到布朗运动的影响，用沉降法测量时颗粒下沉的平均速率要比 Stokes 公式预言的速率低，因此测量结果并不是真正意义上的沉降结果。

（3）最大粒的测量。任何一个样品的粒度分布都是有一定的宽度的，即各种大小的颗粒按一定的比例（概率）分布。按照概率论，再大的颗粒都可能存在，只是出现的概率极低而已。最大粒理论上是测不到的。因此可以说，最大粒的提法本身就不科学。如果想表达粉体产品的粒径上限，应该用 D_{90}、D_{95}、D_{97}、D_{99} 等（从小到大累积）来表示，不过应该清楚下标越大，测量值的可靠性也越差，误差越大。

思 考 题

8-1　表征粉体粒度的特征粒径的参数有哪些？

8-2　简述激光粒度测量仪的原理和性能特点。

8-3　常见的粒度测量仪器有哪些？试述各自的原理及其性能特点。

8-4　如何正确使用粒度测量仪？

8-5　如何正确评价粒度仪测量结果？

参 考 文 献

[1] 张福根. 粒度测量基础理论与研究论文集 [D]. 4 版. 珠海欧美克科技有限公司, 2007.

[2] 朱永法. 纳米材料的表征与测试技术 [M]. 北京：化学工业出版社, 2006.

[3] 周志民, 杨辉, 朱永花, 等. 无机材料显微结构分析 [M]. 2 版. 杭州：浙江大学出版社, 2000.

[4] 胡荣泽. 超微颗粒的性能表征 [J]. 中国粉体技术, 2001 (4)：21.

[5] 孙昕, 张贵忠, 贾光明, 等. 基于米氏散射理论的激光粒度仪的介绍 [J]. 现代科学仪器, 2004 (5)：40.

[6] 唐娟. 浅谈激光粒度仪的使用及管理 [J]. 分析仪器, 2012 (6)：102.

[7] 姜丹, 蔡晓兰. 用激光粒度仪测试锌粉粒度的条件试验 [J]. 粉末冶金工业, 2009 (1)：32.

[8] 宋波, 张天壤, 李峥, 等. 用激光粒度仪测定纳米碳酸镁铝粉体粒度 [J]. 无机盐工业, 2012 (5)：53.

[9] 刘桂华, 张玉敏. 激光粒度分析中粉体分散方法的研究 [J]. 兵器材料科学与工程, 2002 (5)：55.

9 比表面积和孔结构检测方法

9.1 比表面积的检测

比表面积的分析测试方法有很多种，如直接观察法、吸附法、透气法等方法。由于其测试原理科学，测试过程简单易操作，测试结果可重复性强等优势，气体吸附分析法成为目前最权威且最被广泛采用的测试方法。许多国际标准组织都已将气体吸附分析法作为比表面积测试标准，如国际 ISO 标准组织 ISO - 9277 或美国 ASTM D3037。

比表面积是指单位材料所具有的总面积包括内表面和外表面。由于固体物质外表面积相对内表面积而言很小，基本可以忽略不计，因此此表面积通常指内表面。不同材料比表面积差别很大，表面积较大的材料可常被用作吸附剂、脱水剂和催化剂载体。通常有两种表达方式：用单位质量的固体所具有的表面积 S_g 来表示，单位为平方米每克（m²/g）；用单位体积的固体所具有的表面积 S_v 来表示，单位为平方米每升（m²/L）。

$$S_g = \frac{S}{w} \qquad (9-1)$$

$$S_v = \frac{S}{v} \qquad (9-2)$$

式中，w 为固体的质量；v 为固体体积；S 为其表面积。

设想将边长为 1m 的立方体分割成 10^{-3}m 的小立方体时，比表面是原小立方体的 10^3 倍。可见，具有纳米尺度的超细固体将展现超高的比表面积与优异的应用性能。因此比表面积是颗粒性质中非常重要的表征分析方式。

9.1.1 气体吸附法

气体吸附法是一种测量比表面积的经典方法，可测比表面积的范围为 0.001 ~ 1000m²/g。当测量小比表面积时，应尽可能选择用低饱和蒸气压的吸附质，如氩气、氪气等。现在最具代表性的且最常用的是国标 GB/T 19587—2004—气体吸附 BET 法测定固体物质比表面积。本法测试的比表面积为总表面积，包括气体分子可以进入的所有开孔表面积。

9.1.1.1 原理

BET 法的原理是物质表面（颗粒外部和内部通孔的表面）在低温下发生物理吸附，目前被公认为测量固体比表面积的标准方法。BET 法是在朗格谬尔（Langmuir）单分子层吸附理论的基础上，推广总结得到的。

用 θ 表示覆盖度，即吸附剂表面被气体分子覆盖的分数，未被覆盖分数应为 $1 - \theta$，则

$$吸附速率 = k_a p(1 - \theta) \tag{9-3}$$

$$脱附速率 = k_d \theta \tag{9-4}$$

当达到动态平衡时

$$k_a p(1 - \theta) = k_d \theta$$

$$\theta = \frac{k_a p}{k_d + k_a p} = \frac{Kp}{1 + Kp} \tag{9-5}$$

$$K = \frac{k_a}{k_d} = K_0 \exp(Q/RT) \tag{9-6}$$

式中，p 为吸附质蒸气吸附平衡时的压力；k_a，k_d 分别为吸附和脱附速率常数；K 为该吸附过程的吸附系数，即吸附平衡的平衡常数；K_0 为指数表达式的指前因子，近似认为与温度无关；Q 为吸附热。

如果用 V(STP，mL/g) 表示吸附量，V_m(STP，mL/g) 表示单分子层饱和吸附量，则式（9-6）化简得：

$$\frac{p}{V} = \frac{1}{V_m K} + \frac{p}{V_m} \tag{9-7}$$

式（9-6）与式（9-7）都称为朗格谬尔吸附等温式。单分子层吸附等温方程无法描述很多除单层吸附以外的吸附等温线，因此朗格谬尔吸附被扩展到了多层吸附，即 BET 吸附：假设吸附表面在能量上是均匀的，即各吸附位具有相同的能量；被吸附分子间的作用力可略去不计；物理吸附是按多层方式进行，在第一层未吸附满就可进行第二层吸附，第二层上也可能产生第三层吸附，当吸附达到平衡时，每层都达到各层的吸附平衡，测量平衡吸附压力和吸附气体量；自第二层开始至第 n 层（$n \to \infty$），各层的吸附热都等于吸附质的液化热。所以吸附法测得的表面积实质上是吸附质分子所能达到的材料的外表面和内部通孔总表面之和。BET 吸附等温方程：

$$\frac{p/p_0}{V(1 - p/p_0)} = \frac{C - 1}{V_m C} \times \frac{p}{p_0} + \frac{1}{V_m C} \tag{9-8}$$

式中，p_0 为吸附温度下吸附质的饱和蒸汽压；V_m 为单分子层饱和吸附量；C 为 BET 方程常数，其值为 $\exp[(E_1 - E_2)/RT]$；E_1 与 E_2 分别为第一吸附层与第二吸附层的吸附热。

求出单分子层吸附量，从而计算出试样的比表面积。

令

$$Y = \frac{p/p_0}{V(1 - p/p_0)}, \quad X = p/p_0, \quad A = \frac{C - 1}{V_m C}, \quad B = \frac{1}{V_m C}$$

BET 直线图如图 9-1 所示。

将 $Y = \frac{p/p_0}{V(1 - p/p_0)}$ 对 $X = p/p_0$ 作图为一直线，且 $1/$（截距 + 斜率）$= V_m$，只要得到单分子层饱和吸附量 V_m 即可求出比表面积 S（m^2）。

$$S = A_m N_A (V_m/22414) \times 10^{-18} \tag{9-9}$$

式中，A_m 为单个吸附质分子在表面上占据的面积，

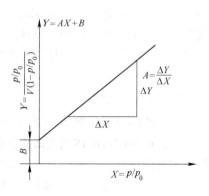

图 9-1　BET 直线图

nm^2，用氮气作吸附质时，它的 A_m 为 0.162nm^2。

S_g 由下式求得

$$S_g = \frac{4.36 V_m}{w} \tag{9-10}$$

式中，V_m 用 mL 表示；w 用 g 表示；得到 S_g 为 mL/g。

用 BET 法测定比表面，氮气为吸附质，吸附温度在其液化点（77K）附近。低温可以避免化学吸附。相对压力控制在 0.05～0.35 之间，低于 0.05 时，多层吸附不完全，不易建立吸附平衡；高于 0.35 时，容易发生毛细凝聚现象，使内表面消失，不利于多层物理吸附层数的增加。图 9-2 为典型的介孔二氧化硅 MCM-41 材料的吸附曲线，当相对压力超过 0.35 时，出现毛细凝聚，吸附量陡然上升。对于介孔材料 BET 比表面积通常取相对压力在 0.05～0.35 之间进行计算，而微孔材料的比表面积通常取相对压力在 0.01 以下的吸附数据进行计算。

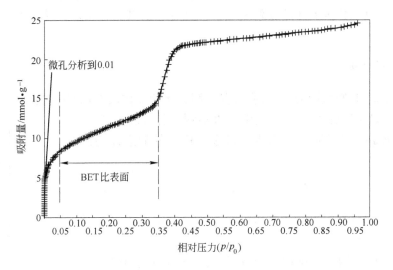

图 9-2　介孔二氧化硅 MCM-41 吸附等温线

9.1.1.2　测试方法

气体吸附测定比表面积的方法很多，如静态法与动态法。

A　静态法

静态法是静态条件下测量样品吸附的气体量的方法。通过测量充入体系中的气体量和剩余的气体量，计算出被吸附的气体量。具体过程如下：一定温度下脱气处理后，将样品管放入冷阱（吸附一般在吸附质沸点进行。如用氮气则冷阱温度需保持在 77K，即液氮的沸点）。同时设定多个 p/p_0 采集点（$p/p_0 = 0～1$），测定各采集点达到吸附平衡时样品的吸附体积 V。这样通过一系列 p/p_0 及 V 的测定值，得到许多个点，将这些数据点连接起来得到等温吸附线。随之降低体系压力，同样设定多个 p/p_0 采集点（$p/p_0 = 1～0$），测定各采集点达到脱附平衡时样品的吸附体积 V，即得到脱附线。所有比表面积和孔径分布信息都是根据这些数据点带入不同的统计模型后计算得出。按吸附气体量的测量方法，又可以将静态法分为容量测量法与质量测量法，简称容量法与重量法。容量法测定样品吸附气体量多少是利用气态方程来计算。后者直接通过质量的称取得到，需要用到高精密的称量设备，也可避免容量法必须测量体积等确定，但是从测试的灵敏度这个角度上讲，重量法的灵敏度没有容量法的灵敏度高。

B　动态法

动态法是相对于静态法而言，整个测试过程是在常压下进行，吸附气体是在处于连续流动的状态下被吸附。该方法是从气相色谱原理的基础上发展而来，由检测器来确定样品吸附气体量的多少。连续动态吸附常以氮气为吸附气，以氦气或氢气为载气，吸附气与载气按一定比例混合，使氮气达到设定的相对压力 p/p_0，流经样品颗粒表面，发生吸附过程。整个吸附过程中样品管仍然置于液氮环境下时，样品能吸附混合气中的氮气，同时载气不会被吸附，导致混合气体成分变化，从而导致热导系数变化，此时就能从检测器中检测到信号电压，即出现吸附峰。吸附饱和后，样品重置到室温，被吸附的氮气就会脱附出来，形成脱附峰。通过计算吸附峰或脱附峰的峰面积即可知道样品吸附的氮气量。通过测定一系列 p/p_0 氮气分压下样品吸附氮气量，也可绘制出氮气吸附及脱附等温曲线，进而求出比表面积。

9.1.2　流体透过法

透过法是通过测量流体透过多孔样品的阻力来测算比表面积的一种方法。流体可以为液体或气体，其中通常采用气体，因它的测量范围比较宽。在透过法中，用 Ergun 方程描述了流体通过多孔样品的静态压力降（图 9 – 3）：

$$\frac{\Delta p}{H} = A\bar{u}^2 + B\bar{u} \qquad (9-11)$$

式中，H 为多孔体的高度；$\bar{u}$ 为流体平均流速；A，B 为系统物理量和几何参量因子。

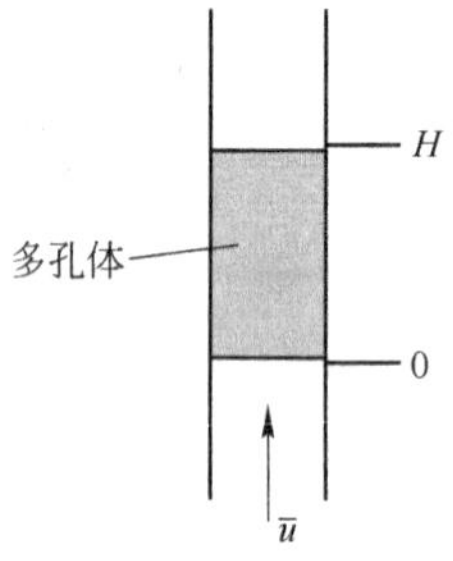

式（9 – 11）说明压力降由流体的湍流（表征项为 $A\bar{u}^2$）和层流（表征项为 $B\bar{u}$）两方面共同决定的。多孔材料中单位固体体积的比表面积可表述为：

图 9 – 3　Ergun 方程应用实例

$$S_s = \left[\frac{B^3}{A^2} \times \frac{(0.096\rho H)^2}{(2\gamma\mu H)^3} \times \frac{\theta^3}{(1-\theta)^4}\right]^{\frac{1}{4}} \qquad (9-12)$$

式中，S_s 为多孔材料中单位固体体积的比表面积，m^2/m^3；ρ 为流体密度，kg/m^3；θ 为多孔体的平均孔率；γ 为孔隙的迂回因子，一般在 1 ~ 1.5 之间；μ 为流体黏度，$kg/(m^2 \cdot s)$。

多孔体的单位体积比表面积：

$$S_v = S_s(1-\theta)\left[\frac{B^3}{A^2} \times \frac{(0.096\rho H)^2}{(2\gamma\mu H)^3} \times \left(\frac{\theta}{1-\theta}\right)^3\right]^{\frac{1}{4}} \qquad (9-13)$$

由 Ergun 方程所得比表面积 $(S_v)_{Ergun}$ 一般均小于用气体吸附法所得比表面积 S_v。实际的有效比面积是介于两者之间的，但可能更接近于前者。在层流条件下，将多孔材料中的孔道可视为毛细管，即可得出多孔样品比面积 Kozeny-Caeman 计算公式：

$$S_{\mathrm{v}} = \rho S_{\mathrm{M}} = 14 \times 10^{-\frac{3}{2}} \sqrt{\frac{\Delta p A}{\eta \delta Q} \times \frac{\theta^3}{(1-\theta)^2}} \tag{9-14}$$

式中，S_{v} 为体积比表面，$\mathrm{m^2/cm^3}$；S_{M} 为质量比表面，$\mathrm{m^2/g}$；A 为流体通过试样的横截面积，$\mathrm{m^2}$；η 为流体的黏度系数，$\mathrm{Pa \cdot s}$；δ 为试样厚度，m；Q 为单位时间通过试样的流体体积，$\mathrm{m^3/g}$；θ 为试样的孔隙率，$\%$。

上式适用于流体穿过多孔样品为层流时的情况，而不能适用于湍流。另外，当多孔样品的孔道很小，甚至接近或小于流体分子的平均自由程时，由于空间位阻，上式也不能适用，因为此时流体很难通过这些小孔孔道。总之，测量方法的选取是多孔材料的比表面积分析测试中至关重要的环节，需要同时考虑到样品的孔道结构与实际的应用情况来选择适当的方法，才能使得到的比表面积更准确些。

9.2　孔率的检测

多孔材料的孔率，常被称为孔隙率或孔隙度，是指多孔材料中孔隙所占的体积与该材料总体积的比，一般以百分数来表示。该指标既是多孔材料中最易测量的基本参数，同时也是决定多孔材料导热性、导电性、光学行为、声学性能、拉压强度、蠕变率等物理与力学性能的关键因素。由于多孔体中的孔道有开口（贯通/半通）孔道和闭口孔道等形式，孔率也相应地分为开孔率和闭孔率。开孔率为多孔材料中开口贯通孔道所占体积与多孔材料总体积的比；闭孔率为多孔体中闭合孔道所占体积与多孔体总体积的比。其中开孔率直接影响整个多孔材料的流体渗透性、漂浮性以及内表面积等，是材料性能中的重要指标。

9.2.1　孔率的表征

多孔体中的孔道有贯通孔、半通孔和闭合孔三种类型，这三种孔道孔率的总和就是总孔率，即孔率。大多数实际应用中多是材料的贯通孔或半通孔起作用，只有作为漂浮、隔热、包装以及其他结构件等用途时才需要考察材料的闭孔率。因此，一般没有明确表示的孔率通常都是指开孔率。

按照孔率的定义，有

$$\theta = \frac{V_{\mathrm{p}}}{V_0} \times 100\% = \frac{V_{\mathrm{p}}}{V_{\mathrm{s}} + V_{\mathrm{p}}} \times 100\% \tag{9-15}$$

式中，θ 为多孔体的孔率；V_{p} 为多孔体中孔隙的体积，$\mathrm{cm^3}$；V_0 为多孔体的总体积，$\mathrm{cm^3}$；V_{s} 为多孔体中致密固体的体积，$\mathrm{cm^3}$。

与孔率相当的概念是"相对密度"，它是多孔体表观密度与对应致密固体材质密度的比值。

$$\theta = (1 - \rho_{\mathrm{r}}) \times 100\% = \left(1 - \frac{\rho^*}{\rho_{\mathrm{s}}}\right) \times 100\% \tag{9-16}$$

式中，θ 为多孔体的孔率；ρ_{r} 为多孔体的相对密度（无量纲的小数）；ρ^* 为多孔体的表观密度，$\mathrm{g/cm^3}$；ρ_{s} 为多孔体对应致密固体材质的密度，$\mathrm{g/cm^3}$。

9.2.2　孔率的测定

下面介绍几种常用的孔率的测定方法。

9.2.2.1　显微分析法

采用显微分析法要求多孔材料样品的观察截面要尽量地平整，如多孔金属和多孔陶瓷的观察截面可采用研磨抛光等方式加以处理后，由显微镜测出截面的总面积 S_0（cm^2）和其中包含的孔隙面积 S_p（cm^2），再通过公式（9-11）计算出材料的孔率。

$$\theta = \frac{S_p}{S_0} \times 100\% \qquad (9-17)$$

此方法对于具有均一孔道的材料，结果会更为准确一些。

9.2.2.2　质量-体积直接计算法

采用质量-体积直接计算法要求的多孔材料测试样品应具有规则的形状（如立方体、长方体、球体、圆柱体、管材、圆片等），以及适宜的尺寸。测试前，一般需要对大块试样进行切割，应注意切割过程尽量不要使材料的原始孔道结构产生变形。试样的体积应根据孔道的大小，并尽可能取大些，但同时也要考虑天平的量程。在样品尺寸的测量过程中，每一个尺寸至少要在等同的对应位置测量 3 次，取各尺寸的平均值，并用此平均尺寸算出试样的体积，然后在天平上称取试样的质量。整个测试过程应在常温或该材料常被应用的条件下进行，最后得出孔率为：

$$\theta = \left(1 - \frac{M}{V\rho_s}\right) \times 100\% \qquad (9-18)$$

式中，M 为试样质量，g；V 为试样体积，cm^3；ρ_s 为多孔体对应致密固体材质的密度，g/cm^3。

试样的尺寸测量使用游标卡尺、千分尺、测微计等测量器具或是其他的测量方法，如显微观测法、投影分析法等，校准尺寸使用校准块规。测量时检测量具对试样产生的压力应足够小，这样试样的受压变形即可忽略不计。提高本方法的准确度是尽可能采用大体积的试样。

9.2.2.3　浸泡介质法

浸泡介质法是利用流体静学原理，见图9-4。分别测量样品在空气中与在液体中的质量，通过计算得到孔率。先用天平称量出样品在空气中的质量 M_1，然后浸入一定的液体介质（如除了气的汽油、水、二甲苯或苯甲醇等），可采用加热鼓入法或减压渗透法使液体填满多孔材料样品的孔道，使其饱和。浸泡一定时间充分饱和后，将样品取出，擦去其表面黏附的液体，再用天平称出样品，此时在空气中的总质量为 M_2，然后将饱含液体的试样放在吊具上浸入工作液体中称量，此时试样连同吊具的总质量为 M_3，而无试样时吊具悬吊于工作液体中的质量为 M_4。

由此可得多孔体孔率为：

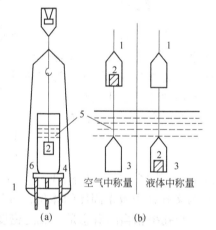

图9-4　液体中称量装置图

（a）装量示意图；（b）称量示意图
1—天平盘；2—试样；3—称量盘；
4—托架；5—工作液体；6—盛液容器

$$\theta = \left(1 - \frac{V_s}{V_0}\right) \times 100\% = \left(1 - \frac{\dfrac{M_1}{\rho_s}}{\dfrac{M_2 - M_3 + M_4}{\rho_L}}\right) \times 100\% \qquad (9-19)$$

即

$$\theta = \left(1 - \frac{M_1 \rho_L}{M_2 - M_3 + M_4}\right) \times 100\% \qquad (9-20)$$

式中，V_s 为样品中致密固体的体积，cm^3；V_0 为多孔体的总体积，cm^3；ρ_s 为多孔体对应致密固体材质的密度，g/cm^3；ρ_L 为工作液体的密度，g/cm^3。

对应得出多孔材料的开孔率为：

$$\theta_n = \left[\frac{(M_2 - M_1)\rho_L}{(M_2 - M_3 + M_4)\rho_{me}}\right] \times 100\% \qquad (9-21)$$

式中，ρ_{me} 为饱和介质的密度；其他符号意义同上式。

采用浸泡介质法，应使用密度已知的液体作为工作介质，同时尽量满足如下条件：（1）对试样不溶解且与其不发生反应；（2）对试样的润透性好（有利于样品内外表面气体的排除）；（3）黏度低、易流动；（4）表面张力小（以减少在介质中称量对其的影响）；（5）在测量温度下具有较低的蒸气压；（6）体膨胀系数小；（7）密度大。常用的液体介质有水、苯甲醇、煤油、三溴乙烯、四溴乙炔、甲苯、四氯化碳等。

9.2.2.4 真空浸渍法

真空浸渍法的测量原理与浸泡介质法的基本相同，主要差别是在样品浸渍到介质时采取了真空渗入，所以也可视为浸泡介质法的一种。其测量仍然是通过测量试样在已知密度的溶液中的浮力而进行计算的。对于具有开口的多孔道样品，为了阻止在介质中称量时的工作液体进入孔道，可采取如下两种方式进行前处理：（1）浸渍油、二甲苯、苯甲醇、熔融石蜡、石蜡-泵油、无水乙醇-液体石蜡等使孔道饱和；（2）在试样的表面涂覆凡士林、透胶溶液、硅树脂汽油溶液或其他聚合物膜使孔道堵塞。先将样品在空气中称重为 M_1，然后在真空状态下浸渍熔融石蜡、石蜡-泵油或油等液体介质，使全部开孔饱和后取出，除去样品表面的多余介质，再次在空气中称重 M_2，然后在水中称重 M_3，最后由下式计算试样的孔率。

$$\theta = \left[1 - \frac{M_1 \rho_w}{(M_2 - M_3)\rho_s}\right] \times 100\% \qquad (9-22)$$

式中，M_1 为样品在空气中的质量，g；M_2 为试样浸渍后在空气中的质量，g；M_3 为试样浸渍后在工作液体（水）中的质量，g；ρ_w 为称量时所用的工作液体的密度，g/cm^3；ρ_s 为多孔体对应致密固体材质的密度，g/cm^3。

则，多孔材料的开孔率为

$$\theta_0 = \left[\frac{(M_2 - M_1)\rho_w}{(M_2 - M_3)\rho_m}\right] \times 100\% \qquad (9-23)$$

式中，ρ_m 为浸渍介质的密度，g/cm^3。

由于常用这两种前处理使孔道饱和与堵塞的方法，在浸渍时介质不可能浸满所有的孔隙，特别是细小孔道和窄缝等，所以测出的开孔率较真实数值偏低。

9.2.2.5   漂浮法

漂浮法的测试是相对准确度较高的一种测试方法，适合于对低孔率多孔材料的孔率测定。工作原理是：将由样品和浮体组成的系统置于液体介质（常用水）中，如果该系统的密度与液体介质的密度相等，则系统将悬浮在该液体介质中；如果系统密度小于液体密度则会上浮，而大于液体密度时则下沉。这种运动趋势对密度的差异非常敏感，因此该测试方法具有很高的灵敏度与准确性。

实际测量时，先将已知密度的基准样品与浮体材料组合，并使其能静止地悬浮于液体介质，然后将基准样品换成待测试样，使其也产生相同的静止悬浮，最后通过比较计算即可得出待测试样的孔率。在一个常温悬浮系统中，以 M_m、M_x 和 M_f 分别表示基准样品、待测样品和浮体的质量（g），而以 ρ_m、ρ_x、ρ_f 和 ρ_w 分别表示基准样品、待测样品、浮体和工作介质水的密度（g/cm³），以 V_{mf} 表示基准样品加浮体的体积和（cm³），以 V_{xf} 表示待测样品加浮体的体积和（cm³），则当基准样品与浮体一起发生静止悬浮时有：

$$\frac{M_m}{\rho_m} + \frac{M_f}{\rho_f} = V_{mf} \tag{9-24}$$

而

$$V_{mf} = \frac{M_m + M_f}{\rho_w} \tag{9-25}$$

故

$$\frac{M_m}{\rho_m} + \frac{M_f}{\rho_f} = \frac{M_m + M_f}{\rho_w} \tag{9-26}$$

同样的，对于待测样品与浮体组成的静止悬浮系统有：

$$\frac{M_x}{\rho_x} + \frac{M_f}{\rho_f} = V_{xf} \tag{9-27}$$

$$V_{xf} = \frac{M_x + M_f}{\rho_w} \tag{9-28}$$

$$\frac{M_x}{\rho_x} + \frac{M_f}{\rho_f} = \frac{M_x + M_f}{\rho_w} \tag{9-29}$$

联立式（9-26）和式（9-29）得待测样品的表观密度：

$$\rho_x = \frac{M_x \rho_w \rho_m}{M_x \rho_m + M_m(\rho_w - \rho_m)} \tag{9-30}$$

则待测样品的孔率为：

$$\theta = \left(1 - \frac{\rho_x}{\rho_s}\right) \times 100\% = \left\{1 - \frac{M_x \rho_w \rho_m}{[M_x \rho_m + M_m(\rho_w - \rho_m)]\rho_s}\right\} \times 100\% \tag{9-31}$$

如采用的基准样品材质与待测多孔试样材质相同，则有 $\rho_m = \rho_s$，上式可简化为：

$$\theta = \left[\frac{(M_m - M_x)(\rho_w - \rho_m)}{M_x \rho_m + M_m(\rho_w - \rho_m)}\right] \times 100\% \tag{9-32}$$

对于孔率较高的开放孔道样品，只要用一涂层包覆起来（以免工作液体进入），类似于真空浸渍的前处理过程亦可用于本法测试。另外，也应注意工作液体不要与多孔样品产生溶解、溶胀及其他任何化学作用。

9.3 孔径及孔径分布的检测

孔径及孔径分布是多孔材料研究中的重要性质之一，虽然它们与材料具体的许多力学性能的关联较小，但对材料的过滤性、渗透速率、透过性能等其他一系列性质均有显著的影响，因而该表征方法受到很大关注。例如，高效气体分离膜主要功能将混合组分的气体（或液体），基于各组分的尺寸大小将其分离开，而其孔径及孔径分布就决定了分离的效率和透过率；超级电容器与多孔电极的孔结构参数有着密切的关系，其中孔径大小是一个十分重要结构参数；多孔过滤膜中的孔膜性更是直接影响过滤膜的性能和使用寿命，因此测定孔径尺寸及分布是材料在研制和使用等过程中的一项重要内容。

孔径指的是多孔体孔道直径，一般都只有平均或等效的数值，其表征方式有最大孔径、平均孔径、孔径分布等，相应的测定方法也是很多，如断面直接观测法、气泡法、透过法、气体吸附法、压汞法、悬浮液过滤法、离心力法等。其中直接观测法只适于测量具有少数孔道的孔径，而其他的间接测量是利用一项与孔径有关的物理方法来测量的。

9.3.1 断面直接观察法

首先需要断面尽量平整的材料试样，然后通过显微镜（不导电试样时可先行喷金处理）或投影仪读出断面上一定长度内的孔隙个数，由此计算平均弦长（L），再将平均弦长换算成平均孔隙尺寸（D）。实际上大多数孔道并非球形，而是不规则多形状，但在计算中为方便都将所有孔道视为具有统一直径（D）的球体，即可得如下的关系公式：

$$D = L/(0.785)^2 = L/0.616 \tag{9-33}$$

式中，D 为多孔体的平均孔径；L 为测算出的孔隙平均弦长。

9.3.2 气泡法

气泡法是利用对孔材料具有良好浸润性的液体浸渍样品，使之填满全部孔道，然后用气体将孔道中的液体全部推出，通过检测多孔材料液体排出所需压力和流量，计算得出多孔材料的直径。具体过程如下：样品预先抽真空，将其孔道中预存的气体排出，并用已知表面张力的液体浸透。样品中所浸透的液体，由于表面张力作用而产生毛细作用力。如将孔界面视为圆形，孔的半径为 r，沿该圆周液体表面张力系数为 σ，液体和多孔材料的接触角为 θ，那么使液体流入孔内且垂直于该界面的力则为 $2\pi r\cos\theta$。而此时外界施加的气压在此界面上产生的压力为 $\pi r^2 p$。只有当这两个力平衡时，孔中的液体才会被排出来，最终产生气泡：

$$2\pi r\sigma\cos\theta = \pi r^2 p$$

即
$$2\sigma\cos\theta = rp \tag{9-34}$$

由式（9-34）可知，根据气泡逸出的相对压力值就可求出对应的孔径大小。

气泡法是测定开通多孔材料最大孔径的有效方式。首先选择对材料具有良好浸润性的液体（常用水、乙醇、异丙醇、丁醇、四氯化碳等）作为浸润试样，浸渍到待测多孔样品中的开通孔道达到饱和，然后以另一种流体（一般常用压缩气体）将样品中的浸满的液体排出。当气体压力由小逐渐增大到某一定值时，气体即可将浸渍液体从孔道（视为毛细管）中推开而冒出气泡。根据毛细凝聚的反作用方式，第一个出现气泡是孔径最大处毛细凝聚作用产生的。而此时，对于相对孔径较小的地方还没有产生气泡。通过测定出现第一个气泡时的压力差，按式（9-35）计算多孔样品的毛细管最大等效孔径：

$$r = \frac{2\sigma\cos\theta}{\Delta p} \qquad (9-35)$$

式中，r 为多孔材料的最大孔隙半径，m；σ 为浸渍液体的表面张力，N/m；θ 为浸渍液体对被测物的浸润角（接触角），（°）；Δp 为在静态下试样两面压力差，Pa。

9.3.3   透过法

透过法的原理与气泡法的相类似，采用层流条件下的气体通过多孔材料，把孔道视为圆柱形的毛细管，则由哈根-泊萧叶定律得出一个毛细管的气流：

$$\Delta Q' = \frac{\pi d^4 \Delta p}{128\eta L} \qquad (9-36)$$

式中，d 为毛细孔直径，m；Δp 为毛细管两端流体的压差；η 为流体的黏度系数；L 为毛细管的长度（亦即多孔体的厚度），m。

如在截面 A 上有 N 根毛细管，则总流量为：

$$\Delta Q = N\Delta Q' = \frac{N\pi d^4 \Delta p}{128\eta L} \qquad (9-37)$$

如样品的开孔率为 θ，则在截面 A 的孔所占面积即为 θA，因此

$$N = \frac{4\theta A}{\pi d^2} \qquad (9-38)$$

将式（9-38）代入式（9-37）整理得：

$$\Delta Q = \frac{\theta A d^2 \Delta p}{32\eta L} \qquad (9-39)$$

上式变换形式可得：

$$d = \sqrt{\frac{32\eta L \Delta Q}{\theta A \Delta p}} \qquad (9-40)$$

为了更接近于实际的多孔材料，设毛细管的弯曲系数为 α，则流体流经孔道的路程变为 αL，流速变为宏观流速的 α 倍（即孔道中的流量变为 α 倍）。取 $\alpha = \pi/2$，则上式变为：

$$D = \sqrt{\frac{32\eta\alpha^2 L \Delta Q}{\theta A \Delta p}} \qquad (9-41)$$

式中，D 为多孔材料的有效平均孔隙直径，m。

以上介绍的公式中使用的系数各有不同，故以不同公式计算出的数据只能作大概比较，无实际对比的意义。此外，不同多孔材料孔隙弯曲系数也不一样，上式只是个设定值，所以式（9-35）只有近似定量的意义。

9.3.4   气体渗透法

利用气体渗透法测定多孔材料的平均孔径是具有普遍意义的，这是其他检测方法（对于疏水性多孔材料平均孔径测定法，如压汞法和吸附法等）所不能比拟的，因为它几乎可以测定所有可渗透孔材料的孔径。

利用气体可以流通过多孔材料的性质，采用气体渗透法来测定渗透孔的平均孔径。气体流动一般存在两种流动方式，一是自由分子流动（Kundsen 流动），二是黏性流动。当渗透孔的孔直径远大于气体分子的平均自由程时，黏性流动起主导作用；反之，自由分子流动起主导作用。气体通过多孔材料的渗透系数 K 可表示为：

$$K = K_0 + \frac{B_0}{\eta} \bar{p} \qquad (9-42)$$

式中，K_0 为自由分子流的渗透系数，m^2/s；η 为渗透气体的黏度，$Pa \cdot s$；B_0 为多孔材料的几何因子，m^2；$\bar{p}$ 为多孔材料两边的压力平均值，即 $(p_1 + p_2)/2$，Pa。

其中渗透系数 K 又可由下式求出：

$$K = \frac{dp}{dt} \frac{VL}{A\Delta P} \qquad (9-43)$$

式中，$\frac{dp}{dt}$ 为单位时间内压力降，$N/(m^2 \cdot s)$；V 为渗透容器的体积，m^3；L 为多孔材料的厚度，m；A 为多孔材料的气体渗透面积，m^2；ΔP 为多孔材料两边的压差，即 $p_1 - p_2$，Pa。

由式（9-43）求出渗透系数 K，由于式（9-42）是一次直线方程，可由相应的 p 和 K 作直线，求得的斜率为 B_0/η，截距即为 K_0。

实际中多孔材料的 K_0 和 B_0 都可由下列公式来表达：

$$K_0 = \frac{4}{3} \times \frac{\delta}{K_1 q^2} \theta r \bar{v} \qquad (9-44)$$

式中，$\frac{\delta}{K_1}$ 为所有多孔材料均取值为 0.8 的常数；q 为多孔材料中孔隙的弯曲因子（$\geqslant 1$）；θ 为多孔材料的孔率；r 为多孔材料的平均孔半径，m；$\bar{v}$ 为气体分子的平均速率，m/s；

$$\bar{v} = \left(\frac{8RT}{\pi M} \right)^{\frac{1}{2}} \qquad (9-45)$$

R 为气体分子常数；T 为绝对温度；M 为渗透气体的摩尔分子质量。

$\bar{v}$ 在恒定温度下，对于同一种气体，被认为是常数。

$$B_0 = \frac{\theta r^2}{kq^2} \qquad (9-46)$$

式中，k 为黏性流中形态因子，一般取 2.5。

联合式（9-45）和式（9-46），得：

$$r = \frac{B_0}{K_0} \times \frac{16}{3} \times \left(\frac{2RT}{\pi M} \right)^{\frac{1}{2}} \qquad (9-47)$$

由上式可知，即使不知道多孔材料的孔率和弯曲因子，也可求出平均孔径的数值。但当多孔材料的渗透孔直径远大于采用渗透的气体分子的平均自由程时，式（9-43）的 K_0 数值很小，实验中很难被测定出来。因此，式（9-43）不适合用于计算平均孔径。在这种条件下，气体通过多孔材料的流动属于黏性流动，气体渗透量与渗透孔半径有如下的关系：

$$Q = \frac{\pi r^4 \Delta p (p_1 + p_2) ANt}{16 \eta L p_1} \qquad (9-48)$$

式中，Q 为在 t 时间内气体的渗透量，m^3；p_1，p_2 为被测材料前后端的压力，Pa；N 为单位面积上的孔数，$1/m^2$；t 为渗透时间，s。

由于与大气相通后被测材料后端压力 p_2 很小，可忽略不计，式（9-48）还可简化为：

$$Q = \frac{r^2 p_1 A t \theta}{16 \eta L} \tag{9-49}$$

9.3.5　液-液法

液-液法的基本原理与气泡法相同，只是采用与液体浸渍介质不相容的另一种液体作为渗透介质。该渗透介质代替气泡法中使用的气体将样品孔道中的浸渍介质推出。通常选择界面张力低的液-液系统，如选择用水-正丁醇系统，该系统的界面张力为 $1.8 \times 10^{-3} N/m$，用其测量 $10 \sim 0.1 \mu m$ 的孔径时仅需 $3.6 \times 10^{-4} \sim 3.6 \times 10^{-1} MPa$ 的测试压力，从而使仪器的结构简化，造价低廉，操作简单。液-液法可测量材料的最大孔径以及孔径分布。

由于液-液法与气泡方法基于同一原理。根据式（9-34）可计算出对应压差下的孔径值。当样品孔道内流出端处于常压时，压差 Δp 可用流入段压力 p 表示。因此，当以正丁醇为浸渍介质，水为渗透介质，θ 值取 $0°$，式（9-34）可表示为：

$$r = \frac{3.6}{p} \times 10^{-3} \tag{9-50}$$

式中，r 为孔径，μm；p 为样品孔道内流体进端压力，MPa。

测试过程中，随着渗透压力的增大，试样中的孔道是从大到小依次被打通，渗透介质的流量也随之增大。依流量 Q 与压力 p 的对应关系可绘出相应的 Q-p 曲线，如图9-5所示。

按式（9-50），由曲线的起点对应的压力可计算出得最大孔径 r_{max}，由曲线尾部呈直线处的拐点对应的压力可算出最小孔径 r_{min}，这段 Q-p 的曲线部分正是渗透质穿透样品孔道的部分。在曲线拐点处，孔道已全部穿通，接着再增大压强，流量 Q 与压力 p 遵从 Darcy 定律，即 $Q = Kp$，K 为渗透液体的渗透系数，Q 与 p 呈线性关系。对 Q-p 图线中曲线关系的部分进行分析，可得 $r_{max} - r_{min}$ 之间各 r_i 值的百分组成，即孔径分布。在这一阶段，各 p_i 值对应的流量增值由两部分组成：

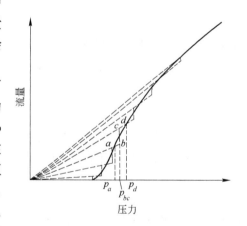

图9-5　液-液法流量-压差曲线

（1）当压力小于 p_i 时，在已被打通的较大孔的流量遵从 Darcy 定律，呈线性增加。

（2）当压力达到 p_i 值时，在被打通的新孔道中，由于渗透介质的流出而使流量增加。

假定多孔材料的孔道由相互平行而半径不等的直圆柱形毛细管组成，则根据哈根-泊萧叶公式，当新打通的孔道在 p_i 下形成的流量增加 ΔQ_i 时，有：

$$\Delta Q_i = n_i \frac{\pi r_i^4 p_i}{8 \eta \alpha L} \tag{9-51}$$

式中，ΔQ_i 为单位时间内液体流量的增量，m^3/s；r_i 为孔道半径，m；n_i 为孔半径为 r_i 的孔道个数；p_i 为在厚度为 L 的试样两面上液体的压力差，Pa；η 为液体渗透介质的黏度，

Pa·s；α 为与孔道弯度相关的因子；L 为试样厚度，m。

如对应 r_i 的孔的体积为 V_i，则

$$V_i = n_i \pi r_i^2 \alpha L \tag{9-52}$$

将式（9-51）和式（9-50）代入式（9-52）中整理得：

$$V_i = \frac{2\eta\alpha^2 L^2}{\sigma^2 \cos^2\theta} p_i \Delta Q_i \tag{9-53}$$

全部孔道总体积为：

$$\sum V_i = \sum \frac{2\eta\alpha^2 L^2}{\sigma^2 \cos^2\theta} p_i \Delta Q_i \tag{9-54}$$

故孔径按孔体积的分布为：

$$\frac{V_i}{\sum V_i} \times 100\% = \frac{p_i \Delta Q_i}{\sum p_i \Delta Q_i} \times 100\% \tag{9-55}$$

9.3.6　气体吸附法

气体吸附法孔径分布测定是利用毛细孔凝聚现象和体积等效代换的原理，以被测孔中充满的液氮量等效为孔的体积。吸附理论假设孔为圆柱形管状，建立毛细孔凝聚模型。毛细孔凝聚理论认为，在不同的相对压力（p/p_0）下，能发生毛细孔凝聚的孔径是不同的，随着 p/p_0 值增大，能够发生凝聚的孔半径也随之增大（图9-6）。对应于一定的 p/p_0 值，存在一临界孔半径，半径小于该临界半径的所有孔都会发生毛细孔凝聚，使液氮在孔道中驻留，大于该临界半径的孔则不会发生毛细孔凝聚，液氮不会填充其中。临界半径可由凯尔文（Kelvin）方程得出：

$$\ln \frac{p}{p_0} = -\frac{2\sigma V_L}{RT} \frac{1}{r_m} \tag{9-56}$$

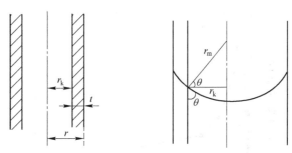

图9-6　毛细孔凝聚孔道半径间关系

（1）Kelvin 方程展示了发生毛细孔凝聚现象时孔尺寸与相对压力之间的关系。也就是说，对于具有一定尺寸的孔，毛细孔凝聚现象只有当相对压力 p/p_0 达到某一特定值才发生。而且孔径越大，发生凝聚所需的压力也越大，当 $r_m \approx \infty$ 时，$P = P_0$ 大平面上发生凝聚，压力等于饱和蒸汽压。

（2）发生毛细孔凝聚之前，孔壁上已经有分子多层吸附，毛细孔凝聚是发生在吸附膜之上的。在发生毛细孔凝聚过程中，分子多层吸附还在继续进行。但在研究孔径问题时，将该过程简化考虑为只有毛细孔凝聚。

$$r = r_k + t \qquad\qquad (9-57)$$

$$r_m = \frac{r_k}{\cos\theta} \qquad\qquad (9-58)$$

$$\ln\frac{p}{p_0} = -\frac{2\sigma V_L\cos\theta}{r_k RT} \qquad\qquad (9-59)$$

r_k 称为 Kelvin 半径，通常 θ 值取 0，此时 $r_k = r_m$。凯尔文公式反过来也可以理解为对于已发生毛细凝聚的孔，当相对压力低于一定值时，半径大于 r_k 的孔中凝聚液将气化并脱附出来。实践表明，当 p/p_0 大于 0.4 时，毛细孔凝聚现象才会发生，通过测定样品在不同 p/p_0 下凝聚的氮气量，可得出其等温脱附曲线，通过不同的计算方法可得出材料孔体积和孔径分布曲线。最常用的计算方法是利用 BJH 理论，通常称为 BJH 孔体积和孔径分布。Kelvin 方程是从热力学公式中推导出来的，对于具有较小孔径的孔（如微孔），该方程不适用。对于大孔来说，发生毛细孔凝聚时的压力十分接近饱和蒸气压，在实验中很难准确测出。因此，Kelvin 方程最适用于对介孔凝聚方面的处理。

对于孔径在 30nm 以下的多孔材料，常用气体吸附的方法来测定其孔径分布，而孔径在 30nm ~ 100μm 常用汞压法，由于汞的性质，汞不会浸润大多数材料（汞和固体之间的润湿角大于 90°）。因此，只有在外力作用下，汞才能压入多孔材料的孔穴中。通常，外界所施加的压力与孔中汞的表面张力是相等的。孔半径与外压有以下关系：

$$r = -2\sigma\cos\theta/p \qquad\qquad (9-60)$$

式中，r 为孔半径，m；p 为外压，Pa；σ 为汞的表面张力，N/m；θ 为汞对固体的润湿角，(°)。

例1：以玉米秆芯为原料，高温碳化得到多级孔碳材料。材料中存在大孔结构，见图9-7，材料的大孔结构在 10000 ~ 50000nm 范围。对该尺寸范围孔道表征气体吸附并不适用。

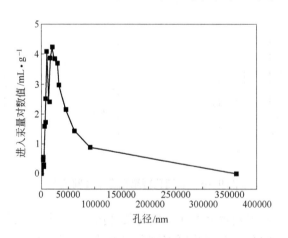

图9-7   大孔碳材料的孔径分布（汞压）

例2：图9-8是介孔二氧化硅材料 SBA-15 氮气吸附表征。由材料的吸附等温曲线（图9-8（a））看出，在相对压力为 0.6 ~ 0.7 处吸附等温线上出现突跃，显示标准的 IV 型吸附等温线和 H1 型滞后环，说明 SBA-15 保持有序的介孔结构。由最大吸附量算出材料的孔体积为 1.20cm³/g，通过 BET 法算得材料的比表面积为 910m²/g。其孔径分布如图

9-8（b）所示，材料的最可几直径为9.25nm。

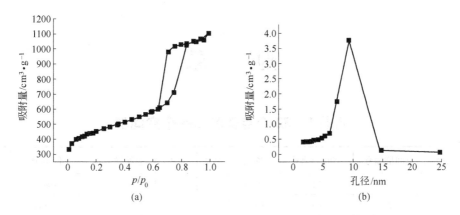

图9-8　SBA-15 的氮气吸附等温曲线（a）及其孔径分布（b）

思 考 题

9-1　简述用全自动比表面积及微孔分析仪利用低温氮吸附法测定多孔材料的比表面积及孔隙的影响因素。

9-2　分析低温氮吸附法测定多孔材料的比表面积及孔隙分布的原理。

9-3　总结孔径分布于最大孔径测量的几种常见的方法。

9-4　简述液-液法测试的适用范围与特点。

9-5　孔率测试有几种方法？指出各自的特点。

9-6　简述本章介绍的各种比表面测试方法的特点与适用范围。

参 考 文 献

［1］毛立娟，王孝平，周素红，等．氮气吸附 BET 法测定纳米材料比表面积的比对实验［J］．现代测量与实验室管理，2010（5）：3.

［2］Gregg S J，Sing K S W．吸附、比表面与孔隙率［M］．北京：化学工业出版社，1989.

［3］严继民，张启元．吸附与凝聚：固体的表面与孔［M］．北京：科学出版社，1979.

［4］Kruk M，Jaroniec M．Gas adsorption characterization of ordered organic-inorganic nanocomposite materials ［J］．Chem. Mater, 2001, 13：3169.

［5］Floquet N，Coulomb J P，Bellatt J．P．Structural signatures of type IV isotherm steps：sorption of trichloroethene, tetrachloroethene, and benzene in silicalite-I ［J］．J. Phys. Chem. B, 2003 (107)：685.

［6］Rojas F，Kornhauser I，Riccardo J L．Capillary condensation in heterogeneous mesoporous networks consisting of variable connectivity and pore-size correlation ［J］．Phys. Chem.，2002, 4：2346.

［7］左彩霞，杨延安，陈清勤，等．气泡法分析烧结不锈钢纤维毡孔径分布［J］．稀有金属材料与工程，2007（36）：711.

［8］Kruk M，Jaroniec M，Sayari A．New approach to evaluate pore size distributions and surface areas for hydrophobic mesoporous solids ［J］．J. Phys. Chem. B, 1999, 103：10670.

［9］郝建国，徐达圣，贾松龄，等．流动重量法用于固体比表面积和孔径分布的测定［J］．化学通报，1994（12）：45.

［10］黄正宏，赵红阳．用氮气吸附研究活性炭纤维的分维［J］．炭素技术，2000（4）：40.

附　　录

附录1　32个点群和230个空间群

晶系	点群	空间群编号	空间群记号	备注	晶系	点群	空间群编号	空间群记号	备注
三斜	1	1	$P1$	手性			30	$Pnc2$	非心
	$\bar{1}$	2	$P\bar{1}$	中心			31	$Pmn2_1$	非心
单斜	2	3	$P2$	手性			32	$Pba2$	非心
		4	$P2_1$	手性			33	$Pna2_1$	非心
		5	$C2$	手性			34	$Pnn2$	非心
	m	6	Pm	非心			35	$Cmm2$	非心
		7	Pc	非心			36	$Cmc2_1$	非心
		8	Cm	非心			37	$Ccc2$	非心
		9	Cc	非心		$mm2$	38	$Amm2$	非心
	$2/m$	10	$P2/m$	中心			39	$Abm2$	非心
		11	$P2_1/m$	中心			40	$Ama2$	非心
		12	$C2/m$	中心			41	$Aba2$	非心
		13	$P2/c$	中心			42	$Fmm2$	非心
		14	$P2_1/c$	中心*			43	$Fdd2$	非心*
		15	$C2/c$	中心	正交		44	$Imm2$	非心
正交	222	16	$P222$	手性			45	$Iba2$	非心
		17	$P222_1$	手性*			46	$Ima2$	非心
		18	$P2_12_12$	手性*			47	$Pmmm$	中心
		19	$P2_12_12_1$	手性*			48	$Pnnn$	中心
		20	$C222_1$	手性*			49	$Pccm$	中心
		21	$C222$	手性			50	$Pban$	中心
		22	$F222$	手性			51	$Pmma$	中心
		23	$I222$	手性		mmm	52	$Pnna$	中心*
		24	$I2_12_12_1$	手性			53	$Pmna$	中心
	$mm2$	25	$Pmm2$	非心			54	$Pcca$	中心*
		26	$Pmc2_1$	非心			55	$Pbam$	中心
		27	$Pcc2$	非心			56	$Pccn$	中心*
		28	$Pma2$	非心			57	$Pbcm$	中心
		29	$Pca2_1$	非心			58	$Pnnm$	中心

续表

晶系	点群	空间群编号	空间群记号	备注	晶系	点群	空间群编号	空间群记号	备注
正交	mmm	59	Pmmn	中心	四方	422	95	$P4_322$	手性*
		60	Pbcn	中心*			96	$P4_32_12$	手性*
		61	Pbca	中心*			97	$I422$	手性
		62	Pnma	中心			98	$I4_122$	手性*
		63	Cmcm	中心		4mm	99	$P4mm$	非心
		64	Cmca	中心			100	$P4bm$	非心
		65	Cmmm	中心			101	$P4_2cm$	非心
		66	Cccm	中心			102	$P4_2nm$	非心
		67	Cmma	中心			103	$P4cc$	非心
		68	Ccca	中心*			104	$P4nc$	非心
		69	Fmmm	中心			105	$P4_2mc$	非心
		70	Fddd	中心*			106	$P4_2bc$	非心
		71	Immm	中心			107	$I4mm$	非心
		72	Ibam	中心			108	$I4cm$	非心
		73	Ibca	中心			109	$I4_1md$	非心
		74	Imma	中心			110	$I4_1cd$	非心*
四方	4	75	$P4$	手性		$\overline{4}2m$	111	$P\overline{4}2m$	非心
		76	$P4_1$	手性*			112	$P\overline{4}2c$	非心
		77	$P4_2$	手性			113	$P\overline{4}2_1m$	非心
		78	$P4_3$	手性*			114	$P\overline{4}2_1c$	非心*
		79	$I4$	手性			115	$P\overline{4}m2$	非心
		80	$I4_1$	手性*			116	$P\overline{4}c2$	非心
	$\overline{4}$	81	$P\overline{4}$	非心			117	$P\overline{4}b2$	非心
		82	$I\overline{4}$	非心			118	$P\overline{4}n2$	非心
	4/m	83	$P4/m$	中心			119	$I\overline{4}m2$	非心
		84	$P4_2/m$	中心			120	$I\overline{4}c2$	非心
		85	$P4/n$	中心*			121	$I\overline{4}2m$	非心
		86	$P4_2/n$	中心*			122	$I\overline{4}2d$	非心
		87	$I4/m$	中心		4/mmm	123	$P4/mmm$	中心
		88	$I4_1/a$	中心*			124	$P4/mcc$	中心
	422	89	$P422$	手性			125	$P4/nbm$	中心*
		90	$P42_12$	手性*			126	$P4/nnc$	中心*
		91	$P4_122$	手性			127	$P4/mbm$	中心
		92	$P4_12_12$	手性*			128	$P4/mnc$	中心
		93	$P4_222$	手性*			129	$P4/mmm$	中心*
		94	$P4_22_12$	手性*			130	$P4/ncc$	中心*

续表

晶系	点群	空间群编号	空间群记号	备注	晶系	点群	空间群编号	空间群记号	备注
四方	$4/mmm$	131	$P4_2/mmc$	中心	六方	6	168	$P6$	手性
		132	$P4_2/mcm$	中心			169	$P6_1$	手性*
		133	$P4_2/nbc$	中心*			170	$P6_5$	手性*
		134	$P4_2/nnm$	中心*			171	$P6_2$	手性*
		135	$P4_2/mbc$	中心			172	$P6_4$	手性*
		136	$P4_2/mnm$	中心			173	$P6_3$	手性
		137	$P4_2/nmc$	中心*		$\bar{6}$	174	$P\bar{6}$	非心
		138	$P4_2/ncm$	中心*		$6/m$	175	$P6/m$	中心
		139	$I4/mmm$	中心			176	$P6_3/m$	中心
		140	$I4/mcm$	中心		622	177	$P622$	手性
		141	$I4_1/amd$	中心*			178	$P6_122$	手性*
		142	$I4_1/acd$	中心*			179	$P6_522$	手性*
三方	3	143	$P3$	手性			180	$P6_222$	手性*
		144	$P3_1$	手性			181	$P6_422$	手性*
		145	$P3_2$	手性			182	$P6_322$	手性*
		146	$R3$	手性		6mm	183	$P6mm$	非心
	$\bar{3}$	147	$P\bar{3}$	中心			184	$P6cc$	非心
		148	$R\bar{3}$	中心			185	$P6_3cm$	非心
	32	149	$P312$	手性			186	$P6_3mc$	非心
		150	$P321$	手性		$\bar{6}m$	187	$P\bar{6}m2$	非心
		151	$P3_112$	手性*			188	$P\bar{6}c2$	非心
		152	$P3_121$	手性*			189	$P\bar{6}2m$	非心
		153	$P3_212$	手性*			190	$P\bar{6}2c$	非心
		154	$P3_221$	手性*		6/mmm	191	$P6/mmm$	中心
		155	$R32$	手性			192	$P6/mcc$	中心
	3m	156	$P3m1$	非心			193	$P6_3/mcm$	中心
		157	$P31m$	非心			194	$P6_3/mmc$	中心
		158	$P3c1$	非心	立方	23	195	$P23$	手性
		159	$P31c$	非心			196	$F23$	手性
		160	$R3m$	非心			197	$I23$	手性
		161	$R3c$	非心			198	$P2_13$	手性*
	$\bar{3}m$	162	$P\bar{3}1m$	中心			199	$I2_13$	手性
		163	$P\bar{3}1c$	中心		$m\bar{3}$	200	$Pm\bar{3}$	中心
		164	$P\bar{3}m1$	中心			201	$Pn\bar{3}$	中心*
		165	$P\bar{3}c1$	中心			202	$Fm\bar{3}$	中心
		166	$R\bar{3}m$	中心			203	$Fd\bar{3}$	中心*
		167	$R\bar{3}c$	中心			204	$Im\bar{3}$	中心

晶系	点群	空间群编号	空间群记号	备注	晶系	点群	空间群编号	空间群记号	备注
立方	$m\bar{3}$	205	$Ia\bar{3}$	中心*	立方	$\bar{4}3m$	218	$P\bar{4}3m$	非心
		206	$Pa\bar{3}$	中心*			219	$F\bar{4}3c$	非心
	432	207	$P432$	手性			220	$I\bar{4}3d$	非心*
		208	$P4_232$	手性*		$m\bar{3}m$	221	$Pm\bar{3}m$	中心
		209	$F432$	手性			222	$Pn\bar{3}n$	中心*
		210	$F4_132$	手性*			223	$Pm\bar{3}n$	中心
		211	$I432$	手性			224	$Pn\bar{3}m$	中心*
		212	$P4_332$	手性*			225	$Fm\bar{3}m$	中心
		213	$P4_132$	手性*			226	$Fm\bar{3}c$	中心
		214	$I4_132$	手性			227	$Fd\bar{3}m$	中心*
	$\bar{4}3m$	215	$P\bar{4}3m$	非心			228	$Fd\bar{3}c$	中心*
		216	$F\bar{4}3m$	非心			229	$Im\bar{3}m$	中心
		217	$I\bar{4}3m$	非心			230	$Ia\bar{3}d$	中心*

注：表中手性、非心、中心分别指该空间群属于手性、非中心对称或中心对称空间群；＊表示该空间群可以由系统消光规律唯一确定。

附录 2　各晶系对称型的国际符号中各序位所代表的方向

晶　系	国际符号中的序位	代　表　的　方　向
等轴晶系	1	x 或 y 或 z 轴方向（$\boldsymbol{a}$）
	2	三次轴方向（$\boldsymbol{a}+\boldsymbol{b}+\boldsymbol{c}$）
	3	x、y 或 x、z 或 y、z 轴之间（$\boldsymbol{a}+\boldsymbol{b}$）
三方及六方晶系	1	六次或三次轴，即 z 轴方向（$\boldsymbol{c}$）
	2	与六次轴或三次轴垂直，在 x 或 y 或 u 轴方向（$\boldsymbol{a}$）
	3	与六次轴或三次轴垂直，并与位 2 的方向成30°角（$2\boldsymbol{a}+\boldsymbol{b}$）
四方晶系	1	四次轴，即 z 轴方向（$\boldsymbol{c}$）
	2	与四次轴垂直，在 x 或 y 轴方向（$\boldsymbol{a}$）
	3	与四次轴垂直，并与位 2 成45°角（$\boldsymbol{a}+\boldsymbol{b}$）
斜方晶系	1	x 轴方向（$\boldsymbol{a}$）
	2	y 轴方向（$\boldsymbol{b}$）
	3	z 轴方向（$\boldsymbol{c}$）
单斜晶系	1	y 轴方向（$\boldsymbol{b}$）
三斜晶系	1	任意方向

附录3 不同晶系的晶面间距公式

立方晶系:

$$\frac{1}{d_{hkl}^2} = \frac{h^2 + k^2 + l^2}{a^2}$$

正方晶系:

$$\frac{1}{d_{hkl}^2} = \frac{h^2 + k^2}{a^2} + \frac{l^2}{c^2}$$

斜方晶系:

$$\frac{1}{d_{hkl}^2} = \frac{h^2}{a^2} + \frac{k^2}{b^2} + \frac{l^2}{c^2}$$

六方晶系:

$$\frac{1}{d_{hkl}^2} = \frac{4}{3} \frac{h^2 + hk + k^2}{a^2} + \frac{l^2}{c^2}$$

菱方晶系:

$$\frac{1}{d_{hkl}^2} = \frac{(h^2 + k^2 + l^2)\sin^2\alpha + 2(hk + hl + kl)(\cos^2\alpha - \cos\alpha)}{a^2(1 - 3\cos^2\alpha + 2\cos^3\alpha)}$$

单斜晶系:

$$\frac{1}{d_{hkl}^2} = \frac{h^2}{a^2\sin^2\beta} + \frac{k^2}{b^2} + \frac{l^2}{c^2\sin^2\beta} - \frac{2hl\cos\beta}{ac\sin^2\beta}$$

三斜晶系:

$$\frac{1}{d_{hkl}^2} = \frac{1}{V^2}[h^2b^2c^2\sin^2\alpha + k^2c^2a^2\sin^2\beta + l^2a^2b^2\sin^2\gamma + 2kla^2bc(\cos\beta\cos\gamma - \cos\alpha) +$$

$$2lhab^2c(\cos\gamma\cos\alpha - \cos\beta) + 2hkabc^2(\cos\alpha\cos\beta - \cos\gamma)]$$

附录4 各晶系晶面夹角的计算公式

立方晶系:

$$\cos\varphi = \frac{h_1h_2 + k_1k_2 + l_1l_2}{\sqrt{h_1^2 + k_1^2 + l_1^2}\sqrt{h_2^2 + k_2^2 + l_2^2}}$$

正方晶系:

$$\cos\varphi = \frac{\dfrac{h_1h_2 + k_1k_2}{a^2} + \dfrac{l_1l_2}{c^2}}{\sqrt{\dfrac{h_1^2 + k_1^2}{a^2} + \dfrac{l_1^2}{c^2}}\sqrt{\dfrac{h_2^2 + k_2^2}{a^2} + \dfrac{l_2^2}{c^2}}}$$

斜方晶系:

$$\cos\varphi = \frac{\dfrac{h_1h_2}{a^2} + \dfrac{k_1k_2}{b^2} + \dfrac{l_1l_2}{c^2}}{\sqrt{\dfrac{h_1^2}{a^2} + \dfrac{k_1^2}{b^2} + \dfrac{l_1^2}{c^2}}\sqrt{\dfrac{h_2^2}{a^2} + \dfrac{k_2^2}{b^2} + \dfrac{l_2^2}{c^2}}}$$

六方晶系：

$$\cos\varphi = \frac{\dfrac{4}{3a^2}\left(h_1h_2 + k_1k_2 + \dfrac{h_1k_2 + h_2k_1}{2}\right) + \dfrac{l_1l_2}{c^2}}{\sqrt{\dfrac{4}{3}\dfrac{h_1^2 + h_1k_1 + k_1^2}{a^2} + \dfrac{l_1^2}{c^2}}\sqrt{\dfrac{4}{3}\dfrac{h_2^2 + h_2k_2 + k_2^2}{a^2} + \dfrac{l_2^2}{c^2}}}$$

菱方晶系：

$$\cos\varphi = \left[(h_1h_2 + k_1k_2 + l_1l_2)\sin^2\alpha + (h_1k_2 + h_2k_1 + h_1l_2 + h_2l_1 + k_1l_2 + k_2l_1)(\cos^2\alpha - \cos\alpha)\right]/$$
$$\left\{\left[(h_1^2 + k_1^2 + l_1^2)\sin^2\alpha + 2(h_1k_1 + h_1l_1 + k_1l_1)(\cos^2\alpha - \cos\alpha)\right]^{1/2}\right.$$
$$\left.\left[(h_2^2 + k_2^2 + l_2^2)\sin^2\alpha + 2(h_2k_2 + h_2l_2 + k_2l_2)(\cos^2\alpha - \cos\alpha)\right]^{1/2}\right\}$$

单斜晶系：

$$\cos\varphi = \left[\frac{h_1h_2}{a^2\sin^2\beta} + \frac{k_1k_2}{b^2} + \frac{l_1l_2}{c^2\sin^2\beta} - \frac{(h_1l_2 + h_2l_1)\cos\beta}{ac\sin^2\beta}\right]/\left[\left(\frac{h_1^2}{a^2\sin^2\beta} + \frac{k_1^2}{b^2} + \frac{l_1^2}{c^2\sin^2\beta} - \frac{2h_1l_1\cos\beta}{ac\sin^2\beta}\right)^{1/2}\right.$$
$$\left.\left(\frac{h_2^2}{a^2\sin^2\beta} + \frac{k_2^2}{b^2} + \frac{l_2^2}{c^2\sin^2\beta} - \frac{2h_2l_2\cos\beta}{ac\sin^2\beta}\right)^{1/2}\right]$$

附录5　晶体结构中各种对称轴、螺旋轴的图示符号

附录6　晶体结构中各种对称面、滑移面的图示符号

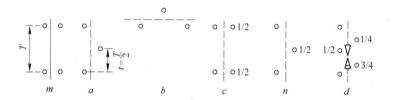

	垂　直　的	水　平　的	倾　斜　的
对称面与滑移面	—————— m – – – – – a,b ·········· c –·–·–·– n –▷◁– d		

对称面 m 和滑移面 a、b、c、n、d

图中 1/2、1/4、3/4 表示垂直纸面的滑移距离

附录7　粉末法的多重性因数 P_{hkl}

指　　数	$H00$	$0K0$	$00L$	HHH	$HH0$	$HK0$	$0KL$	$H0L$	HHL	HKL
立方晶系		6		8	12		24 *		24	48 *
六方和菱方晶系		6	2		6	12 *	12 *		12 *	24 *
正方晶系		4	2		4	8 *		8	8	16 *
斜方晶系	2	2	2			4	4	4		8
单斜晶系	2	2	2			4	4	2		4
三斜晶系	2	2	2			2	2	2		2

注：＊指通常的多重性因数。在某些晶体中具有此种指数的两族晶面，其晶面间距相同，但结构因数不同，因而每族晶面的多重性因数为上列数值的一半。

附录 8　常用的熔剂及其性质和应用

熔剂基本组分	熔剂组成	性　质	应　用
偏硼酸锂及与四硼酸锂混合物	$LiBO_2$ $LiBO_2$ 和 $Li_2B_4O_7$ 混合物	好的力学性能，低的 X 射线吸收，熔融玻璃有时易破	酸性氧化物（如 SiO_2、TiO_2），硅、铝耐火材料
四硼酸锂	$Li_2B_4O_7$	具有良好的力学性能	碱性氧化物（Al_2O_3），金属氧化物、碱金属、碱土金属氧化物、碳酸盐、水泥
四硼酸钠	$Na_2B_4O_7$	熔块黏度低，吸潮	金属氧化物、岩石、耐火材料、铝土矿
偏磷酸钠	$NaPO_3$		各种氧化物（如 MgO，Cr_2O_3）
偏磷酸锂	$LiPO_3$		$YBa_2Cu_3O_x$，$LiNbO_3$，$CdWO_3$，$\gamma\text{-}Al_2O_3$，$\alpha\text{-}Al_2O_3$
偏磷酸锂和碳酸锂混合物	90% $LiPO_3$ + 10% Li_2CO_3		$Bi_{0.7}Pb_{0.3}SrCaCu_2O_x$，$SrTiO_3$，$Gd_2SiO_5$，$La_3Ga_5SiO_{14}$，$La_2O_3$ 等
硫酸氢钠（钾）	Na（K）HSO_4		非硅酸盐矿（铬酸盐、钛铁矿）
焦硫酸钠（钾）	Na_2（K）S_2O_7		

附录 9　ICP 发射光谱常见分析元素仪器检出限

元　素	检出限/$\mu g \cdot L^{-1}$	元　素	检出限/$\mu g \cdot L^{-1}$	元　素	检出限/$\mu g \cdot L^{-1}$
Ag	0.3	In	9.0	S	9.0
Al	0.2	Ir	5.0	Sb	2.0
As	0.9	K	0.2	Sc	0.09
Au	0.6	La	1.0	Se	1.5
B	0.3	Li	0.2	Si	1.5
Ba	0.04	Mg	0.01	Sn	1.3
Be	0.05	Mn	0.04	Sr	0.01
Bi	2.6	Mo	0.2	Ta	5.3
Ca	0.02	Na	0.5	Te	10
Cd	0.09	Nb	5.0	Th	5.4
Ce	2.0	Ni	0.3	Ti	0.05
Co	0.2	Os	0.13	Tl	1.0
Cr	0.2	P	1.5	U	15
Cs	—	Pb	1.5	V	0.2
Cu	0.2	Pd	3.0	W	2.0
Fe	0.2	Pt	4.7	Y	0.3
Ga	4.0	Rb	30	Zn	0.1
Ge	6.0	Re	3.3	Zr	0.3
Hf	3.3	Rh	5.0		
Hg	0.5	Ru	6.0		

注：表中数据为 20 世纪 90 年代末商品仪器所提供的最高水平。

附录10　化合物中官能团所对应的红外吸收谱带

键 型	化合物类型	吸收峰位置/cm^{-1}	吸收强度
C—H	烷烃	2960～2850	强
=C—H	烯烃及芳烃	3100～3010	中等
≡C—H	炔烃	3300	强
—C—C—	烷烃	1200～700	弱
C=C	烯烃	1680～1620	不定
—C≡C—	炔烃	2200～2100	不定
C=O	醛	1740～1720	强
	酮	1725～1705	强
	酸及酯	1770～1710	强
	酰胺	1690～1650	强
—OH	醇及酚	3650～3610	不定，尖锐
	氢键结合的醇及酚	3400～3200	强，宽
—NH$_2$	胺	3500～3300	中等，双峰
C—X	氯化物	750～700	中等
	溴化物	700～500	中等

附录11　各种烯烃的特征吸收谱带

烯烃类型	=C—H 伸缩振动/cm^{-1}	C=C 伸缩振动/cm^{-1}	=C—H 面外摇摆振动 /cm^{-1}
R, H / C=C / H, H	>3000（中）	1645（中）	910～905（强） 995～985（强）
R$_1$, H / C=C / R$_2$, H	>3000（中）	1653（中）	895～885（强）
R$_1$, R$_2$ / C=C / H, H	>3000（中）	1650（中）	730～650（弱且宽）
R$_1$, H / C=C / H, R$_2$	>3000（中）	1675（弱）	980～965（强）

续表

烯烃类型	=C—H 伸缩振动/cm^{-1}	C=C 伸缩振动/cm^{-1}	=C—H 面外摇摆振动/cm^{-1}
$\begin{array}{c} R_1 \quad R_3 \\ C=C \\ R_2 \quad H \end{array}$	>3000（中）	1680（中~弱）	840~790（强）
$\begin{array}{c} R_1 \quad R_4 \\ C=C \\ R_2 \quad R_3 \end{array}$	无	1670（弱或无）	

附录 12　红外光谱区域可能出现的振动类型和对应的基团

频率范围/cm	基　　团	振　动　类　型
3700~3000	OH、NH、≡CH	$\nu_{\text{X—H}}$
3100~3000	Ar—H、=CH、环丙烷、—CH$_2$—X、—CH$_2$—C(NO$_2$)$_3$	$\nu_{\text{Ar—H}}$、$\nu_{=\text{CH}}$、ν_{CH}
3000~2700	CH$_3$、CH$_2$、CH、—CHO	烷烃及醛的 ν_{CH}
2400~2000	—C≡CH、—C≡N、—C=C=C、—N≡C、O=C=O	三键和积累双键的伸缩振动
1900~1650	—C=O	$\nu_{\text{C=O}}$
1675~1500	—C=C、—C=N、NH	$\nu_{\text{C=C}}$、$\nu_{\text{C=N}}$、苯环骨架振动、δ_{NH}
1500~1100	CH$_3$、CH$_2$、CH、C—C、C—O、C—N	$\delta_{\text{CH}}\nu_{\text{C—O}}\nu_{\text{C—N}}$
1000~650	Ar—H、=CH	$\omega_{\text{Ar—H}}$、$\omega_{=\text{CH}}$
	OH、NH	ω_{OH}、ω_{NH}
	C—X（X 为卤素）	$\nu_{\text{C—X}}$

附录 13　DTA 和 DSC 在工业中的应用

测定或估计	陶瓷	陶瓷冶金	化学	弹性体	爆炸物	法医化学	燃料	玻璃	油墨	金属	油漆	药物	黄磷	塑料	石油	肥皂	土壤	织物	矿物
鉴定	√		√	√	√	√	√		√	√		√	√	√	√	√	√	√	√
组分定量	√	√	√	√		√			√	√		√	√	√	√	√			√
相图	√	√	√					√		√									√
热稳定			√	√	√		√		√		√	√		√	√		√		√
氧化稳定			√	√					√		√	√		√	√				√
反应性		√	√					√		√	√	√	√	√					√
催化活性	√	√	√							√		√			√				√
热化学常数	√	√	√	√	√	√	√	√	√	√	√	√	√	√	√	√	√	√	√

注：划√者表示 DTA 或 DSC 可用于该测定。

冶金工业出版社部分图书推荐

书　名	作　者	定价（元）
材料成形工艺学	宋仁伯	69.00
材料分析原理与应用	多树旺　谢东柏	69.00
材料加工冶金传输原理	宋仁伯	52.00
粉末冶金工艺及材料（第2版）	陈文革　王发展	55.00
复合材料（第2版）	尹洪峰　魏　剑	49.00
废旧锂离子电池再生利用新技术	董　鹏　孟　奇　张英杰	89.00
高温熔融金属遇水爆炸	王昌建　李满厚　沈致和　等	96.00
工程材料（第2版）	朱　敏	49.00
光学金相显微技术	葛利玲	35.00
金属功能材料	王新林	189.00
金属固态相变教程（第3版）	刘宗昌　计云萍　任慧平	39.00
金属热处理原理及工艺	刘宗昌　冯佃臣　李　涛	42.00
金属塑性成形理论（第2版）	徐　春　阳　辉　张　弛	49.00
金属学原理（第2版）	余永宁	160.00
金属压力加工原理（第2版）	魏立群	48.00
金属液态成形工艺设计	辛啟斌	36.00
耐火材料学（第2版）	李　楠　顾华志　赵惠忠	65.00
耐火材料与燃料燃烧（第2版）	陈　敏　王　楠　徐　磊	49.00
钛粉末近净成形技术	路　新	96.00
无机非金属材料科学基础（第2版）	马爱琼	64.00
先进碳基材料	邹建新　丁义超	69.00
现代冶金试验研究方法	杨少华	36.00
冶金电化学	翟玉春	47.00
冶金动力学	翟玉春	36.00
冶金工艺工程设计（第3版）	袁熙志　张国权	55.00
冶金热力学	翟玉春	55.00
冶金物理化学实验研究方法	厉　英	48.00
冶金与材料热力学（第2版）	李文超　李　钒	70.00
增材制造与航空应用	张嘉振	89.00
安全学原理（第2版）	金龙哲	35.00
锂离子电池高电压三元正极材料的合成与改性	王　丁	72.00